U0233841

国家社科基金项目"当代中国食品安全的道德治理研究"（14CZX051）和江西省高校人文社科项目"食品安全伦理困境与道德建构"（ZX161002）成果，南昌工程学院马克思主义理论一流学科资助成果。

中国食品安全道德治理研究

ZHONGGUO SHIPIN ANQUAN DAODE ZHILI YANJIU

王 伟◎著

人民出版社

责任编辑:吴焰东

封面设计:胡欣欣

图书在版编目(CIP)数据

中国食品安全道德治理研究/王伟 著. —北京:人民出版社,2019.11

ISBN 978－7－01－020968－5

Ⅰ.①中… Ⅱ.①王… Ⅲ.①食品安全-安全管理-道德规范-研究-中国

Ⅳ.①TS201.6

中国版本图书馆 CIP 数据核字(2019)第 122542 号

中国食品安全道德治理研究

ZHONGGUO SHIPIN ANQUAN DAODE ZHILI YANJIU

王 伟 著

人民出版社 出版发行

(100706 北京市东城区隆福寺街 99 号)

北京中科印刷有限公司印刷 新华书店经销

2019 年 11 月第 1 版 2019 年 11 月北京第 1 次印刷

开本:710 毫米×1000 毫米 1/16 印张:20

字数:240 千字

ISBN 978－7－01－020968－5 定价:80.00 元

邮购地址 100706 北京市东城区隆福寺街 99 号

人民东方图书销售中心 电话 (010)65250042 65289539

目 录

第一章　食品安全道德治理研究的兴起

党的十八大以来，以习近平同志为核心的党中央坚持以人民为中心的发展思想，高度重视食品安全问题，强调要用最严谨的标准、最严格的监管、最严厉的处罚、最严肃的问责，确保广大人民群众"舌尖上的安全"。近年来，我国食品安全领域的道德状况得到明显改善，但与广大人民群众的期望相比，尚存有差距。党的十九大报告作出了中国特色社会主义进入新时代，我国社会主要矛盾已经转化为人民日益增长的美好生活需要和不平衡不充分的发展之间的矛盾的重大判断。"民以食为天"，食品安全需要是人民的最基础需要，如果没有食品安全作保证，人民日益增长的美好生活需要就是镜花水月。加强食品安全道德治理，有利于食品安全领域道德状况的持续向好，有利于食品安全保障能力的持续提高，有利于广大人民群众共享美好生活的获得感持续增强。

第一节　问题缘起与研究意义

一、问题缘起

20 世纪 80 年代，党的十三大作出中国经济社会发展分"三步走"的总体战略部署：第一步目标，从 1981 年至 1990 年，实现国民生产总值比 1980 年翻一番，解决人民温饱问题；第二步目标，从 1991 年至 20 世纪末，实现国民生产总值再增长一倍，人民生活达到小康水平；第三步目标，到 21 世纪中叶人民生活比较富裕，基本实现现代化，人均国民生产总值达到中等发达国家水平，人民过上比较富裕的生活。伴随着"三步走"战略的实施和推进，中国食品行业也获得了突飞猛进的发展，我国广大人民群众的饮食境况随之发生了翻天覆地的变化，从改革开放初期的"吃不饱"，到 20 世纪 80 年代末的"能吃饱"，再到 20 世纪末的"吃得好"，一步一个台阶，生活水平和健康指数明显提升，饮食境况实现了从"量"到"质"的飞跃。但是，面对充盈丰富的食品选择，一些败德者突破道德底线的掺杂使假行为，却让人扼腕叹息，愤怒不已。食品安全问题是重大的民生问题，涉及面广，敏感度高，容忍度低，广大人民群众特别关心关注。对食品安全领域的败德行为如果不及时进行治理，势必要影响到经济的发展，社会的和谐，政治的稳定。2012 年，党的十八大报告在总结我国前进道路上存在的困难和问题时，把食品安全作为社会矛盾的一个重要方面，强调必须予以高度重视，认真加以解决。习近平总书记在 2013 年中央农村工作会议上深刻地指出，能不能在食品安全上给老百姓一个满意的交代，是对中国共产党执政能力的重大考验。[①]

党的十九大报告明确提出："实施食品安全战略，让人民吃得放心。"[②] 保障食品安全是党和政府坚持以人民为中心的发展思想，执政为民的具体体现。食品安全问题进入 21 世纪以来成为社会关注的焦点，

① 《十八大以来重要文献选编》（上），中央文献出版社 2014 年版，第 672 页。
② 习近平：《决胜全面建成小康社会　夺取新时代中国特色社会主义伟大胜利》，《人民日报》2017 年 10 月 28 日。

也成为学术研究的热点。法学、经济学、管理学、社会学、卫生学等不同学科纷纷从自己的学科立场出发,探寻当代中国食品安全问题的治理之道。"不知耻者,无所不为",当代中国明知故犯的食品安全败德事件表露出食品生产经营者的无耻无德,也在某种程度上折射出其他食品利益相关者的道德供给不足。从伦理学的视角切入,加强食品安全道德治理方面的研究,为食品安全治理注入道德元素,是实施食品安全治理的重要内容,也是治理食品安全问题不可缺少的思考维度。

当代中国食品安全道德状况欠佳的成因是复杂的,需要以历史的眼光进行全面辩证的考量。改革开放以前,中国人口的社会流动性很低,工业加工食品的数量很少,人们在外就餐的机会也少,传统熟人社会的监督,产生出强大的道德约束力,在一定程度上有力地抑制了食品生产经营者不道德行为的产生。可以说,改革开放以前,掺杂使假等食品安全败德行为产生是既缺技术,也缺条件,还缺环境。改革开放以来,中国经济发展迅速,科技进步日新月异,物质产品变得丰饶,食品供应日益充足,食品消费量巨大,在社会流动性加剧的情况下,人与人之间逐渐脱离了熟人社会人际监督的道德约束。在这样的背景下,食品安全领域掺杂使假等不道德行为开始增多且有愈演愈烈的趋势。分析当代中国食品安全道德状况,治理当代中国食品安全道德问题,需要立足于改革开放以来中国社会状况的变迁,并借鉴他山之石,探寻食品安全道德治理的现实路径。

二、研究意义

全书以当代中国食品安全问题为着眼点,以伦理学的视角为切入点,以广大人民群众的立场为立足点,剖析当代中国食品安全道德状况，为治理当代中国食品安全道德问题提供价值坐标和原则方案，开辟了伦理学研究的新视域，增添了社会治理的新内容，提供了解决食品安全问题的新策略。

食品安全道德治理研究开辟了伦理学研究的新视域。从伦理学视角审视食品安全问题，为全方位深层次解决食品安全问题探寻了一条新路。面对当代中国食品安全现实道德境况，伦理学要有所作为。伦理学不是躲在书斋里坐而论道的冥思苦想，而是有着强烈实践品格的学问，只有关注社会现实问题，才能体现出伦理学的生命力和活力。食品需要是维持人类生存的基本需要，对待食品的态度折射出对待生命的态度，开展食品安全道德治理研究，有利于加深人们对生命至上性的体认，站稳正确的价值立场。化解食品安全道德风险，从源头上杜绝食品安全事件的发生，需要道德的力量。选取食品安全这一特定话题，对食品安全中的道德问题进行深入挖掘，以寻找食品安全道德治理的路径为突破口，可以增强对伦理学理论的理解，丰富伦理学的研究论题。

食品安全道德治理研究增添了社会治理的新内容。实现国家治理体系和治理能力现代化是中国特色社会主义进入新的历史时代提出的新命题，是中国特色社会主义现代化事业的重要组成部分。当前，我国社会治理工作还没有跟上时代发展的步伐，在社会治理理念、方式方法和体制机制等方面都存在着不足，造成了一些社会矛盾，甚至影响到了社会的和谐稳定。在新常态下，实现国家治理体系和治理能力现代化，需要创新社会治理理念、方式方法和体制机制。食品安全不道德行为的频现，从一个侧面体现出社会治理的不足。进行食品安全道德治理研究，在诸多社会问题中，选取食品安全问题作为典型案例进行深入研究，有利于积累治理经验，促进道德领域突出问题专项教育和治理活动取得实效和扎实开展，为全方位社会治理提供参考。

食品安全道德治理研究提供了解决食品安全问题的新策略。食品安全治理是一项系统工程，造成食品安全的成因是复杂的，治理食品安全问题必然要多措并举，多管齐下，单一的治理方式往往是徒劳的。为解决当代中国的食品安全问题，学术界群策群力，从各自的学科视野贡献学术智慧。从伦理学的学科视野，对当代中国的食品安全道德状况进行全景扫描和深度探源，分析道德状况欠佳的原因，明确道德治理的理念和原则，提出切实可行的道德治理路径，能够为当代中国的食品安全治理提供一份伦理解决方案，有利于维护广大人民群众的生命安全和身体健康，构建食品安全的道德防护网，实现食品安全的源头治理、全方位治理和深层次治理。

第二节　国内外研究现状述评

从伦理学视角审视食品安全问题，相关研究在国内外方兴未艾。2000 年 9 月，联合国粮农组织在罗马总部专门成立了粮食和农业伦理学委员会，组成跨学科的著名专家小组。2001 年 10 月，联合国粮农组织发布《粮食及农业著名专家小组报告》《粮食及农业中的伦理问题》和《转基因生物、消费者、食品安全及环境》系列伦理报告，对粮食及农业中的诸多伦理问题进行了探讨和省思。联合国粮农组织对食品安全问题的伦理关注，表明开展相关研究的重要价值和现实意义。特别是在有着近 14 亿人口的中国，在食品安全道德状况欠佳的情况下，开展食品安全道德治理研究，尤显必要和紧迫。

一、国外研究综述

食品安全问题在世界范围内广泛存在，无论是发达国家还是发展中国家，食品安全问题都是聚焦和关注的重点。在食品安全问题上有着广阔的伦理思考空间。由于发展阶段和所处的历史方位不同，发达国家和发展中国家对食品安全研究的重点有别。当前，发展中国家关注更多的是食品数量安全和食品质量安全问题，发达国家关注更多的是营养安全、有机食品、转基因食品、食品发展与生态环境保护等问题。质量安全、富有营养、确保健康是食品的本性，在现代食品交易中，任何情况下，食品交易都应该恪守道德原则，不能偏离食品本性。斯蒂芬·杨（Stephen Young，2010，2012）认为，在食品问题上，饥饿、食品质量安全和供应的可持续性，是食品企业和全社会面临的共同挑战。他认为，现代食品工业让食品生产供应能力空前提高，在很大程度上满足了人们对食品数量的需要。与此同时，食品工业的狂飙猛进，也衍生出诸多的问题，比如，食品风险对人体健康的侵犯，食品持续供应的乏力，食品工业作为工业经济的一部分对环境的破坏造成了食用农产品的污染等。在市场经济中，解决食品安全问题既需要经济杠杆的调控，也需要道德力量的调控。

在发达国家，伴随着工业化、城市化、市场化和现代化的进程，英国、美国、日本都曾经经历过道德黑暗期的阵痛，一批有良知的学者担当起揭露食品安全道德黑幕的斗士，为改善本国的食品安全道德状况发挥了重要作用。英国的弗雷德里克·阿库姆（Frederick Accum）撰写的《论食品掺假和厨房毒物》，约翰·米歇尔（John Michel）撰写的《论假冒伪劣食品及其检测手段》，阿瑟·哈索尔（Arthur Hathor）等撰写的《食品及其掺假：1851—1854〈柳叶刀〉"卫生分析委员会"

的食品检测报告》等著作和研究报告，对 19 世纪中叶英国的食品安全
道德状况进行了批判，直接促进了英国食品安全的立法和监管工作，
促成了食品安全的道德治理。需要特别指出的是，革命导师马克思、
恩格斯的理论创作和实践斗争正是在这一时期，面对食品掺杂使假行
为的盛行，马克思、恩格斯深恶痛绝，他们站在无产阶级人民大众的
立场上，指出无产阶级和劳苦群众是食品安全败德行为的直接受害者。
在《资本论》《英国工人阶级状况》等著作中，马克思、恩格斯对英国
乃至整个欧洲的食品安全道德状况进行了细致入微的描述和鞭辟入里
的批驳。

美国食品安全败德行为的集中爆发期在 19 世纪末 20 世纪初，一些
屠宰场、肉食加工厂的环境令人作呕，生产加工的食品让人难以下咽，
病死的牲畜，有毒有害的添加物纷纷混进了食品生产加工场所，造成
了极大的社会恐慌。1904 年，厄普顿·辛克莱（Upton Sinclair）在芝加
哥屠宰场实地调查 7 周后，撰写成纪实文学《屠场》（*The Jungle*，也有
人译为《丛林》），现身说法揭露了美国肉食品加工厂的行业内幕，引
起了美国第 26 任总统西奥多·罗斯福（Theodore Roosevelt）政府当局
对食品安全的高度重视，发生了"掷出窗外"事件，直接推动了美国《纯
净食品及药物管理法》和《肉类检查法》的出台，并成立了以化学家
威利博士（Dr. Wiley）为首的 11 人专家组，构成了食品药品监督管理
局（Food and Drug Administration，FDA）的前身。

20 世纪五六十年代的日本，在第二次世界大战后经济发展迅速，
食品安全事件频出，"水俣病事件""森永砒霜牛奶事件""毒米糠油事
件"都是臭名昭著的食品安全败德事件，此时日本消费者的维权意识
觉醒，直接促成了 1968 年《消费者保护基本法》的颁布。20 世纪 80

年代后至 21 世纪初，日本食品安全道德状况相对平稳。2007 年，是日本食品安全道德问题丛生的多事之秋，食品中掺杂使假的不道德行为被媒体接连曝出。针对残酷的现实，芳川充写成《食品的迷信："危险""安全"信息背后隐藏的真相》，通过翔实的案例和数据分析，探寻食品谎言背后的真相，并对日本食品安全舆论、政府监管部门的监督管理、法律法规的完善、中日食品贸易等问题进行了研究。[①]

相比较而言，在时间上，发达国家研究食品安全道德治理问题起步要远早于国内；在内容上，发达国家在经历过食品安全道德黑暗期后，随着食品安全状况的好转，对食品安全的伦理审视，更加的多元立体。国外在政治伦理、经济伦理、生态伦理、科技伦理等方面对食品安全道德治理的研究都取得了很大的进展。

政治伦理视域中的食品安全道德治理研究。食品安全问题是一个非常重大的政治问题，能不能保证本国公民的食品安全，是对一国政府的起码要求。发达国家对食品安全的政府监管、食品安全政策的制定与实施、食品安全监管的成本与效率等问题进行了分析研究。梅杰勃姆（Meijboom，2006）等人指出，政府监管部门要提高食品安全系统的透明性和可溯源性，这样才能增强消费者的信任。詹森和桑德（Jensen K. K. and Sandoe P.，2002）认为，恢复公众的食品安全信心，需要开展食品安全价值对话，保证食品风险的透明度和理解公众对食品风险的看法。[②] 玛丽恩·内斯特尔（Marion Nestle，2004）认为，食品安全是最大的政治，政府对食品安全的监管应该以公正为首要任务。

---

① 参见［日］芳川充：《食品的迷信："危险""安全"信息背后隐藏的真相》，边红彪译，中国计量出版社 2008 年版。

② Jensen K. K., Sandoe P., "Food Safety and Ethics: The Interplay between Science and Values", *Journal of Agricultural and Environmental Ethics*, 2002,15（3），pp.245–253.

但是，美国联邦政府在食品相关政策制定的过程中却受到行业游说的左右，导致政府监管能力严重受限。食品生产经营者对政府的"绑架"，政府与食品生产经营者同流合污，给消费者的健康利益埋下了巨大的安全隐患，这是极其不道德的。菲利普·希尔茨（Philip J. Hilts，2006）以美国食品药品监督管理局自 1906 年成立至今的发展历史为经线，以这一期间发生的重大食品安全事件为纬线，在政治、商业、科学、公众利益等力量的博弈与交锋中，详解了美国食品药品监督管理局的发展历程。"对公众健康负责，还是对商业利益负责？"是美国食品药品监督管理局在发展过程中一直需要平衡的始终绕不开的话题，围绕这一话题的争论时刻不曾停歇，这也是不同历史时期美国食品药品监督管理局职能定位、监管措施和手段变化的重要因变量。菲利普·希尔茨认为，在利益与风险的交织中，美国食品药品监督管理局成功的要诀之一就是始终没有忘记公众的健康。[①] 本·曼普哈姆（Ben Mepham，2009）指出，超重和肥胖危机在当代社会愈演愈甚，在食品生产消费的过程中，政府要从消费者身体健康和环境保护两方面进行道德决策与监管。迈克尔·科萨尔（Michiel Korthals，2008）提出，转基因食品、肥胖症、动物权利和可持续发展是当代西方关于食品安全道德论争的焦点，解决这些问题不能单纯依靠市场力量，消费者和政府也要负起责任，消费者需要道德理性的消费，政府则要在食品安全标准、健康指标制定和市场环境改善方面下功夫。罗伯特·帕尔伯格（Robert Paarlberg，2010），玛丽安·伊丽莎白·连恩和雷蒙德·安东尼（Marianne Elisabeth Lien and Raymond Anthony，2007）等人从全球食品政治伦理的

---

① 参见［美］菲利普·希尔茨：《保护公众健康：美国食品药品百年监管史》，姚明威译，水利水电出版社 2006 年版。

宏阔视野，指出发达国家的消费者在思考食品浪费和营养过剩带来的道德问题，非洲农业的失败让1/3的人口在为填饱肚子而发愁，亚洲农业的成功让他们的消费者食品变得丰富，但却受到食品质量不安全的困扰，要解决这些问题，需要树立食品安全全球共治的理念。

经济伦理视域中的食品安全道德治理研究。保罗·罗伯茨（Paul Roberts，2008）认为，当今时代，食品供给与食品需求之间的矛盾不断激化，当前食品危机的根源在于经济，因此，真正理解食品危机需要将食品体系视为一种经济体系来看待。保罗·罗伯茨探秘了食品体系背后的"阴暗构造"，指出了食品生产中的薄弱环节、重大漏洞、严重危机，揭露了诱发三聚氰胺、苏丹红等食品败德事件的根源性因素，认为食品行业许多看似合乎标准的做法，如降成本、拓市场、增规模，却造成了很多危机。这些危机造成了消费者"莫名其妙"的恐慌，陷身到"还敢吃什么"的叩问当中。[①]卡罗琳·斯蒂尔（Carolyn Steel，2010）追踪了食品供应方式演变的轨迹，认为人类发展至今，食品短缺问题已经基本解决，面对充足的食品供应，人类却是喜忧参半。人工合成食品涌现、肥胖人群大量增加、城市大超市数量增多、自然生态破坏的加剧，都是食品供应发展中出现的新问题，要对食品与人类生活、食品与自然生态、食品与城市的关系进行重新思考。[②]大卫·轩尼诗、尤塔·罗森和约翰·麦维斯（David A. Hennessy, Jutta Roosen and John A. Miranowski，2001）指出，现代食品供应链条复杂漫长，每个环节的安全保障都非常关键，无论哪一个环节出现问题，都会影响

---

① 参见［美］保罗·罗伯茨：《食品恐慌》，胡晓姣、崔希芸、刘翔译，中信出版社2008年版。
② 参见［英］卡罗琳·斯蒂尔：《食物越多越饥饿》，刘小敏、赵永刚译，中国人民大学出版社2010年版。

到消费者餐桌上的安全。各环节的责任者都要守土尽责，同时加强彼此协调，共同提高食品安全治理效果。西科拉（Sikora，2005）认为，消费者对食品最关心的就是安全，生产者在食品生产经营的过程中必须要遵守食品安全规范和制度，用道德的生产经营以确保食品安全与健康。一些学者运用经济学的信息不对称理论对食品安全道德问题进行了分析，尼尔森（Nelson，1970）卡斯韦尔和帕德贝格（Caswell and Padberg，1992）将商品分为搜寻品（Search Goods，消费者在购买前就已经掌握的信息）、经验品（Experience Goods，消费者在购买后判断得出的信息）和信任品（Credence Goods，消费者在购买后也无法判断的信息）三类，食品作为商品最重要的就是信任品的属性。食品生产经营者正是利用自身掌握的信息优势，在利益驱使下，隐藏信息以欺骗消费者的。食品信息不对称会造成市场失灵和道德风险，导致优质不优价，诚信缺失掺杂使假盛行，进而造成"劣币驱逐良币"，好的食品生产经营者被逆向选择挤出市场，坏的食品生产经营者却浑水摸鱼从中受益。采用食品标签，让食品安全信息透明，形成食品声誉，是减少因信息不对称诱发的食品安全道德问题，防范食品安全道德风险的重要方法。沃尔克特·贝克曼（Volkert Beekman，2008）指出，伦理的可追溯性要求是建立在消费者知情选择权利的直觉之上，政府保证向所有消费者提供食物，食品生产者要向消费者提供产品和关于这些产品的足够信息。①

生态伦理视域中的食品安全道德治理研究。蕾切尔·卡逊（Rachel Carson，1962）的《寂静的春天》问世后，在世界范围内引起了关注

① Volkert Beekman, "Consumer Rights to Informed Choice on the Food Market", *Ethic Theory Moral Prac*, 2008（11），pp.61-72.

环境保护的热潮，人们的环境保护意识被唤醒。在此书的感召下，各种环境保护组织纷纷成立，各国政府开始重视环境问题，并直接促成了 1972 年联合国"人类环境大会"的召开和"人类环境宣言"的签署。她在书中指出，人类对杀虫剂、除草剂和农药等化学试剂的泛滥使用，造成了野生动物生存环境的恶化，造成的食品源头污染又让人类自食其果，对人类的生存与健康构成威胁。[①]艾里克·施洛瑟（Eric Schlosser，2002）指出，通过药品、激素快速催长的鸡和猪等动物，作为快餐原料进入到人类的食物链条，在看似丰富人类食品的表象下，让人类、动物和环境都付出了巨大的代价，贫富差距拉大、肥胖症流行、自然环境破坏、社会的同一化等问题日益突出。施洛瑟力图唤醒人们对健康食品的认识，推动食品安全革新，寻求健康的饮食结构和食品消费方式。[②]迈克尔·波伦（Michael Pollan，2008）认为，过度饮食一方面造成了人类营养过剩，不利于身体健康，另一方面造成了资源的浪费和环境的破坏，"少吃，吃植物性食物"既有利于身体健康，也有利于环境保护。珍·古德（Jane Goodall，2006）和迈克尔·伯根（Michael Burgan，2011）等人提出了"吃在地、吃当季、支持有机农业"的食品消费伦理原则。

科技伦理视域中的食品安全道德治理研究。萨莉·普拉丝姬（Sally Praskey，2003）认为，一个单一的不道德的决定在现代社会可能制造出一个世界性的灾难，技术的发展比道德进步快得多，两者之间的差距是食品安全问题的根源所在，因此必须把伦理植入技术。[③]迈克尔·G.

---

① 参见［美］蕾切尔·卡逊：《寂静的春天》，许亮译，北京理工大学出版社 2015 年版。

② 参见［美］艾里克·施洛瑟：《快餐国家：发迹史、黑幕和暴富之路》，何韵、戴燕译，社会科学文献出版社 2006 年版。

③ Sally Praskey, "Putting Ethics into Technology", *Canadian Grocer*, 2003, 117（8）, p.85.

布里泽克、尼科尔·卡梅伦和安琪·伍德尔（Michael G Brizek，Nicole Cameron and Angel Woodle，2011）认为，食品新产品的研发和市场投入要保证消费者的知情权。当前，越来越多的克隆食品、转基因食品流入到市场中，食品药品监督管理局声称这些食品与传统食品一样安全，没有作出特殊标识的规定，生产经营者也不愿意透露关于食品来源的真实信息，这严重侵犯了消费者的知情选择权。本·曼普哈姆（Ben Mepham，2011）指出，食品添加剂是现代食品不可或缺的重要组成部分，但是，从相关的民意调查中发现，欧洲大部分民众对食品添加剂心存疑虑，因此，对食品添加剂的使用迫切地需要进行伦理分析。达里尔·梅斯尔（Darryl Macer，1996）、侯美婉（Mae-Wan Ho，1998）和乔治·迈尔森（George Myerson，2005）等学者对转基因食品的安全性进行了伦理探讨，伦理探讨集中在转基因食品对人体健康、生物多样性和生态环境的影响等方面。侯美婉认为，转基因食品存在道德风险，将转基因技术运用于食品生产中是不道德的。斯蒂芬·诺蒂哈姆（Stephen Nottingham，1996）认为，出于对消费者知情选择权的尊重，转基因食品的产销要进行清晰、明确、易懂的标识。

二、国内研究综述

国内关于食品安全治理方面的研究在2000年以前是凤毛麟角，关于食品安全问题的话题都集中在自然科学领域，主要探讨食品的技术性问题。2003年的"SARS事件"，吸引了一部分社会科学领域的专家开始关注食品安全治理问题。2004年的安徽阜阳劣质奶粉事件，以及随后在国内接连上演的"孔雀石绿事件""苏丹红事件"，直至2008年爆发的"三聚氰胺毒奶粉事件"，引爆了国内关于食品安全治理研究的热潮。在这样的背景下，伦理学界以义不容辞的学科使命迅速地介入到食品安全治理的研究中，并产生了一批有价值的研究成果。国内食品安全道德治理研究主要集中在以下几个方面：

食品安全道德治理的基础理论研究。唐凯麟（2012）指出，从伦理学的视角，采取多层面、综合性的研究方法，对食品安全问题进行深入研究，已经成为十分重要的任务。伦理学要保持它的实践性的品格和对现实生活的范导功能，就必须加强对食品安全伦理问题的研究。[①]唐凯麟领衔的课题组对食品安全问题的文化内涵、伦理实质和道德治理对策与途径等问题进行了深入系统的研究，并于2017年6月出版食品安全伦理问题研究丛书。其中，曾鹰著《舌尖上的文化：道德文化视阈下的中国食品安全》，该书认为，治理食品安全，需要奠基于现代法治和现代公共价值之上的公共道德；喻文德著《餐桌上的民生：食品安全伦理责任》，该书对食品安全伦理的思想源流、基本价值诉求、主导原则及食品企业、政府、媒体、消费者、科技工作者在食品安全道德治理中的责任进行了研究；徐新著《"上帝的尊严"：食品消费安全伦理》，该书从消费者权益的视角，对食品消费安全中的道德观念、主要问题、主要权益及如何以道德的方式实现食品消费安全等问题进行了阐发；孙雯波著《生命之殇：食源性疾病的伦理审视》，该书通过社会调查和观察体验的方式，对食源性疾病与公共健康伦理问题进行了探讨；朱俊林著《十字路口的困惑：转基因食品安全的伦理问题》，该书对转基因食品所涉及的系列道德问题进行了细致的分析。宋同飞（2003）从责任伦理的视角，对食品安全道德治理中的政府责任、企业

---

① 唐凯麟：《食品安全伦理引论：现状、范围、任务与意义》，《伦理学研究》2012年第2期。

责任、第三方（媒体、非政府组织、食品检验检测机构）责任进行了分析，指出，在全球化趋势和生物技术笼罩下，食品安全责任面临许多新挑战。

食品安全道德困境肇始的原因分析。任丑（2016）认为，食品伦理冲突体现在素食与非素食、自然食品与人工食品、食品信息遮蔽与知情三个方面，冲突的实质是食品道德法则的悖逆，因此，要秉持生命权之绝对命令，回归对食品道德法则的信守，以实现食品伦理冲突的和解。[①] 贺汉魂和许银英（2016）对马克思的食品安全伦理思想进行了深入探究，认为食品安全道德问题的实质是食品消费异化，并指出，生产者动机不道德，技术异化与生产条件不充分是食品安全问题产生的根源。[②] 徐越如（2013）认为，当代中国社会由传统社会向现代社会，由熟人社会向陌生人社会的转型，造成社会伦理道德意识发生了重大变化。传统熟人社会道德体系的式微，现代陌生人社会公共道德意识的缺位以及监管的乏力，导致食品安全道德实践缺少相应的伦理保障，食品安全道德事件频繁发生。[③] 杨光飞和梅锦萍（2011）认为，食品安全问题反映出我国市场转型中普遍主义经济道德的缺失，具体表现为食品企业责任道德和监管部门行政道德的缺失。韩作珍（2013）从食品生产企业、政府、消费者、科研人员、媒体等食品利益相关者维度找寻食品安全道德困境的成因，认为食品利益相关者的道德意识薄弱是根本原因，并循此思路提出了提升食品利益相关者道德意识，履行食品安全道德责任的路径方法。施春华（2016）认为，食品安全道德

---

①　任丑：《食品伦理的冲突与和解》，《哲学动态》2016 年第 4 期。

②　贺汉魂、许银英：《马克思食品安全伦理思想及其现代启示研究》，《华侨大学学报（哲学社会科学版）》2016 年第 1 期。

③　徐越如：《陌生人社会视野中食品安全的道德问题》，《理论月刊》2013 年第 10 期。

的维护，需要食品生产经营者的自律和以政府监管为主的他律，当食品生产经营者诚信缺失，陷入到拜金主义的狂热，没有了自律，同时，政府监管不足，他律的大门敞开时，食品安全道德状况可想而知。

食品安全道德治理的原则探讨。邱仁宗（2015）指出，评价食品领域行动或决策的伦理原则包括，食品权（Right to Food）（是最基本人权）、无伤害（Non-maleficence）、知情选择（Informed Choice）、分配公正（Distributive Justice）、社会公正（Social Justice）、代际公正（Intergenerational Justice）、共济（Solidarity）等七项原则。[①] 何昕（2015）以人的绝对价值为原点，提出食品安全道德治理的首要原则为生命价值原则，无害是食品安全道德治理的消极原则，健康是食品安全道德治理的积极原则，公正是食品安全道德治理的扩展原则。这四项原则既构成了食品安全伦理的基本原则体系，也是食品安全伦理评价的基本标准。[②] 刘海龙（2010）提出，保障安全，履行责任是食品伦理的要旨。食品承载了生命的价值，其本性在于维持生命，增进健康和幸福，食品安全道德治理的首要前提就是要求保障食品安全。"责任重于泰山"，绝不明知其害而为之是食品生产经营者的责任，尊重、保护和促进安全则是监管者的责任。[③] 徐越如（2012）指出，开展食品安全文化和道德建设实践活动需要遵循以诚信为基础的道德原则，进而提出了敬畏生命与保障健康、诚实信用、知情同意与尊重选择的食品安全道德治理三项原则，敬畏生命与保障健康要求食品生产经营者和监管部门把人的生存与发展作为最高价值目标，诚实信用是食品生产经营者的无形资产，

---

① 邱仁宗：《农业伦理学的兴起》，《伦理学研究》2015 年第 1 期。

② 何昕：《论食品伦理的基本原则》，《华中科技大学学报（社会科学版）》2015 年第 2 期。

③ 刘海龙：《安全与责任：食品伦理的要旨》，《学术交流》2010 年第 1 期。

食品标签和标注是知情同意与尊重选择的具体体现。[①] 转基因食品充满着安全风险，人们对此深感焦虑和不安，在世界范围内存在着伦理上的论争。针对转基因食品的人体试验，朱俊林（2013）认为应该恪守个人知情同意、不伤害、公平分配利益与承担风险三项原则，并且人体试验要依法依规依程序在伦理审查委员会的审议批准下开展。[②] 杨通进（2006）认为，走出转基因技术伦理争论困境的方法之一是：对人们所诉求的道德原则进行优先性排序，不伤害是首要道德原则，不伤害原则之后的四个原则按优先程度排序依次是自主性原则、正义原则、尊重自然原则、仁慈原则。前三个原则是被要求的道德，后两个原则是被期望的道德，被要求的道德优先于被期望的道德。在制定与转基因技术有关的决策和政策时还需要遵守预防原则。[③]

　　食品安全道德治理的伦理对策。一是从食品生产经营者角度提出伦理对策。食品生产经营者是食品安全的第一责任人，一些学者认为，加强食品安全道德治理，首先需要加强食品生产经营者的职业道德建设。赵士辉（2012）编著的《食品行业伦理与道德建设》，重点对食品行业开展道德建设情况与食品生产经营者和监管者的道德教育情况进行了研究，该书分为基础篇（介绍了食品行业道德的特点、主要功能和任务）、要求篇（提出了食品行业道德基本规范、食品监管道德基本规范、食品企业家承担社会责任的基本要求）、建设篇（从食品行业道德的教育、食品行业道德基本规范建设、食品行业与监管机构的制度伦理建设、食品行业道德评价与食品行业道德建设评价、食品企业文

　　① 　徐越如：《论食品安全文化和道德建设的理论与实践》，《中国轻工教育》2012 年第 3 期。
　　② 　朱俊林：《转基因大米人体试验的伦理审视》，《伦理学研究》2013 年第 2 期。
　　③ 　杨通进：《转基因技术的伦理争论：困境与出路》，《中国人民大学学报》2006 年第 5 期。

化与食品文化建设等几个方面提出了加强食品行业道德建设的路径）、附录（选取了食品行业道德建设的典型案例进行了分析）四个部分。王鹏（2012）编著的《食品从业人员伦理学》认为，进入21世纪以来，我国爆发的食品安全事件表明，食品从业人员的道德观念和责任意识出现了问题，因此，需要结合先进的道德观和价值观，加强职业道德建设，不断提升食品从业者的道德素养，以此保障食品的安全生产与供给。吕军书（2009）、林雪荣（2010）、陈勇（2010）、吴冰和曾小娟（2012）等人先后撰文认为，当前中国食品安全道德困境的主要原因在于食品生产经营者的道德出现了问题，食品生产经营者道德与食品安全呈现出正相关性，食品生产经营者的道德也直接决定着食品企业的生存与发展，可以通过加强制度建设和道德教育等方式来促进食品生产经营者道德素质的提升。

二是从监管者角度提出伦理对策。沈岿（2018）运用风险、风险社会、风险治理理论，对一个个生动鲜活的食品安全事例进行细致的分析，勾勒出"风险行政法"框架下食品安全的治理之道，完成了食品安全的"若干岛屿探秘"。程景民（2015）运用规制理论对不同国家和地区行政性规制的价值标准、监管思路、监管体制和法律体系进行了梳理，以此为借鉴，对我国食品安全监管现状进行了分析，并就我国食品安全行政性规制的改进与提升给出了综合性的建议。胡汝为和刘恒（2008）从行政伦理角度分析了充满着伦理和政治难题的食品行业，对作为规制者的政府该如何解决伦理和政治难题以进行科学决策提供了建议。[①]曹军（2012）认为，在食品安全监管中，运用行政问责制，

[①]　胡汝为、刘恒：《行政伦理视角下的食品安全管制问题初探》，《社会科学家》2008年第8期。

有利于强化监管者的责任意识。当前我国食品安全行政问责存在着问责的伦理基础薄弱、问责主体角色冲突、问责制度化和程序化难以深入等问题，完善食品安全行政问责制度需要从构建常规的问责监督程序、加强行政问责伦理建设和深化新闻媒体舆论监督问责等几个方面进行。周奕（2012）、喻文德（2012）和苗杰（2009）等认为，我国政府监管责任的虚化导致监管实施的不力，是出现大量食品安全伦理问题及冲突的重要原因，因此，要通过加强行政伦理和制度伦理建设来寻求问题的解决，监管者要转变发展理念、明确监管责任，加强全程问责，并通过制度伦理建设来弥补制度漏洞。

三是从消费者角度提出伦理对策。与食品生产经营者相比，消费者处于弱势地位，是食品安全败德事件的受害者。但是，换一个角度来看，消费者的不道德消费行为往往是诱发食品安全败德事件的导火索，因此，有必要提升消费者的伦理意识和参与意识，让消费者成为食品安全道德治理的重要力量。应飞虎（2016）认为，可以借鉴国外的经验，基于我国国情和现实情况，建立食品消费者教育制度。通过增强消费者的食品安全知识、食品安全意识和伦理意识、参与意识，促使其在食品消费中进行科学决策和道德决策，进而在消费者层面阻止"劣币驱逐良币"现象的发生发展。消费者主体意识的增强，也有利于减轻监管者的监管压力，形成健康的市场秩序，实现公共利益。[1]徐新（2013）认为，普遍信任是实现食品消费安全的必备社会伦理条件。矫正食品安全败德行为，既需要加强政府监管，完善制度安排，同时也需要增强消费者的食品安全意识，纠正消费观念，强化维权意识。[2]刘

---

[1]　应飞虎：《我国食品消费者教育制度的构建》，《现代法学》2016 年第 4 期。
[2]　徐新：《食品消费安全的伦理思考》，《伦理学研究》2013 年第 2 期。

广明和尤晓娜（2011）认为，消费者可以团结起来，发挥集体的力量推动社会监督的实现。消费者监督需要建立健全消费者司法保护机制、消费者举报监督机制、消费者权益保障机制等系列制度作为保障。[①] 余吉安和刘会（2016）认为，食品安全问题既源于企业自身质量伦理意识缺乏，也源于公众质量伦理意识的不足，在食品市场中，企业与消费者之间的信息是不对称的。消费者心理在食品安全治理中具有重要作用，消费者对食品质量问题的态度及心理特征，会诱导消费者形成理性的消费观念和自我保护意识，影响购买行为，进而影响企业的生产决策与质量选择。[②] 赵荃（2010）、汤红兵和刘绍军（2008）等人认为，消费者树立道德消费观对食品消费市场的影响巨大，要教育和引导消费者树立起责任意识进行道德消费。

四是从媒体角度提出伦理对策。一些学者认为，当代中国食品安全道德状况整体向好，人们的食品安全忧虑在一定程度上是媒体渲染和推波助澜的结果。因此，媒体在进行食品安全事件报道时，要遵守媒体伦理，以客观理性的态度塑造媒体舆论。冯强和石义彬（2017）认为，媒体传播影响个体食品安全风险感知，个体对食品安全信息的关注度、媒体渠道的可信度、个体信息处理机制的有效度是影响个体食品安全风险感知的三要素。[③] 尹金凤和蔡骐（2014）认为，媒体在食品安全信息传播的过程中表现出一定的价值取向，处于转型期的中国，食品安全信息传播呈现出价值取向多元化的特点，错误价值取向成为

[①] 刘广明、尤晓娜：《论食品安全治理的消费者参与及其机制构建》，《消费经济》2011年第3期。

[②] 余吉安、刘会：《基于消费者行为的食品安全治理研究》，《郑州大学学报（哲学社会科学版）》2016年第5期。

[③] 冯强、石义彬：《媒体传播对食品安全风险感知影响的定量研究》，《武汉大学学报（人文科学版）》2017年第2期。

特定利益的代言人，丧失了媒体的公信力。因此，媒体自身需要树立正确的政治观、大局观和责任观，记者需要坚守职业操守，政府需要加强监管，唯有如此，才能让媒体在食品安全信息传播中营造起正确的舆论氛围。[①] 何艳和赵闪闪（2016）认为，我国食品安全公益代言，可以充分利用形象代言人的资源优势，发挥传统媒体和新媒体的互补功能，适应时代发展，制定好媒体融合时代的传播策略，营造良好的食品安全治理环境。[②] 王雯和刘蓉（2014）认为，食品安全问题与网络不良言论、网络谣言相互交织在一起，使食品安全呈现出社会性公害品特点，衍生为网络舆情危机，对广大人民群众的身体健康和生命安全、对中华民族伟大复兴的中国梦实现都造成了负面影响。要消除这一危机，以政府为主导的公共部门要进行监管和引导，第三方独立组织要积极配合协调，努力建成食品安全网络舆情干预机制和监管体系。[③]

五是食品安全道德治理的综合施策思路。食品安全道德治理是复杂的，既需要从一个角度深入思考，提出精准的治理策略，更需要综合性的视角，进行综合施策。朱步楼（2016）著的《食品安全伦理建构》认为，构建食品安全伦理，是培育形成社会主义核心价值观、提高社会文明程度、促进人的全面发展的重要内容。他认为，食品安全的伦理重塑，需要从企业伦理、行政伦理、消费伦理和传播伦理等方面共同努力。加强市场信用体系建设，推进监管体制机制创新，健全科技与政策支撑体系，完善食品安全制度伦理，强化食品安全法律保障是食品安全伦理建构的具体路径。侯振建（2007）提出了食品伦理道德

---

① 尹金凤、蔡骐：《中国食品安全传播的价值取向研究》，《江淮论坛》2014 年第 3 期。
② 何艳、赵闪闪：《食品安全公益代言传播现状及建议》，《青年记者》2016 年第 35 期。
③ 王雯、刘蓉：《食品安全网络舆情危机治理的公共政策研究》，《理论与改革》2014 年第 3 期。

体系建设的途径和方法，包括制定食品伦理道德规范、强化道德规范教育、塑造道德楷模、强化舆论宣传、培育企业自我监督机制、利用利益机制调控、建立企业的信用系统等等。[①] 杨光飞和梅锦萍（2011）认为，市场经济的良性运行既需要一定的伦理基础，也需要众多利益共同体形成伦理共识。要消除食品安全领域的道德乱象，就要重塑经济伦理，包括经济伦理与相关制度的结合和经济伦理观念和市场实践的结合两个方面。[②] 吴元元（2012）认为，要以食品安全信用档案为中心，建立创设食品安全声誉机制，促使消费者"用脚投票"，表明其选择偏好，以作用于企业利益的核心层，迫使食品生产经营者放弃潜在的不道德行为。[③] 苏金乐（2005）认为，转基因食品作为转基因技术的产物，其安全性存在许多不确定的因素。科学家在进行转基因食品科学研究活动时，应坚持学术价值与社会价值的统一，当双方发生冲突时，学术价值就必须让位于社会价值，学术责任同时应让位于道义责任。[④] 曾天雄、曾鹰和曾丹东（2016）认为，食品安全问题意味着我们既需要制约权益，也要依法治理，更要加强道德建设，当务之急是提升公民的道德素质。食品安全更多是一种内源性危机，我们必须诉诸道德寻根，恢复自己的道德理性，为食品安全善治提供一种信仰基础，为人格重构与社会公序良俗提供观念共识与动力机制。[⑤]

---

① 侯振建：《食品安全与食品伦理道德体系建设》，《食品科学》2007 年第 2 期。

② 杨光飞、梅锦萍：《市场转型与经济伦理重塑——对近年来食品安全问题的伦理反思》，《伦理学研究》2011 年第 6 期。

③ 吴元元：《信息基础、声誉机制与执法优化——食品安全治理的新视野》，《中国社会科学》2012 年第 6 期。

④ 苏金乐：《农业转基因研究和应用过程中预防原则及其伦理学解读》，《道德与文明》2005 年第 6 期。

⑤ 曾天雄、曾鹰、曾丹东：《食品安全问题的道德反思》，《湘潭大学学报（哲学社会科学版）》2016 年第 3 期。

三、简要评价

从现有的研究资料来看，国内外关于食品安全道德治理的研究，进入 21 世纪以来已然蓬勃兴起，取得的研究成果具有重要的学术价值和现实意义，为本书研究奠定了良好的学术基础，提供了许多可供借鉴的资源。笔者认为，现有关于食品安全道德治理的研究尚缺少对食品安全道德治理理论的系统性研究，缺少对食品安全道德状况的动态性考察和与国际社会的横向比较，缺少对食品安全道德治理的整体性分析。因此，为了适应和指导现实，食品安全道德治理研究需要进一步探源理论、纵览历史、学习经验、联系现实，做到理论上的深入阐发，现实上的深刻思考，操作上的行之有效。在理论与现实的互动中，为维护食品安全提供价值立场、道德观念和可行方案。

第三节　研究思路与研究方法

一、研究思路

全书以马克思主义伦理学为指导，遵循道德哲学的思维路线，对当代中国食品安全道德状况进行伦理检视。以食品安全道德治理研究的兴起为逻辑起点，通过对食品安全道德治理的责任主体、食品安全道德状况的辩证认知、食品安全道德治理的国际经验、食品安全道德治理的理念原则、食品安全道德治理的路径选择等问题进行梳理和阐述，以理论观照现实。基于中国的现实国情，探寻当代中国食品安全道德治理的有效路径，为保障广大人民群众"舌尖上的安全"提供伦理建议和对策，是研究的逻辑归宿（见图 1-1）。

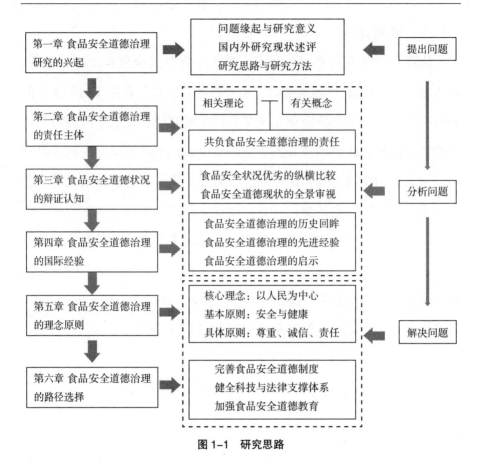

图1-1 研究思路

二、研究方法

文献研究法。对国内外关于食品安全伦理研究方面的成果进行梳理总结，瞄准和紧盯学术前沿与学术动态，通过文献的查阅和整理，基于现有研究成果展开新的研究工作。

比较研究法。对西方发达国家在食品安全道德治理中取得的成功经验进行研究，总结可资借鉴的成功经验和做法，结合我国食品安全道德状况发展的阶段性特点，进行吸收运用。

案例研究法。对当代中国发生的食品安全败德事件予以深度剖析，查找诱发事件的原因，关注事件发展的过程，为寻找可行的食品安全道德治理方案提供现实参考依据。

第二章　食品安全道德治理的责任主体

"民以食为天"，食品安全是全人类关注的永恒话题，也是世界各国面临的共同问题。食品安全在不同国家的不同历史发展阶段呈现出迥异的特点，尽管如此，由于食品安全关乎人类的生存与发展，所以从未离开各国公众的视野。在当代中国，一些恶性食品安全事件表明，道德的滑坡已经拉响了底线警报。开展道德领域突出问题专项教育和治理活动，是党和政府为净化道德空气，营造良好道德环境提出的一项重大任务，加强食品安全道德治理是重中之重。

第一节　食品安全道德治理释义

食品安全是一个国家经济发展、政治稳定、社会和谐的物质基础和必要保证，世界各国都非常重视食品安全问题，把食品安全作为国家安全战略的重要组成部分予以关切。2011 年 6 月 29 日，第十一届全国人民代表大会常务委员会第二十一次会议，我国把食品安全上升为国家安全，食品安全与金融安全、粮食安全、能源安全、生态安全一起被纳入到国家整体安全体系。① 那么，究竟何谓食品安全，如何从伦

---

① 《人大常委会审议执法检查报告：食品安全乃"国家安全"》，新华网，2011 年 6 月 29 日，见 http://news.xinhuanet.com/2011–06/29/c_121602425.htm。

理视角审视当代中国的食品安全问题并对其进行道德治理，则需要结合我国实际，进行仔细认真的梳理和科学清晰的界定。

一、食品安全内涵

（一）食品及其相关概念

食品，简单地讲就是人类食用的物品，可以区分为天然食品和加工食品。天然食品是指在自然中生长的，不需要经过加工，就直接可供人类食用的原料及产品，比如水果、蔬菜等；加工食品是指经过一定的工艺加工生产，以供人类食用或饮用的制成品，比如罐头食品、冷冻类食品、脱水干制类食品等。在现代意义上，随着工业化、城市化、市场化和现代化的推进，食品更多的是经过加工后打上了人类印记的，在食品中凝结了人类的工艺技术和生存智慧。如《现代汉语词典》中就把食品解释为："商店出售的经过一定加工制作的食物。"[①] 在这里，特意强调了食品是经过加工，且在市场上销售的商品。

1994 年 12 月 1 日实施的国家标准 GB/T15091–1994《食品工业基本术语》2.1 条把食品定义为："可供人类食用或饮用的物质，包括加工食品、半成品和未加工食品，不包括烟草或只作药品用的物质。"[②] 这一定义与《现代汉语词典》中突出强调食品的加工和商品特性不同，更为全面和宽泛地给食品下了定义，并把食品和烟草及药品以示区别。《食品工业基本术语》中关于食品的定义和我国 1995 年施行的《中华人民共和国食品卫生法》（以下简称"《食品卫生法》"）以及 2009 年施行的《中华人民共和国食品安全法》（以下简称"《食品安全法》"）中

---

① 《现代汉语词典》，商务印书馆 1983 年版，第 1043 页。
② 中国标准出版社第一编辑室编：《中国食品工业标准汇编》，中国标准出版社 2008 年版，第 1 页。

关于食品的定义基本是一致的。[①]《食品安全法》第十章附则第九十九条给食品下的定义是："食品，指各种供人食用或者饮用的成品和原料以及按照传统既是食品又是药品的物品，但是不包括以治疗为目的的物品。"[②] 这一定义沿用了《食品卫生法》中关于食品的定义，与其完全一致。2015 年 4 月 24 日第十二届全国人民代表大会常务委员会第十四次会议对《食品安全法》进行了修订，该法自 2015 年 10 月 1 日起施行（以下简称"新《食品安全法》"）。其中，对食品的定义稍加完善："食品，指各种供人食用或者饮用的成品和原料以及按照传统既是食品又是中药材的物品，但是不包括以治疗为目的的物品。"[③] 这一定义中用"中药材"取代了早先的"药品"，体现了概念的进一步科学规范严谨。

总体而言，食品是一个专业性很强的概念，而且种类繁多，依据不同的分类标准和判别依据，对食品可以作出不同的理解和分类。如无特别说明，本书对食品的理解主要依据新《食品安全法》。

食品安全是食品的扩展概念，食品安全不仅源自于食品自身，而且还与食品中的添加物（食品添加剂）、食品接触材料（食品相关产品）及食品的上游（食用农产品）息息相关，因此，研究食品安全及其道德治理，需要对上述三个概念进行简要介绍。

食品添加剂，指为改善食品品质和色、香、味以及为防腐、保鲜和加工工艺的需要而加入食品中的人工合成或者天然物质，包括营养强化剂。[④] 食品添加剂具有三个特点：一是它是加入食品中的物质，一

---

① 《食品卫生法》于 1995 年 10 月 30 日起施行，《食品安全法》于 2009 年 6 月 1 日起施行，《食品安全法》施行的同时，《食品卫生法》废止。

② 《中华人民共和国食品安全法典》，中国法制出版社 2012 年版，第 22 页。

③ 《中华人民共和国食品安全法》，人民出版社 2015 年版，第 65 页。

④ 《中华人民共和国食品安全法》，人民出版社 2015 年版，第 65 页。

般不单独作为食品来食用；二是它的目的是为了改善食品品质和色、香、味，或者出于防腐、保鲜和加工工艺的需要；三是它既可以是人工合成的物质，也可以是天然的物质。人类使用食品添加剂的历史非常久远，我国使用食品添加剂的历史最早可以追溯到 6000 年以前的大汶口文化时期，当时的酿酒方法中就使用了食品添加剂。特别是到了近代，食品添加剂被喻为现代食品工业的灵魂，在现代食品工业中食品添加剂不可或缺，它为现代食品工业的发展作出了重要贡献，在一定程度上可以讲，食品添加剂是现代食品工业进步的动力源泉。然而，近年来，食品添加剂在中国却被妖魔化，部分消费者甚至于谈"剂"色变，这与一些生产者对食品添加剂的违禁使用、超量使用、超范围使用、虚假标识有直接关系。同时，很多消费者将掺入食品中的非法添加物错误理解为食品添加剂，错把"李鬼当成了李逵"，让食品添加剂背负了莫须有的骂名。

食品相关产品是在生产加工及贮存运输食品的过程中，在正常或可预见的使用条件下，各种预期或已经与食品接触或其成分可能转移到食品中的材料及制品的统称。食品相关产品虽然不直接添加于食品中，但是由于其与食品直接接触，其成分会转移到食品中，因而会对食用者的身体健康造成影响。在美国，食品相关产品有间接食品添加剂的称谓，在欧盟被称为食品接触材料及制品。在我国新《食品安全法》中，将食品相关产品主要归于三类，即"用于食品的包装材料和容器，用于食品生产经营的工具、设备，用于食品的洗涤剂、消毒剂"。① 食品相关产品主要有四项功能：一是防止食品被外界污染物污染，保

---

① 《中华人民共和国食品安全法》，人民出版社 2015 年版，第 65—66 页。

障食品从生产、加工到贮存、运输、经营整个链条的安全；二是在食品包装材料上为食用者提供食品相关信息；三是起到密封和防盗、防伪的功能；四是防止食品受挤压，以保障食品的完整性。食品相关产品与食品的亲密性决定了食品相关产品与食品安全的关联性，如果食品相关产品含有有毒、有害物质，在与食品接触的过程中，这些有毒、有害物质会不可避免地迁移到食品中，进而影响食品的安全和食用者的健康。

食用农产品，指供食用的源于农业的初级产品。[①] 农产品，是指来源于农业的初级产品，即在农业活动中获得的植物、动物、微生物及其产品。[②] 农产品与食品间的关系看似简单，实则并非如此，两者之间是既有区别又有联系。农产品属于第一产业，食品特别是加工食品属于第二产业。农产品包括非食用农产品、食用农产品和食品原料等，对于大多数农产品而言，需要经过生产加工环节才会变成食品。由此可见，农产品是始端，食品是终端，食品是农产品的延伸，农产品的质量安全状况直接决定着食品的安全与否。农产品的质量安全状况产生于农业生产过程中，如果土壤、水质、空气受到了污染，或者过多地使用农药、化肥、杀虫剂，农产品的质量安全水平就会受到影响，食品安全自然就难以保障。可以说，食品安全在进入生产加工之前，主要取决于农产品的安全，更确切地说取决于食用农产品的安全。在我国，学术界和政界在研究食品安全问题时，没有将食用农产品、农产品和食品进行严格的区分，食品往往涵盖了食用农产品、农产品。如无特别说明，本书对食品、食用农产品、农产品也不作严格的划分。

---

① 《中华人民共和国食品安全法》，人民出版社 2015 年版，第 4 页。
② 《中华人民共和国食品安全法典》，中国法制出版社 2012 年版，第 61 页。

（二）食品安全内涵的理解

食品是人类生存之基，没有食品人类将无法生存，更无谈发展，没有食品安全，人类的生存和发展同样要受到严重影响。人类对食品安全的理解经历了一个动态的过程。联合国粮农组织和世界卫生组织于 2003 年在《保障食品的安全和质量：强化国家食品控制体系指南》中给食品安全下的定义是："食品安全是指控制所有那些危害，无论是慢性的还是急性的，这些危害会使食物有害消费者健康。"[①] 当前，我国新《食品安全法》给食品安全下的定义是："食品安全，指食品无毒、无害，符合应当有的营养要求，对人体健康不造成任何急性、亚急性或者慢性危害。"[②] 这一概念包含了三层含义：一是在安全方面，食品要无毒、无害；二是在营养方面，要符合应当有的营养要求；三是在健康方面，不会对人体造成任何危害。与食品安全（Food Safety）相关的名词有食物安全（粮食安全，Food Security）、食品卫生（Food Hygiene）、食品欺诈（Food Fraud）、营养安全（Nutrition Security）、食品防御（Food Defense）。下面在对上述五个概念解析的基础上，进一步阐述我们对食品安全的立体化、统合化理解。

食物安全（粮食安全），是联合国粮农组织于 1974 年 11 月在《世界粮食安全国际协定》中，从食物数量满足人们基本需要的角度首次提出的，食物安全指所有人在任何时候都有权获得其生存和健康所必需的粮食。世界粮食首脑会议在 1996 年 11 月通过的《罗马宣言》和《行动计划》中，将食物安全解释为："只有当所有的人在任何时候都

---

① FAO/WHO, "Assuring Food Safety and Quality: Guidelines for Strengthening National Food Control Systems", Rome: Food and Agriculture Organization of the United Nations World Health Organization, 2003.

② 《中华人民共和国食品安全法》，人民出版社 2015 年版，第 65 页。

能够在物质上和经济上获得足够、安全和富有营养的食物，来满足其积极和健康生活的膳食需要和食物喜好时，才实现了食物安全。"食物安全（粮食安全）的概念经过 20 余年的发展，尽管发生了一些变化，但是其关注点还是在食物的数量安全上，目的在于通过发展生产和增加储备来保证粮食获得，希望人类能够避免饥饿的困扰。近些年，随着人口的增加以及环境和资源承载压力的增大，食物可持续供给安全日益受到重视，成为食物安全关注的一个新热点。

食品卫生，在国家标准 GB/T15091-1994《食品工业基本术语》中是这样定义的："食品卫生，是为防止食品在生产、收获、加工、运输、贮藏、销售等各个环节被有害物质污染，使食品有益于人体健康所采取的各项措施。"[1] 在《食品安全法》出台之前，食品卫生与食品安全是同义的。食品卫生与食品安全相比，其目的也是在于强调通过对食品流通各环节的监管和控制，达到食品的无毒、无害状态，以有益于消费者的身体健康。但是，食品卫生对食品链条的关注在种植养殖环节方面却是一个盲点，同时，食品卫生偏重于食品结果安全，而食品安全更偏重于过程控制，突出过程安全与结果安全的统一。由此来看，食品安全比食品卫生更加全面和科学，是食品卫生的升级版，体现了时代发展的新要求。

食品欺诈，是指以经济利益为目的的食品造假行为，包括在食品、食品成分或食品包装中蓄意使用非真实性物质、替代品、添加物以及去除真实成分，或进行篡改、虚报以及作出虚假或误导性的食品声明。[2] 食品欺诈是人为因素造成的，核心是受经济利益的驱使，手段

---

① 吴林海等：《中国食品安全发展报告 2013》，北京大学出版社 2012 年版，第 9 页。

② Spink J., Moyer D. C., "Defining the Public Health Threat of Food Fraud", *Journal of Food Science*, 2011,76（9）, pp.157–163.

主要是造假。不良商家为了获取经济上的暴利，以次充好、以假充真、恶意篡改。欺诈的结果，消费者轻则蒙受经济上的损失，重则危害到身体健康，甚至生命安全。在当前中国，食品安全问题表现的一个重要方面就是食品欺诈，食品欺诈生产经营的食品也被称为"黑心食品"。近年来，食品欺诈事件在我国媒体的上镜率较高，对人民群众的身体健康和生命安全造成了一定的伤害，这也是当前中国食品安全问题引起社会高度关注的重要原因。

营养安全，最早始见于 20 世纪 90 年代中期，当时世界银行和联合国儿童基金会都提到营养安全问题，但是在具体含义和涉及范围上却有差异。2012 年年初，联合国粮食与农业组织关于营养安全的定义是："所有人在任何时候都能消费在品种、多样性、营养素含量和安全性等方面数量和质量充足的食物，满足其积极和健康生活所需的膳食需要和饮食偏好，并同时具备卫生清洁的环境，适宜的保健、教育和护理。"[1]2014 年，联合国粮食与农业组织和世界卫生组织共同发布的《营养问题罗马宣言》，倡导人人享有获得安全、充足和营养食品的权利，并呼吁各国政府作出承诺，为防止包括饥饿、微量营养素缺乏和肥胖等在内的各种形式的营养不良作出努力。[2]营养安全的提出旨在保障食品营养供给和膳食平衡。随着全球，包括中国在内的超重和肥胖人群数量的不断增加，以及由于食品供给不足导致的营养缺乏问题的广泛存在，这一迥然相异的两个极端分野，使人类面临着营养过剩与营养不足的双重压力，迫使人们日益重视起营养安全问题，并把它作为食

---

[1] 　旭日干、庞国芳主编：《中国食品安全现状、问题及对策战略研究》，科学出版社 2015 年版，第 11 页。

[2] 　旭日干、庞国芳主编：《中国食品安全现状、问题及对策战略研究》，科学出版社 2015 年版，第 605 页。

品安全的一个重要方面来予以关注。

食品防御，是2001年美国遭遇"9·11"恐怖袭击事件后，提出来的一个新概念，用来表示为防止食品受到恐怖分子等人为蓄意污染或破坏的措施。①食品恐怖主义是恐怖分子把食品作为攻击的传导中介，通过在食品中投放有毒、有害物质造成普通大众食物中毒，使普通大众陷入到一种恐慌状态，以达到政治目的的行为。食品恐怖主义的制造者是为达到政治目的，食品安全的制造者是为获得经济利益，两者的目标是不一样的。食品防御就是针对食品恐怖主义而采取的防范措施，食品防御针对的是偶发性事件，食品安全则是一种常态化管理。食品防御和食品安全虽然起因不同，应对的措施也不一样，但都属于公共卫生、公共安全问题。

通过以上对食品安全、食物安全（粮食安全）、食品卫生、食品欺诈、营养安全、食品防御的分析，我们可以对食品安全作出如下理解：

第一，对食品安全的理解存在仁智相见的情况。由于经济发展水平、科技发展程度和历史文化传统的差异，在不同国家、不同地区，同一国家和地区的不同时代，对食品安全的理解都是不同的。比如，由于标准的不同，在一国被认为是安全的食品，在其他国家很可能是不合格的；由于文化的不同，在一个地区被认为是安全的美食，在另一文化背景下，却可能不被接受和认可；由于科技发展水平的提升，此一时认为是安全的食品，彼一时可能被证明存在安全隐患；由于生产力发展水平的不同，落后地区会重点关心获得充足的食品，发达地区会重点关心食品的营养，而介于两者之间的地区会更重视在食品数

---

① 任筑山、陈君石主编：《中国的食品安全：过去、现在与未来》，中国科学技术出版社2016年版，第24页。

量充足的情况下确保食品的质量。一个国家对于食品安全的治理，要综合考虑经济、政治、文化、社会、科技、饮食习惯等诸多因素，以实现食品行业的健康发展和对消费者权益的有效保护。

第二，食品安全分为数量安全、质量安全、营养安全三个层面。食品数量安全指食品数量充足，人人有其食，不被饥饿困扰。食品数量安全与质量安全、营养安全相比，处于基础地位，任何国家、任何地区在任何时代都会把数量安全放在首位，特别是食品数量供应匮乏的国家，其首要任务就是要发展生产，解决百姓吃饱的问题。食品质量安全是在人们的基本生活需要得到满足后，对食品质量标准的看重，防止食品中含有有毒、有害物质以对人的身体造成伤害。食品营养安全关注的落脚点一方面要防止营养过剩，另一方面要警惕营养不足。在食品数量不足，质量得不到保证的情况下，人们对营养安全的关注是相对较少的。总体而言，人们对食品安全的需要呈现出要求"吃得饱""吃得好""吃得营养与健康"这样一种阶梯状态。

第三，食品安全是相对的安全。食品安全问题伴随着人类社会发展的始终，在某国或某一地区的特定历史发展时期，食品安全的内涵是确定的，各国对食品安全都有法律和标准上的规定和要求，安全与不安全之间的界限是清晰和明确的。然而，食品安全又是不断发展的，超过了特定的区域和时段，食品又会是不安全的，因此，要使食品绝对安全，达到没有任何风险只能是一种理想化的状态。一些影响食品安全的因素，现有的人类认识能力和科技水平可能还不能发现，也无法控制。"食品安全是相对的，它不是食品固有的生物特性。一种食物对某些人而言是安全的，但对其他一些人不安全；一定摄入量下是安全的，而在其他摄入量下不安全；在某时间内食用是安全的，而在其他时间内不安全。实际上，我们定义安全食品是指其风险在可接受水平范围之内。"① 国家和政府负有保证食品相对安全的责任，即在现有科技水平下、在正常食用的情况下，不会对食用者造成身体伤害。食品安全监管的核心就是要保证食品的相对安全，降低食品安全风险，保证风险在可控的范围之内。

第四，食品安全是一个复杂的系统。食品安全是一个涉及种植、养殖、生产、加工、包装、贮藏、运输、销售、消费等多环节和多要素的复杂系统，是食品供给与食品需求相互作用的结果。从技术层面来看，食品原料、食品配方、食品中添加的物质、与食品接触的材料等都可能成为影响食品安全的因素。从风险来源分析，有毒有害物质在人体内的沉积是一个过程，生物性、化学性、物理性等因素都可能造成对食品的污染。影响食品安全的多环节和多要素表明，保障食品安全的任务是艰巨的，既要应对已经爆发的食品安全危害，又要防范潜在的食品安全危险。因为，食品安全链条上，任何一个环节、任何一个要素若是出了问题，食品就难逃不安全的厄运。

第五，食品安全蕴含为民务实的伦理情怀。食品安全是全球各国政府和食品企业对消费者履行的承诺和责任。生存权与食品安全密切相关，生存权以食品安全为基础，如果食品安全得不到保证，生存权必然受到威胁，在此意义上，食品安全与生存权具有同一性，政府必须予以保护。发展权与食品安全紧密相连，人类对食品安全概念的动态理解，说明人们对食品安全的认识在不断深入的同时，也体现了人类社会的整体发展进步。食品安全的改善和提升为人类的发展进步奠

---

① ［美］玛丽恩·内斯特尔：《食品安全——令人震惊的食品行业真相》，程池等译，社会科学文献出版社2004年版，第15页。

定了基础，政府必须予以重视。近年来，以综合性的食品安全取代食品卫生，体现的不仅是概念的科学性和全面性，更彰显了各国政府为民的政治伦理情怀，凸显了责任意识。食品安全的提出，体现了立法和监管理念的转变，有利于完善监督机制，形成全方位、立体化、重过程的监督体系。

食品安全作为社会治理的一项重要内容，在各个国家都有不同的表现形式，治理的重点自然也是存在着差异的。结合我国当前的实际情况，面对食品质量安全事件频发、食品欺诈行为较多等突出问题，本书把关注的重点放在食品质量安全上，同时兼顾数量安全和营养安全，书中对食品安全的理解主要依据新《食品安全法》。

二、食品安全道德治理含义

（一）治理理论的提出

治理理论勃兴于 20 世纪 90 年代，作为一种新的治理范式，如今已经被国际社会广泛接受，是国际学术界炙手可热的研究焦点，成为全球各国管理国家和社会事务的重要遵循，"更少的统治，更多的治理（Less Government，More Governance）"得到了越来越多的认可和实践。国家治理作为一种国家管理的方式与国家的产生是同步的，但是直到 20 世纪 90 年代治理理论提出以前，国家治理集中表现为国家统治。从统治走向治理，达到善治，既体现了人类政治演进的轨迹，也表达了人类对新的治理方式的期许和良好的政治价值诉求。治理理论自产生以来，内涵不断丰富、适用范围不断拓宽，全球治理、国家治理、地方治理、社会治理、公司治理，治理理论在各个领域的应用呈现出蓬勃发展之势。

治理理论的产生有其特定的历史背景，一是市场与政府的双双"失灵"。在自由竞争资本主义时期，亚当·斯密（Adam Smith）的自由主义经济理论大行其道，市场被推到了至高无上的地位，然而，频繁爆发的经济危机，特别是 20 世纪二三十年代爆发的空前危机，破灭了市场万能的神话，"市场失灵"，政府的地位开始提升。政府干预在起初起到了很好的效果，但是，随着政府权力扩张，导致的结果是，政府统管大大小小的社会事务，权力的边界无限扩张，服务的能力和水平直线下降，公众对政府的信任日益降低，出现了"政府失灵"。人们开始反思政府的权力边界问题，肇始于 20 世纪 70 年代的政府管理改革运动，提出"有限政府"和"小政府"建设，然而，在实践中依然暴露出很多问题，"政府失灵"没有得到根本扭转。20 世纪 90 年代，面对市场与政府的双双"失灵"，治理理论悄然登场，得到了越来越多的人的重视，以图通过治理来弥补市场与政府之间的间隙。"治理的兴起无疑正是在市场与国家的这种不完善的结合之外的一种新选择。"[①]

二是全球问题的不断涌现。交通和通讯技术的现代化，大大加快了经济全球化的步伐，世界各国人民都成为了"地球村"的村民，彼此间的相互依存度加深。人们酣畅淋漓地享受着全球化成果，沉湎在全球化的喜悦中无法自拔。但是，全球化在带给我们福利的过程中，也衍生了诸多全球性问题，没有任何一个国家可以偏安一隅，独善其身，只享受全球化的福利，而置身于全球性问题之外。因此，世界各国只有同舟共济，以共同治理的方式，才能共建人类的幸福家园。"全球治理"（Global Governance）超出了单纯的国家合作的范畴，需要借助

---

① 郁建兴：《治理与国家建构的张力》，《马克思主义与现实》2008 年第 1 期。

各方国际力量，加强各国政府与非政府间国际组织等非国家行为主体的多边合作与交往，以期共同破解从区域到全球层次的人类共同问题，实现全球问题的多元治理。

"治理"一词的使用，首见于 1989 年世界银行讨论非洲发展问题，当时用的是"治理危机"（Crisis in Governance），随后，该词得到了广泛的认可，在世界范围内被广泛运用。而究竟何为"治理"，却是仁者见仁，智者见智，莫衷一是。詹姆斯·N.罗西瑙（James N Rosenau，2001）认为，治理是一系列活动领域里的管理机制，它们虽未得到正式授权，却能有效发挥作用。与统治不同，治理是指一种由共同的目标支持的活动，这些管理活动的主体未必是政府，也无须依靠国家的强制力量来实现。[①]罗伯特·罗茨（Robert Rhoads，2000）从六个方面界定了治理：一是指国家治理要以最小成本获得最大收益；二是指公司治理要建立起有效指导、控制和监督企业运行的组织体制；三是指政府公共管理治理中要引入市场机制和私人管理手段；四是善治是治理目标，要体现效率、法治、责任精神；五是社会治理需要政府与其他部门间的协调与互动；六是治理作为一种自组织网络，建立的基础是自愿与协调。[②]格里·斯托克（Gerry Stoker，2000）从五个维度阐释治理：一是治理是一套社会公共机构和行为者，这些公共机构和行为者可以是政府机关，也可以不是政府机关；二是在为社会和经济问题寻求解决方案时，治理具有界限和责任方面的模糊性；三是各社会公共机构之间存在何种权力依赖关系需要治理给予明确；四是治理意味着各治理

---

① ［美］詹姆斯·N.罗西瑙：《没有政府的治理》，张胜军、刘小林等译，江西人民出版社2001 年版，第 5 页。

② ［英］罗伯特·罗茨：《新的治理》，见俞可平主编：《治理与善治》，社会科学文献出版社2000 年版，第 86—96 页。

行为主体最终将形成一个自主的网络；五是能否把事情办好并不取决于政府的权力及其权威，关键在于政府能否动用新的工具和技术，这种新的工具和技术就是治理。①

从"统治"到"治理"，虽是一字之差，但却是天壤之别。从主体来看，统治的主体是政府，治理的主体以政府为主，但却不只是政府，市场和社会都是治理的成员；从运行的向度看，统治是政府自上而下的单向度，治理是自上而下和自下而上的双向度；从运作的方式看，统治通过强制和控制命令进行，治理则以协商和沟通为主；从指涉的范围看，统治的范围是国土范围之内，治理的范围则超出了一国的限度；从合法性看，统治的合法性重要源泉之一是偏重于合法律性，治理的基础则是侧重于多数参与者的认可；从内涵看，治理的内涵比统治要丰富得多；从手段看，治理的手段比统治要灵活多样。

治理理论在世界范围内的兴起，也吸引了我国学者的注意。我国关于治理理论的研究开始于 20 世纪 90 年代，在党的十八届三中全会后，治理理论研究在国内不断得到深化。党的十八届三中全会颁布了《中共中央关于全面深化改革若干重大问题的决定》，提出："全面深化改革的总目标是完善和发展中国特色社会主义制度，推进国家治理体系和治理能力现代化。"② 这是在国家层面第一次正式提出国家治理体系和治理能力现代化问题，既是对当今世界政治发展潮流的认同与回应，更是中国共产党执政 60 多年特别是改革开放 30 多年经验的总结，是以习近平同志为核心的党中央在治国理政方面的战略部署，具有重大

---

① ［英］格里·斯托克：《作为理论的治理：五个论点》，见俞可平主编：《治理与善治》，社会科学文献出版社 2000 年版，第 31—49 页。

② 《中共中央关于全面深化改革若干重大问题的决定》，人民出版社 2013 年版，第 3 页。

的理论价值和实践意义。国家治理体系和治理能力现代化是继农业、工业、国防、科技四个现代化之后的第五个现代化，农业、工业、国防、科技突出的是国家"硬实力"的现代化，而国家治理体系和治理能力强调的是国家"软实力"的现代化，"一硬一软"构成了中国特色社会主义现代化事业的完整图景。从历史发展趋向来看，国家治理体系和治理能力现代化的提出是基于中国现实国情和国家未来发展需要作出的伟大决策，能够保障和促进中国的经济发展、政治稳定与社会和谐。

国家治理体系是各治理参与主体为实现国家治理目标相互作用结合而成的一种状态；国家治理能力是各治理参与主体为实现国家治理目标而体现出的能力。国家治理能力应当包括三方面的能力：一是国家机构履职能力；二是人民群众依法管理国家事务、经济社会文化事务、自身事务的能力；三是国家制度的建构和自我更新能力。[①] 从理论上讲，国家治理体系与国家治理能力是构成特定国家治理的"骨骼"与"血肉"。"国家治理体系和治理能力是一个有机整体，相辅相成，有了好的国家治理体系才能提高治理能力，提高国家治理能力才能充分发挥国家治理体系的效能。"[②] 国家治理体系和治理能力现代化就是为适应现代社会发展需要，各治理参与主体表现出的一种现代趋向。

国家治理体系的提出与完善，需要基于一国的基本情况和政治制度，不存在普遍适用的治理模式，一些发展中国家的历史经验表明，完全照抄照搬西方国家的治理模式和治理经验一定会出现水土不服，

---

① 胡鞍钢：《中国国家治理现代化的特征与方向》，《国家行政学院学报》2014 年第 3 期。

② 习近平：《切实把思想统一到党的十八届三中全会精神上来》，新华网，2013 年 12 月 31 日，见 http://news.xinhuanet.com/politics/2013-12/31/c_118787463_2.htm。

甚至会导致政权更迭。在西方，治理理论的提出，目的是在政府之外，壮大市场和社会的力量，力图寻求市场、社会对政府权力的限制，达到三者权力的平衡，这样造成的结果往往会影响治理的效率，造成治理的不可持续。在我国，治理体系的提出，强调发挥主导作用的是党和政府，同时，重视市场和社会力量协同，多种手段并用，既充分利用党和国家的制度资源，又注意市场和社会力量的引入，调动市场和社会的积极性，体现了原则性和灵活性的统一，以实现多措并举共同治理，这样就避免了权力的分割和治理活动的分裂。当然，不照抄照搬西方国家，不等于摒弃西方好的经验和做法，对于西方的治理经验，我们要在坚持自身特有的国家治理体系的基础上，适应现代社会发展要求，采取批判的态度予以借鉴和吸收，以开放的胸怀和气魄学习其他国家有益的治理经验和成果，完善我国的治理体系，提升我国的治理能力，服务于中国特色社会主义事业的发展。

在推进国家治理体系和治理能力现代化的过程中，道德治理和法律治理是两个重要的维度。"必须坚持依法治国和以德治国相结合，使法治和德治在国家治理中相互补充、相互促进、相得益彰，推进国家治理体系和治理能力现代化。"[①]

（二）食品安全道德治理含义

道德治理是由治理引申出的合成概念，道德治理是国家治理的应有之义。国家治理体系和治理能力现代化的提出，掀起了研究治理理论的学术热潮。学术界关于道德治理的研究分为三个向度：一是把道德理解为治理的对象，认为道德治理就是综合运用各种手段对道德问

---

① 习近平：《坚持依法治国和以德治国相结合　推进国家治理体系和治理能力现代化》，《人民日报》2016年12月11日。

题和不道德现象进行治理；二是把道德理解为治理的手段，发挥道德功能维护社会秩序，促进公共利益的实现；三是认为道德治理是对象与手段的统一，是工具理性和价值理性的统一。从目的论角度看，道德是治理的目的和对象，意在治理道德领域存在的突出问题；从手段论角度看，道德是治理国家的一种手段。① 显然，把道德单纯地理解为治理的对象或治理的手段是欠周详的，这样难免会陷入到就道德而谈道德，以道德治道德的怪圈，不仅道德问题不能得到解决，而且道德手段也将是绵软无力的。

国家治理体系和治理能力现代化要求道德治理必然是"治德"与"德治"的有机结合。国家治理体系是一个庞大的系统，包括经济、政治、文化、社会、生态和党的建设方方面面存在的问题都需要治理，道德问题仅仅是这个大系统的一个子系统，同时，道德又渗入经济、政治、文化、社会、生态和党的建设之中，在不同领域有不同的表征。"伦理领域并没有自己的独特感性空间域，它只通过那些具体实证自然的领域而存在。"② 因此，对道德问题进行治理需要在国家治理体系的大系统内进行，如果仅仅就道德来谈道德，就会一叶障目，使道德游离于系统之外难以得到根本的解决。当然，国家治理能力的提升也必然包含对道德问题的解决，道德好坏往往是一个社会状况好坏的晴雨表和风向标。推进国家治理体系和治理能力现代化的提出和实施标志着现代化的社会治理在伦理形态上要求政府、社会和公民个人携手合作治理"道德领域突出问题"。③ 因此，国家治理体系和治理能力的现代

---

① 杨义芹：《略论道德治理能力现代化的主要特征》，《理论与现代化》2014 年第 5 期。
② 高兆明、李萍：《现代化进程中的伦理秩序研究》，人民出版社 2007 年版，第 28 页。
③ 龙静云：《道德治理：核心价值观价值实现的重要路径》，《光明日报》2013 年 8 月 10 日。

化要立足于道德治理。具体而言，把道德作为治理对象时，需要综合运用多种手段（包括道德手段）对道德问题及其相关性问题进行治理；把道德作为治理手段时，需要法律、行政、经济、技术等其他手段的配合和支持以完成对道德及其相关性问题的治理。简言之，道德是治理的途径和手段，也可以是治理的对象，关键是看放在什么样的语境下。①

从当前我国的现实情况来看，道德问题的严重性凸显了道德治理的紧迫性。改革开放以来，我国社会主义现代化事业如火如荼地进行着，各项建设成绩斐然，经济飞速发展，物质财富迅速积累，人民生活水平加速提升。与此同时，我国正面临社会加速转型的关键期，道德呈现出感天动地与触目惊心或大善与大恶并存的两极状态。②一些生活中的恶性事件不断戳破伦理底线，让人深恶痛绝、心情沉重。在当前的中国，经济、政治、文化、社会、生态等诸领域都存在着一定的道德失范现象，而且在某些领域道德问题还十分突出。人们沉醉于自我利益的追逐与满足，对道德操守却置若罔闻，如：经济领域的假冒伪劣，政治领域的贪污腐败，文化领域的浮躁低俗，社会领域的道德冷漠，生态领域的肆意破坏，这些问题不仅刺痛着人们的道德神经，而且对国家的整体发展都会造成负面影响。不能重建国人的精神世界，营造良好的道德环境，必然会影响决胜全面建成小康社会的步伐，延缓伟大复兴中国梦实现的进程。道德治理就是要针对上述突出问题，尤其是对危害程度深、负面影响大、涉及范围广的道德严重混乱和缺

---

① 周中之：《道德治理与法律治理新论》，《上海师范大学学报（哲学社会科学版）》2014年第2期。

② 万俊人：《道德的力量》，《光明日报》2013年12月19日。

失行为进行治理，查找问题产生的诱因，并提出切实可操作的道德治理措施。

道德治理重在发挥道德的"抑恶"作用。所谓道德治理，指的是道德承担"扬善"和"抑恶"两个方面的社会职能，用"应当—必须"和"不应当—不准"的命令方式，发挥调整社会生活和人们行为的社会作用。[①]道德治理的提出主要是针对道德领域存在的突出问题，重点是"抑恶"，"抑恶"优先于"扬善"。道德治理的实质内涵和关键所在是"治"，贵在遏止和矫正恶行，充分发挥道德"抑恶"的社会作用。[②] 这与我们以前经常提及的道德建设不同，道德建设的首要的目标是"扬善"，"扬善"优先于"抑恶"。道德建设的精髓是"建"，重点发挥道德的"扬善"功能以扶正祛邪。道德治理与道德建设殊途同归，目的都是建构良好的社会秩序，只是关注的重点各异。

在治理手段上，道德治理除运用道德手段外，还需要综合运用法律、行政、经济、技术等其他手段的配合和支持。"徒善不足以为政，徒法不足以自行。"道德与法律之间具有天然的亲缘关系，道德治理离不开法律的呵护。而且，很多严重的道德问题已经触犯了法律的高压线，单独依靠道德恐怕难以奏效，必须要予以法律的严惩。在道德治理中，党政等国家机构及其工作人员要身正为范，努力构筑道德治理的良好外部空间，实现道德治理过程的公开化、透明化，完善道德治理的体制机制，保证人民群众的参与权、知情权和监督权，国家机关工作人员在道德治理中要担当先锋和表率。道德治理需要借助赏罚机制来强化治理的效果，道德奖赏就是对遵守道德者给予物质激励或者

---

① 钱广荣：《道德治理的学理辨析》，《红旗文稿》2013年第13期。
② 钱广荣：《道德治理的学理辨析》，《红旗文稿》2013年第13期。

精神褒扬的方式来肯定守德者的行为，道德惩罚就是对违背道德者给予物质处罚或者舆论谴责的方式来否定不德者的行为，道德赏罚不仅会强化当事人的德行使其向善向上，而且会对整个社会的道德风气形成引导，巩固道德治理的成果。现今的社会，大数据时代已经到来，数据成为了人们日常生活的一部分，在各行各业、各个领域都离不开大数据的运用，人们越来越重视数据的重要性，数据已经成为生产力的重要因素。在所有的领域，许多决策都是基于对数据的分析而作出的。道德治理需要借助数据的力量，对道德问题进行挖掘、整理和分析，以数据统计的精准性和可信度为道德治理提供支持，创新道德治理方式，推动道德治理的科学化、技术化和现代化。

　　道德治理需要融入社会主义核心价值观。党的十八大从国家、社会和公民三个层面，把社会主义核心价值观凝练概括为：富强、民主、文明、和谐；自由、平等、公正、法治；爱国、敬业、诚信、友善。[①] 社会主义核心价值观是当代中国发展进步的精神旗帜，国家治理体系和治理能力现代化需要社会主义核心价值观的滋养。习近平总书记在省部级主要领导干部学习贯彻十八届三中全会精神全面深化改革专题研讨班开班式上发表重要讲话指出，推进国家治理体系和治理能力现代化，要大力培育和弘扬社会主义核心价值体系和核心价值观，加快构建充分反映中国特色、民族特性、时代特征的价值体系。[②] 历史经验表明，国家的富强、民族的强大需要强劲的精神动力，在当代中国，这个精神动力源就是社会主义核心价值观。当前中国的思想文化领域，

---

　　① 《社会主义核心价值观24字基本内容公布》，《人民日报》2014年2月12日。
　　② 习近平：《完善和发展中国特色社会主义制度　推进国家治理体系和治理能力现代化》，《人民日报》2014年2月18日。

多元文化激荡，当代西方的价值观、中国古代的价值观、社会主义核心价值观相互碰撞。因此，要稳住意识形态的阵脚，抵御西方的价值入侵，统领多元价值，必须要发挥社会主义核心价值观的引领作用。当代中国道德领域出现的一些问题，与道德主体的价值迷失有很大的关系，以社会主义核心价值观为精神向导，倡导社会新风，凝聚社会共识，激发奋斗动力，对于解决道德问题，加强道德治理，维持社会系统的正常运转，规范个体的行为，具有十分重要的作用。

"开展道德领域突出问题专项教育和治理"是 2011 年 10 月，党的十七届六中全会提出"推动社会主义文化大发展大繁荣"时讲到的一项重要任务，在这次会议上，国家首次提出道德治理问题。"开展道德领域突出问题专项教育和治理，坚决反对拜金主义、享乐主义、极端个人主义，坚决纠正以权谋私、造假欺诈、见利忘义、损人利己的歪风邪气。"①2012 年 5 月，中央精神文明建设指导委员会召开道德领域突出问题专项教育和治理活动视讯会议，时任中宣部部长刘云山指出："开展道德领域突出问题专项教育和治理，是顺应群众期待、回应社会关切的重要举措。"②2012 年 7 月，中央精神文明建设指导委员会召开道德领域突出问题专项教育和治理活动座谈会，刘云山要求："进一步把专项教育和治理活动引向深入，使道德领域展现新变化、新气象、新风尚，使社会道德水平和文明程度得到有力提升。"③2012 年 11 月，在党的十八大报告中，把"开展道德领域突出问题专项教育和治理"活

---

① 《中共中央关于深化文化体制改革 推动社会主义文化大发展大繁荣若干重大问题的决定》，新华网，2011 年 10 月 25 日，见 http://news.xinhuanet.com/politics/2011–10/25/c_122197737.htm。

② 《开展专项教育治理 推动形成文明道德风尚》，中国文明网，2012 年 5 月 16 日，见 http://www.wenming.cn/ddmf_296/dy/201205/t20120516_661118.shtml。

③ 《道德领域突出问题专项教育和治理活动座谈会在京召开》，《人民日报》2012 年 7 月 13 日。

动列为"扎实推进社会主义文化强国建设"战略部署的一项重点工作，强调"深入开展道德领域突出问题专项教育和治理，加强政务诚信、商务诚信、社会诚信和司法诚信建设"。^①从党的十七届六中全会到党的十八大，中央反复多次强调道德治理，可见党中央对道德治理的重视程度。面对社会转型期存在的突出道德问题，道德治理需要重点发挥道德的"抑恶"作用，通过规范人的内心和行为，重建社会伦理秩序，提升个体道德素质。

2013 年 3 月，中央精神文明建设指导委员会召开深入开展道德领域突出问题专项教育和治理活动电视电话会议，时任中宣部部长刘奇葆在讲话中强调，紧紧抓住食品药品安全、社会服务、公共秩序这三个重点，深入开展道德领域突出问题专项教育和治理活动，着力解决诚信缺失、公德失范问题，在全社会形成良好道德风尚。^②在这次会议上，明确了当代中国道德治理的三项重要任务，食品药品安全的道德治理位列其中。2017 年春节前夕，习近平总书记对食品安全工作作出重要指示，其指出："民以食为天，加强食品安全工作，关系我国 13 亿多人的身体健康和生命安全，必须抓得紧而又紧。"^③食品安全关系人民群众的身体健康和生命安全，是最大的民生问题，长期以来，党和政府高度重视食品安全问题。食品安全道德治理是化解当代中国食品安全风险的重要维度，也是实现国家治理体系和治理能力现代化需要具备的伦理情怀。

---

① 《坚定不移沿着中国特色社会主义道路前进　为全面建成小康社会而奋斗》，人民出版社 2012 年版，第 32 页。

② 刘奇葆：《推动形成诚实守信的社会风尚》，《人民日报》2013 年 3 月 23 日。

③ 《习近平对食品安全工作作出重要指示》，人民网，2017 年 1 月 3 日，见 http://politics. people.com.cn/n1/2017/0103/c1024-28996103.html。

食品安全道德治理，是指我国食品安全监管机构联合食品生产经营者、消费者、媒体和学术界等食品利益相关者，通过多种手段和方式化解和消除当前我国食品安全领域突出道德问题，以实现食品安全伦理秩序重构的动态过程。对于食品安全道德治理涉及治理对象、治理主体、治理手段、治理目标和治理时间等多个方面，其中，治理对象是治理的出发点，只有明确了治理对象，才能精准定位治理目标，明确由谁来治，如何治，用多长时间来治等其他相关性问题。对此，关于食品安全道德治理，我们可以作出如下理解：

一是食品安全道德治理的对象是食品安全问题，尤其是食品安全领域存在的突出道德问题。食品安全问题燃点低，与百姓生活休戚相关，一旦爆发就会一石激起千层浪，产生非常恶劣的社会影响，造成极其严重的社会危害。诚信缺失、见利忘义、损人利己等社会道德问题投射到食品安全领域，会产生放大效应，引起更多的关注，成为道德突出问题。食品安全道德问题不是孤立的，里面裹挟着复杂的社会利益因素，道德治理不能把道德作为孤立的对象看待，不能仅攻其一点，不及其余。食品安全道德治理，就是要综合考虑各种因素并分析成因，以遏制食品安全问题爆发的频率，降低食品安全问题蔓延的速度，减小食品安全问题的危害，最重要的是通过治理来匡正食品利益相关者的良心，及时扭转食品安全领域的不良风气。

二是食品安全道德治理的主体是多元的，食品安全监管机构、食品生产经营者、消费者、媒体和学术界都是食品安全道德治理的主体。食品安全问题的复杂性，决定了任何单一主体都无法凭借一己之力完全根除食品安全问题，食品利益链条上的所有参与者必须形成合力，才能共治食品安全问题。食品安全监管机构在食品安全道德治理中起主导作用。食品具有公共物品的属性，维护食品安全是政府的重要责任。"安全的食品是监管出来的"，食品一旦出现安全问题，广大人民群众首先想到的就是生产经营者和监管者，监管不力往往给生产经营者的不道德行为留下了生存的空间。保卫广大人民群众的食品安全，政府应当首当其冲。"安全的食品更是生产出来的"，生产经营者是保障食品安全的第一道关口，生产经营者的道德自律会从根本上保证食品的安全放心。每名消费者都承担着食品安全道德治理的责任，消费者不能因为自己不是某一起食品安全事件的受害者，就充当看客和旁观者，也不能只做良好食品安全环境的享受者，而应该去积极建设食品安全环境、维护食品安全环境。媒体和学术界在食品安全道德治理中分别扮演着不同的角色，他们在普及食品安全知识、唤起公众食品安全意识、监督食品安全等方面都发挥着重要作用，在食品安全面前，他们的公正客观非常重要。总之，只有通过食品安全监管机构、食品生产经营者、消费者、媒体和学术界的合作，才能形成行政、市场、社会力量的相互补充、相互促进，共同保障广大人民群众共享食品安全的成果。

三是食品安全道德治理的手段是多样的，需要融入现代治理理念，采用以道德手段为主的综合手段。道德手段主要是以道德的方式来治理道德问题，这是道德治理的重要维度。道德手段关键在于发挥道德的教化功能，重在对食品利益相关者内心的塑造，促进个体提高道德认识、增强道德情感、坚定道德信念、形成道德品质、养成道德习惯，传递道德正能量，在食品安全领域汇聚起道德新风。道德手段需要借助社会舆论，在信息化时代，舆论的形成具有及时、公开、广泛的特点，一个事件被曝出，会迅速形成舆论场，产生褒贬扬抑的态度，这种态度对当事人及其相关者会产生强烈的影响。因此，形成正确的舆论场，引领社会风尚，在食品安全道德治理中显得非常重要。道德手段需要依靠大数据的支持，将食品利益相关者的行为记录在案，形成信用信息，有据可查，为道德赏罚提供佐证，让守德者登上光荣榜，让失德者跌入黑名单。凭借数据的真实力量，让守德者的德行转化为现实的利益，让失德者遭受沉重打击，不仅在食品安全领域无法立足，在社会领域也难以容身。道德手段需要以法律为后盾，道德是一种非强制性力量，法律是一种强制性力量，从即时性效果来看，违背道德是一种潜在性风险，而触犯法律会遭到现实的严惩。因此，需要以法彰德，对于触碰道德底线的违法败德行为，必须严惩不贷，在法律治理的基础上实现道德治理。在食品安全道德治理的过程中，需要贯穿社会主义精神文明建设的根本任务，广泛传播和大力弘扬社会主义核心价值观。在道德治理中，要通过理想、信念和信仰的提升，培养人们的道德情感和道德人格，使人们确立正确的道德价值观念，并进而在全社会形成良好的道德环境和道德风尚。①

四是食品安全道德治理的目标是通过化解食品安全问题实现食品安全领域的秩序状态，促进个体道德发展。食品安全道德治理作为解决食品安全的重要手段其直接目标无疑是要解决食品安全问题，特别是食品安全领域显现的突出道德问题。然而，道德治理又由于其特殊性，使其在解决食品安全的过程中还存在社会目标和个体目标。社会目标即在通过道德治理解决食品安全的过程中，能够规范食品利益相关者的行为，实现社会秩序，特别是实现食品安全领域的秩序状态，

---

① 杨义芹：《当前中国社会道德治理论析》，《齐鲁学刊》2012 年第 5 期。

以保证所有食品利益相关者的利益，避免混乱和无序。个体目标即在这一过程中，食品利益相关者的道德素质和精神境界会得到提高，会促进个体的发展。食品安全道德治理的社会目标和个体目标与道德的终极目标是相契合的，道德作为人类把握世界的特殊精神方式，与其他把握世界的实践活动不同，即在改造客观世界的同时，人的主观世界也得到改造，道德能够保障社会存在与发展和促进人类自身的发展与完善，"道德的基础是人类精神的自律"[①]。

　　五是食品安全道德治理是在国家治理体系下的一个动态治理过程，永远在路上，没有终点。食品安全道德治理是国家治理在民生领域的具体展开，国家治理是一个庞大的系统和浩大的工程，既有宏大的战略设计，也有对具体领域的重点关注。食品安全是重大的民生问题，人民群众特别关心，党和政府高度重视。如果党和政府不能给广大人民群众在食品安全问题上一个满意的交代，治理好食品安全问题，保证广大人民群众的食品安全，国家治理体系和治理能力现代化就只能是一句空话。食品安全是动态的，在不同国家的不同历史阶段，食品安全的表现和成因也不同，治理的重点自然也不一样，食品安全道德治理就是要结合时代和实际特点，开展有针对性的治理活动。在当前中国，食品安全道德治理的重点是以食品欺诈为主的掺杂使假等食品质量安全问题，问题产生的主要诱因之一是食品生产经营者的道德缺失和良心泯灭。从食品作为商品时起的历史经验来看，质量安全问题从古至今，在每个国家都存在着。伴随着工业化、城市化、市场化和现代化的发展，食品质量安全问题在我国现

---

① 《马克思恩格斯全集》第 1 卷，人民出版社 1995 年版，第 119 页。

阶段非常突出，同时，食品数量安全、营养安全问题在我国也一直存在。因此，食品安全道德治理不可能将所有的食品安全问题解决，更不可能毕其功于一役，这必将是一个长期的历史过程，食品安全道德治理没有终点。

第二节　食品安全道德治理的重要性

党的十八届三中全会提出，"改进社会治理方式"需要"加强法治保障，运用法治思维和法治方式化解社会矛盾。坚持综合治理，强化道德约束，规范社会行为，调节利益关系，协调社会关系，解决社会问题"。[①] 党的十八届四中全会提出："国家和社会治理需要法律和道德共同发挥作用。必须坚持一手抓法治、一手抓德治，大力弘扬社会主义核心价值观，弘扬中华传统美德，培育社会公德、职业道德、家庭美德、个人品德，既重视发挥法律的规范作用，又重视发挥道德的教化作用，以法治体现道德理念、强化法律对道德建设的促进作用，以道德滋养法治精神、强化道德对法治文化的支撑作用，实现法律和道德相辅相成、法治和德治相得益彰。"[②] 推进国家治理体系和治理能力现代化，建设社会主义法治国家，不是法律治理的独角戏，既需要法律治理，也需要道德治理，只有法律治理与道德治理相结合，才能标本兼治。在食品安全治理过程中，法律治理与道德治理共同发挥作用，两者相互促进、相得益彰，各负其责。

[①] 《中共中央关于全面深化改革若干重大问题的决定》，人民出版社 2013 年版，第 50 页。
[②] 《中共中央关于全面推进依法治国若干重大问题的决定》，《人民日报》2014 年 10 月 29 日。

一、道德治理是食品安全治理的治本之策

在食品安全治理中，我们需要对道德治理给予清晰准确的定位，这是道德治理功能发挥的前提。食品安全治理需要道德治理和法律治理相互配合。如果在食品安全治理中只强调法律治理或道德治理单方面的力量显然是错误的，但是，如果把道德治理和法律治理放在同等重要的位置，显然也是有失偏颇的。从道德发展的历史、道德的主要规范点和道德的终极目标来看，道德治理是食品安全治理的治本之策。

道德治理在中国有着深厚的历史根基和文化土壤。在当前中国，对食品安全实施道德治理既需要考虑道德生成发展的逻辑，更需要建基于中国独特的伦理思想文化传统。从道德和法律产生的历史来看，道德的产生要远早于法律，道德伴随人类社会的产生而产生，而法律是在阶级社会形成以后统治阶级用于实现阶级统治的工具。"在社会发展某个很早的阶段，产生了这样的一种需要：把每天重复着的生产、分配和交换产品的行为用一个共同规则概括起来，设法使个人服从生产和交换的一般条件。这个规则首先表现为习惯，后来变成了法律。"[①]恩格斯这里所讲的习惯就蕴藏着人类原始道德的因子，人类早期的道德正是靠习惯、风俗、禁忌等来维持的。在原始社会末期，物质财富的增加导致了私有制的出现，最初的法律以调节普遍化的利益冲突的形式出现了。至此，法律和道德在社会生活中各自找到了属于自己的位置，扮演着不同的角色，共同维系人类社会的存在和发展。但法律和道德的作用有别，法律随着阶级的产生而产生，目的是为了维护国家政权，也将会随着阶级的消亡而消亡；道德则不同，道德在一定的

---

① 《马克思恩格斯选集》第 2 卷，人民出版社 1995 年版，第 539 页。

历史时期既是统治阶级用来实现国家统治的工具，更是用来调节人际关系的润滑剂，滋润人心的营养剂。道德和人类社会是始终相伴的，在人类社会发展的某个阶段或者某个范围，可以没有法律，但是却不能没有道德。

从中国历史发展的角度看，道德在维持中国古代社会秩序中地位突出。在中国古代法律体系不完善的情况下，相对完善的道德体系在维护社会稳定和政治统治中发挥了重要的作用。"刑政不用而治，甲兵不起而王""明德慎罚""道之以政，齐之以刑，民免而无耻；道之以德，齐之以礼，有耻且格""为政以德，譬如北辰，居其所而众星拱之""明礼义以化之，起法政以治之，重刑罚以禁之""德主刑辅""大德小刑""前德后刑"等思想是中国古代国家统治的重要思想认识基础。正是这些思想维持了历史上各个朝代的延续，即使朝代发生更迭，法律重新颁发，但是，这一以贯之的道德优先的独特伦理思想文化传统仍然被承继下来，成为经国治世的重要手段。中国古代的道德治理思想作为中华文明的重要组成部分，不仅是中华民族的精神血脉，而且兼收并蓄，深刻地影响着外来民族和东亚国家，如元代的蒙古族和清朝的满族在维护国家统治和社会秩序时都把道德力量作为依托，朝鲜、韩国、日本、越南等国家也深受中国古代"德治"思想的影响。因此，作为饮食大国，立足传统，面向现代，对食品安全进行道德治理具有深厚的历史文化基础和广泛的现实群众基础。

食品安全道德治理是对食品安全的深层治理。道德的"本"是道义精神，而"末"是规范形式。道德与法律相比，道德重在规范人心，而法律重在规范人的行为。换而言之，法律是外在法，而道德是内在法，尽管道德在很多时候也是以规范的形式表现出来，但是道德真正发挥作用依靠的却是人的内在法，需要的是人的自律精神。在康德看来："道德的行为不是产生于强制，而是产生于自觉，达到自律道德，才算真正具有道德意义。"①法律伸张正义是在食品利益相关者，特别是食品生产经营者的违法行为实施后，才发挥作用，体现法律的强制力。道德重在滋养人心，激起食品利益相关者，特别是食品生产经营者的良心，使他们出于对道德良心的敬畏而不去作出危害食品安全的事情，而是做良心食品、放心食品。从哲学的外因与内因看，法律治理重在他律，是外因；道德治理重在他律向自律的转化，更多地强调自律，是内因。"唯物辩证法认为外因是变化的条件，内因是变化的根据，外因通过内因而起作用。"②显然，出于对法律威慑的惧怕作出的行为带有被动性，而出于对道德良心敬畏作出的行为带有主动性，是人的一种自觉自愿的行为。食品安全治理必须抓住内因，在根本上强调道德治理。在某种意义上说，食品安全道德治理的成效与食品利益相关者的良心是连在一起的。良心的力量是发自食品生产经营者内心的深层呼唤，常驻于食品生产经营者内心的"良心法庭"无时无刻不在发挥关键作用。

食品安全道德治理以其特有的方式融入到食品安全治理的其他方式和手段中。法律、技术、监管在现实的食品安全治理中被广泛提及，但这三种治理方式都需要道德在场，离开道德价值引导，这三种方式很可能会偏离正确的治理轨道。以法律治理为例，如果没有道德，法律就会沦为暴力者施暴行的工具。这一点诚如麦金泰尔所言："在美德

---

① ［德］伊曼纽尔·康德：《道德形而上学原理》，苗力田译，上海人民出版社2002年版，第38页。

② 《毛泽东选集》第一卷，人民出版社1991年版，第291页。

与法则之间还有另一种关键性联系，因为只有对于拥有正义美德的人来说，才可能了解如何去运用法则。"①　其实，在现实的食品安全治理中，如果过分重视法律、技术、监管，而忽视为这三者注入道德因素，缺少对食品利益相关者品行的塑造，这三者的功用会大打折扣，甚至会走向反面。缺少德行的人掌握法律、技术和监管，不仅无益于食品安全事件的解决，而且会在食品安全事件上造成更大的破坏力和冲击力，对广大人民群众的身心健康构成更大的威胁。

食品安全道德治理的长远目标意在"扬善"。食品安全道德治理在食品安全领域承载着"抑恶"和"扬善"的双重任务。从近期来看，食品安全道德治理重在完成其"抑恶"任务，即重在肃清食品安全领域的突出道德问题，在这一过程中，必然伴随着"扬善"的内容。因为，一方面，"抑恶"本身就意味着"扬善"，对违法败德行为的治理本身就是在肯定善行善举，树立起食品安全领域的道德屏障；另一方面，在食品安全道德治理的过程中对"道德典型"的宣传，本身就是直接的"扬善"，通过对典型人物和事迹的宣传，以感染和影响周围的食品安全利益相关者，使整个食品安全领域形成从善如流的道德场景。从长远来看，食品安全道德治理的"扬善"任务与道德的"劝善"功能是相一致的，道德的终极目标是形成良好和谐的个人自我的身与心、个人与他人、人与社会、人与自然的关系，其基本要求是劝导个人要付诸和形成道德的行为。食品安全道德治理通过规范人心，最终发挥食品利益相关者内在力量，实现对自我行为的矫正和调试，以养成食品利益相关者的道德品质。食品安全治理效果要想超越"不作恶"的

---

① 　Alasdair MacIntyre, *After Virtue:A Study of Moral Theory*, The University of Notre Dame Press, 1982, p.152.

层次，实现更大的提升，就必须要重视道德治理。"德，升也。"① 德之本义就包含了向上向善的意境，从引领社会发展的角度看，道德就是促进社会不断进步的力量。食品安全道德治理的根本任务就是"扬善"，就是要在食品安全领域形成人人尊道德、讲道德、守道德、践道德的局面，让道德的生产、经营、监管、消费等行为融入食品利益相关者的心田，成为食品利益相关者的自觉习惯。

　　道德治理是食品安全治理的治本之策，在食品安全治理中起着其他方式不可替代的特殊作用。道德治理在食品安全治理中占有重要地位，但并不意味着道德治理可以统揽一切，也不意味着它可以解决所有的食品安全问题。食品安全问题的成因是复杂的，道德问题是诱发食品安全问题的原因之一，并不能把所有的食品安全问题都归咎于道德原因。因此，在食品安全治理中，我们需要对道德治理进行准确的定位，既不能夸大道德治理的作用，也不能贬损道德治理的作用，要给道德治理找到恰如其分的位置。在此，我们需要纠正两种错误观念：一是食品安全道德治理万能论，二是食品安全道德治理无用论。食品安全道德治理万能论有积极和消极之别，积极的食品安全道德治理万能论认为道德治理是解决食品安全问题的灵丹妙药，运用道德治理可以彻底解决食品安全问题；消极的食品安全道德治理万能论把食品安全问题完全归咎于道德问题，认为只要解决了道德问题，所有的食品安全问题就都解决了。食品安全道德治理无用论认为，在食品安全治理中，道德治理是没用的，必须要依靠法律治理，这实际上倡导的是食品安全法律治理万能论。无论是食品安全道德治理万能论，还是食品安全道德治理无用论，都是片面的，对于我国的食品安全问题，解

①　许慎：《说文》。

决都是不利的。

道德治理是食品安全治理的治本之策，但在现代法治社会，面临我国食品安全领域的突出问题，道德治理在现实中扮演着重大辅助力量的角色。"道德的作用并没有什么超凡入圣的，它在一开始，就是为维持人类生产服务的一种准则，一种辅助性手段。"[①] 在我国现实的食品安全治理中，要想取得立竿见影的效果，我们不能对道德治理期望过高。"道德哲学的确具有实际作用。但人们不要对道德哲学期望太多。"[②] 与道德治理相比，法律治理的效果更为明显和快捷，在当前中国，完善相关食品安全法律法规对维护食品安全非常重要，法律法规的完善也是促进食品利益相关者规范道德行为的有力方式。面对严重的食品安全问题，必须要倚重法律，依法追究食品安全事件制造者的法律责任，施以最严厉的惩处，对于受害者才是公正的。相比而言，在食品安全治理过程中，道德治理虽然是重大的辅助力量，但是这种力量却是不可或缺的，并非是可有可无的，道德治理发挥着更为基础的作用。

二、道德治理是食品安全治理的基础

当前中国食品安全问题的成因是复杂的，在众多的原因中，道德和法律缺失是两个主要原因。在建设法治中国的大背景下，法律治理在食品安全治理中被广泛提及，法律治理也被认为是治理食品安全问题的利器，上升到国家层面。2009 年 6 月 1 日，我国《食品安全法》正式实施，同年 7 月 20 日，《食品安全法实施条例》颁发，2015 年 10

---

① 夏伟东：《道德本质论》，中国人民大学出版社 1991 年版，第 29 页。
② ［英］D.D. 拉斐尔：《道德哲学》，邱仁宗译，辽宁教育出版社、牛津大学出版社 1998 年版，第 12 页。

月 1 日，新《食品安全法》开始施行。目前，我国已经基本构建起以新《食品安全法》为核心，以《农产品质量安全法》《产品质量法》《标准化法》和《农业法》等单行法为主体，以《刑法》《消费者权益保护法》和《广告法》等为保障的食品安全法律体系（见表 2-1）。

表 2-1　我国食品安全相关法律法规

法律法规名称	颁布时间
新《食品安全法》	主席令第 21 号（2015 年 4 月 24 日）
《农产品质量安全法》	主席令第 49 号（2006 年 4 月 29 日）
《产品质量法》	主席令第 71 号（2000 年 7 月 8 日）
《标准化法》	主席令第 11 号（1988 年 12 月 29 日）
《农业法》	主席令第 74 号（2012 年 12 月 28 日）
《食品安全法实施条例》	国务院令第 557 号（2009 年 7 月 24 日）
《刑法》	主席令第 11 号（2015 年 8 月 29 日）
《消费者权益保护法》	主席令第 7 号（2013 年 10 月 25 日）
《广告法》	主席令第 22 号（2015 年 4 月 24 日）

在食品安全法律法规不断完善和国家对食品安全违法败德行为保持持续高压的态势下，我国的食品安全状况不断改善，但与党和政府的要求，与广大人民群众的期许相比，存有非常大的提升空间。这督促我们在继续完善法律法规，加强法律治理的同时，需要在道德层面进行深刻反思并加强道德治理，以道德滋养法治，不断提升食品安全治理水平。

（一）食品安全道德治理为法律治理提供道义准则

食品安全道德，是指食品利益相关者在食品生产、经营、监管、消费和传播中应当遵循的价值取向和行为规则。[①]食品安全法律，是指由

①　王伟：《食品安全伦理在当代中国》，社会科学文献出版社 2015 年版，第 28 页。

社会认可，国家确认，立法机关制定的食品利益相关者必须遵守的规则，食品安全法律由国家强制力保证实施。食品安全法律治理以食品安全法律为依据，食品安全法律治理需要贯彻道德要求。"法律法规要树立鲜明道德导向，弘扬美德义行，立法、执法、司法都要体现社会主义道德要求，都要把社会主义核心价值观贯穿其中，使社会主义法治成为良法善治。"① 食品安全法律的制定，需要以一定的道义准则为基础，需要体现社会主义核心价值观的要求。人们在制定和设立食品安全法律的过程中，需要接受食品安全道德的引领和评价。食品安全法律中凝结着人们保卫食品安全所应具备的基本价值取向和起码道德要求，遵守食品安全法律是人们在食品安全领域对食品利益相关者最低限度的道德要求。

　　道德偏重于价值理性，法律倾向于工具理性。亚里士多德早在2000多年前就提出，"良好"的法律是人们普遍服从的前提，人们会把"良好"的法律内化为个人的信仰，指引人们自觉去遵行。而在非实证主义法学派看来，法律一定要符合道德，不合乎道德的法律不是法律，亦即"恶法非法"。道德"通过对主体的行为目的、动机、手段的选择，通过对行为效果、从事活动的社会关系状态的评价，以及通过对主体行为态度的作用，获得实践性品性，并存在于实践的全过程。正是在这个意义上，伦理道德作为实践——精神本身虽并不直接是具体感性的，但它却始终有要转化为感性现实存在的态势。人的一切自由意志行为，都贯穿着伦理道德。伦理道德是人类实践中隐而不露又无所不在的灵魂"。② 特别是在法律制定的过程中，道德须臾不可离开。法律

---

① 习近平：《坚持依法治国和以德治国相结合　推进国家治理体系和治理能力现代化》，《人民日报》2016年12月11日。

② 高兆明：《制度伦理与制度"善"》，《中国社会科学》2007年第6期。

是由人来制定的，在制定法律的过程中，法律制定者的道德价值观念必然要影响法律的价值倾向。法律制定者一旦离开道德约束，法律一定会滑向恶的深渊，必然走向"恶法之治"。

食品安全道德规定的食品利益相关者应当遵循的起码行为准则可以直接转化为法律要求，成为食品安全法律的直接来源。美国当代著名法学家朗·富勒认为，"在人类有目的的活动中，道德和法律是不可分离的。为了正确认识法律和道德的关系，应恰当地区分愿望的道德和义务的道德。愿望的道德是充分实现幸福生活和人之潜力的道德，义务的道德则指社会生活的基本要求。法律和义务的道德十分相似，和愿望的道德则没有直接关系"。① 由此看来，义务的道德与法律是非常接近的。在食品安全领域，对食品利益相关者的最低限度的道德要求有转化为食品安全法律的必要。"那些被视为是社会交往的基本而必要的道德正当原则，在所有的社会中都被赋予了具有强大力量的强制性质。这些道德原则的约束力的增强，当然是通过将它们转化为法律原则而实现的。"② 这种转化"不仅具有历史发展的内在必然性，而且更重要的是具有社会生活的现实基础，并具体体现在经济、政治、文化等各个方面"。③ 在当前中国，食品安全道德底线不断被戳破的情况下，纳德入法，把对食品利益相关者的最低限度的道德要求转化为法律义务具有现实的社会基础。

食品安全道德治理是食品安全法律治理的依托，食品安全道德赋予食品安全法律以道德合理性和正当性，一些食品安全道德要求直接

---

① ［美］朗·富勒：《法律的道德性》，郑戈译，商务印书馆2005年版，第3—8页。
② ［美］E.博登海默：《法理学：法律哲学和法律方法》，邓正来译，中国政法大学出版社1999年版，第374页。
③ 李建华、曹刚：《法律伦理学》，中南大学出版社2002年版，第62页。

转化为法律要求。只有具备深厚道德基础、蕴藏浓厚道德价值的食品安全法律才能得到广大食品利益相关者的自觉遵守，食品安全法律治理的他律只有依靠食品利益相关者的道德自律，才能更好地发挥其保障食品安全的作用。蕴含道德的食品安全法律治理拥有持久广泛的影响力，如果食品安全法律缺少道德性，"不仅仅会导致一套糟糕的法律体系，它所导致的是一种不能被恰当地称为一套法律体系的东西"①。简言之，如果食品安全法律缺少道德蕴含，食品安全法律治理缺少道德支撑，食品安全法律治理将独木难支，无法运行。

（二）食品安全道德治理为法律治理营造良好社会环境

食品安全道德治理对法律治理的影响主要体现在两个方面：一是为食品安全法律提供道义准则或通过特定程序直接转化为法律；二是通过对食品利益相关者，特别是对立法、执法者道德素质的影响以促进法律治理的效果。美国新分析实证主义法理学代表人物哈特认为："每一个现代国家的法律工作者处处表明公认的社会道德和广泛的道德理想二者的影响，这些影响或是通过立法突然地和公开地进入法律，或是通过司法程序悄悄地进入法律。"②食品安全法律治理所依据的法律在制定的过程中需要道德的在场，需要以道德为引领，贯彻道德要求，保证食品安全法律的合理性和正当性。在食品安全法律治理的过程中，需要具备良好道德素质的法律执行者，需要给法律治理营造良好的社会环境。道德治理是法律治理的源头活水，如果没有道德治理为法律治理营造良好的社会环境，法律治理就缺少存在和发展的基础，就会举步维艰。法律等制度规范"功用也常常在很大程度上依赖于相关的

---

① ［美］朗·富勒：《法律的道德性》，郑戈译，商务印书馆2005年版，第47页。
② ［英］哈特：《法律的概念》，张文显等译，中国大百科全书出版社1996年版，第199页。

人。制度好似堡垒，它们得由人来精心设计并操纵"。① 即使是同样的法律安排和制度设计，由于不同的执行者，其运行的效果也是不一样的，运行效果好坏的关键点之一就在于执法者的道德素质。

食品安全法律治理需要良好道德素质的食品利益相关者，如果没有后者的支撑，前者是不会自动实现的。食品利益相关者深刻的道德认知、强烈的道德情感和坚定的道德意志有助于形成其对法律的信仰。法律必须被信仰，否则它将形同虚设。② 法律信仰是人们对法律治理所蕴含的道德价值的高度认同和赞赏，食品安全法律信仰激发食品利益相关者自觉按照法律规定去行为。如果仅靠法律而忽视道德，会大大降低主体行动的自觉性，道德治理将外在食品安全法律规定内化为食品利益相关者的内在自律，会促使食品利益相关者主动承担自己的责任，拒绝去做危害食品安全的行为。食品利益相关者的道德素质提高了，就会主动去学习相关的食品安全法律法规，并会自觉地去遵守和践行，这样就形成了有利于食品安全治理的良好氛围，增强食品安全法律治理的效果。"要重视发挥道德的教化作用，提高全社会文明程度，为全面依法治国创造良好人文环境。"③

如果食品利益相关者的道德观念与食品安全法律治理的价值指向背道而驰，就会形成对法律治理的强大阻力，食品安全法律治理就会南辕北辙，治理效果自然是收效甚微。由此来看，食品利益相关者的道德素质与食品安全治理效果呈正相关关系，食品利益相关者的道德

---

① ［英］卡尔·波普尔：《开放社会及其敌人》第 1 卷，陆衡、郑一明等译，中国社会科学出版社 1999 年版，第 237 页。

② ［美］哈罗德·J. 伯尔曼：《法律与宗教》，梁治平译，三联书店 1991 年版，第 28 页。

③ 习近平：《坚持依法治国和以德治国相结合　推进国家治理体系和治理能力现代化》，《人民日报》2016 年 12 月 11 日。

素质直接决定着法律执行的公正与否。因此，实施食品安全法律治理，基础工作之一就是要提升食品利益相关者的道德素质，为法律治理营造良好的道德风气和社会环境。

（三）食品安全道德治理覆盖广阔监管区域

在食品安全治理中，法律治理所覆盖的范围有限，法律治理的是危害食品安全的严重行为。法律对食品安全领域纷繁复杂的情况，不可能事无巨细地一一作出法律规定。在法律治理触及不到的地方，道德治理的效果就会显现出来。在食品生产经营中发生的危害食品安全的一些行为，可能并未违反法律，但却违背了道德。道德治理可以承担起法律没有明文规定的法外之地的食品安全问题调节任务。如，轻微的以次充好行为，消费者食用并不会对身体健康和生命安全造成威胁，同时生产经营者也未攫取到暴利，这时在法律上恐怕难以对其作出裁决，但是，在道德上我们却可以谴责这种行为，并且可以实施道德治理以减少类似行为。道德治理可以形成强有力的舆论压力以阻止危害食品安全事件的发生，唤起食品利益相关者的良心，让食品利益相关者在食品链条的各个环节形成道德意识。可想而知，一个拥有良好道德素质的食品利益相关者在食品链条上的各种行为，即便没有法律的限制，也不会故意去做危害食品安全的事情。

在食品安全治理中，道德治理的预先性可以弥补法律治理的滞后性。法律治理需要依据法律条文，法律条文具有较强的稳定性，社会的发展变化却是快速的，面对层出不穷的食品安全问题治理，暂时出现无法可依的情况在所难免。为了应对新情况、解决新问题，只能是不断地增加新法律，修订和完善原有的法律。如，在 2009 年《食品安全法》出台之前，面对频繁爆料的食品安全问题，原有的《食品卫生法》

在应对食品安全问题时就显得有些不合时宜，然而，《食品安全法》的制定却需要经过一定的过程和程序。在《食品安全法》颁发以后，面对食品安全领域的新情况，2015 年国家又对该法进行了重新修订并公布施行。《食品安全法》的颁发及其之后的修订，无疑暴露出法律治理相对滞后的窘境。"礼者禁于将然之前，法者禁于已然之后"，道德治理通过对人心的规化，可以走在法律治理之前，弥补立法缺失或滞后而出现法律真空的弊端。善良的人心是永不过时的法律，如果人心是正的，道德品质是良好的，食品利益相关者始终恪守"尊重生命""利以义取"等道德原则，他就不会有意去做危害食品安全的事情，食品安全得到保证自然是在情理之中。

法律治理的滞后性除表现为法律条文更新较慢外，同时表现为法律治理是对违法败德行为的事后惩处。对于可能发生而又尚未发生的危害食品安全行为，法律治理是难以介入的，法律治理看的是结果，只有实际发生的重大危害食品安全行为，法律治理才能有力彰显效力。法律治理一定要在国家强制力的框架内进行。"法律规定一般来说总是避免涉及良心的问题，不过问其意图如何，而只考虑其行为和态度；与此截然相反，道德所选定的范围则是意图。对法律来说，'所有未禁止的都是允许的'。"[①] 一个缺少道德感的食品利益相关者，他可能不会去触犯法律的高压线，但他的心里并非是心悦诚服地敬畏法律，而是出于对法律惩处的恐惧。一旦有了足够的利益诱惑，他就可能千方百计地寻找法律的空当，甚至铤而走险，冒着被法律惩处的风险，去赚取不义之财。而道德治理则不同，道德治理关注的不仅是

---

① ［法］亨利·莱维·布律尔:《法律社会学》，许钧译，上海人民出版社 1987 年版，第 33 页。

食品利益相关者的行为，而且还包括食品利益相关者的心理，通过对良心的塑造，形成稳定的道德习惯，让食品利益相关者从善良的动机出发，遵循"以义取利"的起码商业伦理，去从事与食品相关的各项活动。

（四）食品安全道德治理的作用力持久深刻

食品安全道德治理是对食品安全的深层治理，作用持久深刻，食品安全法律治理是对食品安全的表层治理，作用速效，威慑力强。法律治理是对人行为约束的一种他律，是依靠国家强制力维持的权力性规范；道德治理是对人行为约束的他律与自律的结合，既表现为他律层面依靠社会舆论和传统习惯维持的非权力性规范，也表现为自律层面依靠内心信念维持的美德品质。道德治理的最终落脚点是人的自律，促使食品利益相关者养成美德。道德自律是人的主体为自我立法。食品安全道德治理带有一定的强制性，虽然这种强制与法律治理的强制力相比是一种弱强制，但是这种弱强制的可贵之处在于能够向食品利益相关者的内心渗透，能够通过使食品利益相关者对道德态度由他律向自律的升华，由浅入深，达到对食品安全的深层治理。道德治理不仅规范食品利益相关者的行为，更重要的是直指食品利益相关者的内心，从内心深处树立起对人的生命尊严的敬畏与尊重。

"人是一个可尊敬的对象，这就表示我们不能随便对待他……他乃是一种客观目的，是一个自身就是作为目的而存在的人，我们不能把他看成只是达到某种目的的手段而改变他的地位。"[1] 在现实诸多的食品安全事件中，人沦为了食品生产经营者赚钱牟利的手段，而不再是自

---

[1] ［德］康德：《道德形而上学原理》，苗力田译，上海人民出版社 2002 年版，第 47 页。

为的目的性存在，人的生命尊严被忽视和践踏。人的生命权是不容侵犯的，在食品安全领域，法律治理和道德治理都是要保护人生命权利的神圣不可侵犯，道德治理更是要促进食品利益相关者对他人生命权利的自愿认同，发自内心地视人如己，共享生命权。道德治理从整顿和规范食品利益相关者的行为开始，逐步走向整顿和规范食品利益相关者的内心，化被动地接受外在监管为主动地接受内心监督。整顿人心的作用力是持久深刻的，人心若端正就不会轻易改变，就不会因为利益诱惑而随波逐流。

食品安全道德治理是一个持久的长期过程。从短期看，食品安全道德治理和法律治理重在铲除食品安全领域的突出不道德行为和违法犯罪行为；从长期看，食品安全道德治理在于促成食品利益相关者良好道德素质的养成，是对食品安全的源头治理和根本治理。良好道德素质养成需要长期的沉淀和积累，随着这一过程的推进，食品安全水平也会不断地得到提升。

（五）食品安全道德治理有利于降低治理成本

社会治理需要一定的治理成本，食品安全治理也不例外。相比较而言，道德治理的成本要远远低于法律治理的成本。法律治理是以国家强制力为后盾的，其运行需要巨大的成本，在立法、执法、司法、守法的过程中需要人力、物力、财力的大量消耗。法律治理的成本具体涵盖：立法、执法、司法过程所花费的信息成本、强制成本、诉讼成本、监督成本等法律成本；使整个法律体系在社会和民众得以普遍认同和遵循的法律教育成本；修改和完善法律体系的再谈判成本和平衡利益成本；各套法律组织和体系的维持成本和运行成本；司法诉讼过程中的权责交易成本。①而道德治理则不同，道德是依靠社会舆论、传统习惯和内心信念来维持的，程序和环节相对简单，道德治理属于社会的自我管理，成本比法律治理要小得多。

在当前中国，食品安全领域道德乱象丛生，究其根源，与败德者的失德成本太低不无关联。败德者的失德成本低，不仅败德者本身有恃无恐、见利忘义、背信弃义，以失德的方式捞取利益好处，而且会产生非常不好的负面效应，导致效尤者接踵而至。败德者的失德成本低，一方面需要加强法律治理，对违法败德的当事人处以法律的严惩；另一方面也需要加强道德治理，强化舆论监督，提高失德成本，让失德者如过街老鼠，人人喊打，无容身之地。更重要的是要防微杜渐，抓早抓小，关口前移，加强对食品利益相关者的道德教化，通过对食品利益相关者的说服劝导来提高其道德觉悟。特别是对食品生产经营者和监管者，要制定比其他行业更严格的职业道德规范，发挥食品利益相关者内心的力量，强化自我监督，形成自律意识，莫到"船到江心补漏迟"的地步，再突出法律治理，增加治理成本。唯有防早防小，从内心深处入手，筑起道德防护之堤，才会有效降低食品安全治理成本，降低食品安全风险。

第三节　共负食品安全道德治理的责任

在我国，2008 年，由于三鹿奶粉事件的爆发，食品安全问题被推到了舆论的风口浪尖，引起了社会各界的高度关注。该事件直接促使

---

①　柳新元：《国家的治理方式、治理成本与治理绩效》，《江海学刊》2000 年第 4 期。

我国加速出台了《食品安全法》，社会各界各个层次都在从不同角度反思食品安全之殇，到底是什么酿成了食品安全事件？谁该为我们的食品安全负责？

一、食品利益相关者

利益相关者概而言之就是与企业利益有关的群体或个体。企业本质上是由企业各利益相关者共同组成的。[①] 关于利益相关者的研究最早可以追溯到 20 世纪 50 年代末，被誉为"利益相关者理论先行者（Pioneer of Stakeholder Theory）"的潘罗斯（Penrose），1959 年在其企业战略名著《企业成长理论》一书中提出，企业成长的动力是企业资源，企业资源包括人力和物力资源，特别是人力资源在企业成长中的作用最为突出，从而确立起"企业是人力资产和人际关系集合"的观念，这奠定了利益相关者理论的基础。1963 年，美国斯坦福研究院（Stanford Research Institute）明确提出利益相关者这一概念，认为与企业有密切关系的人都是利益相关者，利益相关者是支持企业生存的团体，没有利益相关者的支持，企业将无法生存。这里突出了企业对于利益相关者的依赖性，但这是一种单向度的依赖，忽略了利益相关者对于企业的依赖性，并且对于利益相关者如何影响企业及影响的范围论及的也不够。可以说，此时的利益相关者理论还处于初创和萌芽时期，有很多问题还需要深入研讨。然而，其难能可贵之处在于看到了除股东之外，还有其他一些群体影响着企业的生存。

利益相关者理论一经提出，就得到了企业界和学术界的广泛认同，

[①]　Jensen，M. C. ，Mecking，W. H. ，"Theory of the Firm: Managerial Behavior，Agency Costs，and Ownership Structure"，*Journal of Financial Economics*，1976，（3）,pp.305–360.

企业界、经济学、管理学、法学、社会学等学科都对利益相关者理论展开了研究，其理论成熟度不断提高，利益相关者理论在实践方面也获得了较快发展。如瑞安曼（Eric Rhenman）就认为，企业需要依靠利益相关者维持自身的生存，利益相关者也需要依靠企业来促进自身目标的完成。利益相关者理论的提出对传统企业理论形成了巨大的冲击，颠覆了传统企业理论的价值观。传统企业理论视股东利益为第一位，而且把股东利益视为企业的唯一目标。利益相关者理论认为企业除经济上的目标和对股东负责之外，还应有其他目标，企业需要承担社会责任，需要对利益相关者承担责任。

关于利益相关者的认识，学者们提出了不同的看法。就利益相关者的定义而言，比较有代表性的就多达三十多种。在众多的定义中，弗里曼（Freeman）的观点是最具有代表性的观点之一，1984 年，弗里曼在《战略管理：利益相关者管理的分析方法》一书中，将利益相关者定义为："某个组织的利益相关者，指的是任何能够影响或者被该组织影响的团体或个人。"[1] 弗里曼关于利益相关者的定义得到了企业界和学术界的广泛认同，这一定义丰富了利益相关者的内涵，体现了整体性和互动性，把与企业有关的能够影响企业或被企业影响的群体和个体都纳为企业的利益相关者，强调了利益相关者之间的相互影响和相互作用。该书被认为是利益相关者理论形成的代表作。

企业的利益相关者究竟包含哪些人，有必要根据利益的主次关系进行进一步的细分。在现有的研究中，与企业有关的利益相关者至少包括：股东、管理者、员工、工会、供应商、分销商、竞争对手、行

---

[1]　R. Edward Freeman, *Strategic Management: A Stakeholder Approach*, Pitman, 1984, p.46.

业协会、银行、政府、消费者、媒体、民间团体、自然环境等等……这些利益相关者与企业的关系显然是有差异的，有远近亲疏之别。弗雷德里克（Frederick）把利益相关者分为直接利益相关者和间接利益相关者。是否与企业发生市场交易关系是区分直接利益相关者和间接利益相关者的标志，像股东、员工、消费者这类人群就属于直接利益相关者，政府、媒体等就属于间接利益相关者。墨菲（Murphy）等将利益相关者分为初级利益相关者、间接利益相关者和次级利益相关者。初级利益相关者与公司有着正式的、官方的或者契约式的关系，包括组织的所有者、供应商、员工以及顾客；间接利益相关者与公司有着延续的或者捆绑的利益关系却并未签订直接交易契约，受到污染影响的居民可以作为间接利益相关者的典型范例；除此之外的其他利益相关者都是次级利益相关者，包括公共利益团体、媒体、消费者保护协会及那些与各种各样的公司偶有利益牵连的当地社区组织。①

利益相关者理论把与企业有关的各类群体和个体都纳入企业的战略视野，促进了企业更愿意承担社会责任。对于企业是否该承担社会责任、该承担什么样的责任、该如何承担责任，利益相关者理论都一一予以解答。利益相关者理论指出，既然企业的存在、企业的获利需要利益相关者的参与，那么，维护利益相关者的利益就在情理之中。企业通过承担社会责任，通过对利益相关者利益的维护，可以反过来得到利益相关者的支持，可比那些不关注利益相关者利益的企业获得更多的资源，从而提高自身的竞争优势，获取更多的收益。利益相关者理论从企业的自身利益动机出发，为企业承担社会责任作出了很好

---

① ［美］帕特里克·E.墨菲、吉恩·R.兰兹尼柯、诺曼·E.鲍维：《市场伦理学》，江才、叶小兰译，北京大学出版社 2009 年版，第 7 页。

的解释和说明，符合企业的经济人品性，使理论本身更有说服力。利益相关者理论明确了企业承担社会责任的边界，包括对股东的责任、对员工的责任、对消费者的责任、对政府的责任等，就具体的领域而言，包括经济责任、政治责任、法律责任、道德责任、慈善责任等，可以说，利益相关者对企业的利益诉求都可以构成企业承担社会责任的内容。利益相关者理论规定了企业应尽力承担社会责任，承担社会责任的结果是企业与利益相关者的多方共赢。企业的社会责任承担应与利益相关者联结起来，使企业承担社会责任有的放矢，更富有操作性。企业会根据利益相关者的需要作出策略选择，并努力完成，否则，利益相关者利益丧失的结局一定会波及和影响到企业的生存。

利益相关者理论带给我们的最大启示是企业的生存和发展不是企业的一己行为，与其存在交集的各相关方都会受到企业的影响，同时也在影响着企业，利益相关者从某种程度上属于命运共同体。食品利益相关者就是任何能够影响食品企业或者被食品企业影响的群体或个人。在食品链条上，以食品企业为中心，形成了错综复杂的利益关系网络，进行食品安全道德治理，需要首先对食品利益相关者进行界定，厘清食品利益相关者的关系，这是在食品安全道德治理中各相关方承担共同而有区别的责任，形成食品安全道德治理共治局面的前提。在此，我们把与食品企业关系密切，从食品生产经营中能够直接获利的利益相关者归为一类，统称为食品生产经营者，包括食品企业的股东、管理层、员工及为食品企业提供原料的种植业和养殖业者、从事食品经营人员、餐饮行业的从业者；政府作为人民群众利益的代表，对于监管食品安全负有不可推卸的责任，与食品安全监管相关的工作人员都属于食品安全的监管者；消费者是食品在市场上流通的最后终点，食品安全有利于消费者健康，食品不安全就要损害消费者健康；媒体是食品安全知识的传播者、食品安全信息的发布者、食品安全事件的监督者；学术界在研发食品新产品，如何构建科学严密的食品安全防护体系方面具有不可替代的作用。食品安全道德治理至少要包括上述五类食品利益相关者，即食品生产经营者、监管者、消费者、媒体和学术界（见图2-1）。

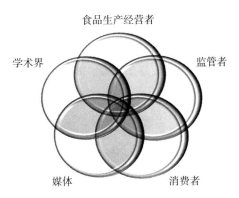

图 2-1　食品利益相关者

二、食品利益相关者道德治理责任界定

食品安全道德治理不是一个人或一群人的责任，而是需要所有食品利益相关者共同承担的责任。长期以来，我国食品安全监管一直奉行的是政府主导的"一元治理"模式。这一模式的特点是国家（及其代理人）力图通过自上而下的封闭型方式，动员体制内资源（包括法律、法规及行政监管等）来约束企业的违法行为，以确保食品安全。① 随着形势的发展、时代的改变与社会的进步，"一元治理"模式的弊端日益显现出来，越来越不适宜食品安全治理的需要，突出表现为21世纪初

---

① 刘飞、孙中伟：《食品安全社会共治：何以可能与何以可为》，《江海学刊》2015 年第 3 期。

我国食品安全事件的集中爆发。

为了遏制食品安全事件的发生，保证人民群众的食品安全，恢复食品安全领域的秩序状态，党和政府作出了巨大的努力。在监管体制机制上，从国务院设立食品安全委员会及其办公室到成立国家食品药品监督管理总局，到2018年国务院机构改革组建国家市场监督管理总局，再到加强食品安全监管部门内设机构建设，监管体制机制不断完善；在法律法规上，从《农产品质量安全法》的制定到《食品安全法》及其《实施条例》的制定，再到新《食品安全法》和《刑法修正案》（八）的出台，法律法规体系初步形成；在食品安全标准上，组建食品安全国家标准审评委员会，清理整合原有标准，出台新标准，食品安全标准体系初步建立。然而，党和政府在该方面的努力仍然没有完全打破"一元治理"模式，属于"一元治理"模式的深化和精细化。"一元治理"模式下，食品安全治理的政府失灵和市场失灵并未得到根本改善，食品安全问题并未得到彻底根治。

"一元治理"模式下，食品安全治理的主体是政府，食品安全治理的对象是食品市场，社会力量在食品安全治理中是缺失的。市场的趋利本性和政府治理的单一性及执法资源的相对不足和执法负荷的沉重，已经无法满足食品安全治理的需要，希冀通过政府依托法律治理一揽子解决食品安全问题的难度可想而知。因此，食品安全治理一方面需要治理主体从一元走向多元，实现多元共治，另一方面需要从法律治理走向道德治理与法律治理并重。

我国食品安全社会共治理念的提出最早是在2013年全国食品安全宣传周活动中，活动主题为"社会共治——同心携手维护食品安全"。时任国务院副总理汪洋出席启动仪式并发表讲话指出，食品安全社会共治，是指通过企业自律、政府监管、社会协同、公众参与和法治保障，汇聚起社会各界维护食品安全的强大合力。2015 年修订的新《食品安全法》从顶层设计上以法律文本的形式进一步强化了食品安全社会共治理念，并把它作为食品安全治理的重要原则加以强调。新《食品安全法》第三条规定："食品安全工作实行预防为主、风险管理、全程控制、社会共治，建立科学、严格的监督管理制度。"[1] 对于参与社会共治的主体，新《食品安全法》从第四条至第十一条分别对食品生产经营者、各级政府、消费者、食品行业协会、消费者协会、新闻媒体、参与食品研究的科研工作者等不同群体的责任进行了划分和界定。[2] 在食品安全治理中，食品生产经营者是第一责任主体，政府是主导力量，除政府和食品生产经营者之外的力量都可以视为第三方力量，在第三方力量中，各群体的力量也是有差异的。在食品安全道德治理中，食品生产经营者、政府和第三方的责任各有侧重，共同以道德的方式守卫着食品安全。

食品生产经营者是食品安全道德治理的第一责任主体。食品安全与否，食品生产经营者负有直接责任，食品生产经营者总是比消费者掌握更多的食品安全信息，与生产经营者相比，消费者始终处于信息不对称状态。根据尼尔森基于消费者与生产者之间的信息不对称程度关于商品的分类，商品分为搜寻品、经验品和信任品三类，搜寻品是指消费者在购买和消费之前就已经掌握和了解相关质量信息的商品，经验品是指消费者在购买和消费之后才能掌握和了解相关质量信息的商品，信任品是指消费者在购买和消费之后也很难掌握和了解相关质

---

① 《中华人民共和国食品安全法》，人民出版社 2015 年版，第 4 页。
② 《中华人民共和国食品安全法》，人民出版社 2015 年版，第 4—6 页。

量信息的商品。① 从消费者的角度看，食品同时具有搜寻品、经验品和信任品的特点，由于信息的不对称，食品的经验品和信任品特点要求食品生产经营者从事道德的食品生产经营行为，比如，食品中是否含有非法添加物，是否超量超范围使用添加剂以及食品中是否存在着影响人体健康甚至生命安全的其他因素，消费者在购买时乃至于消费后的一段时期内都无从知晓，而这些信息对于食品生产经营者而言却是了然于胸。食品生产经营者不应该利用这种信息不对称去欺骗消费者，这显然是不道德的。食品生产经营者作为整个食品链条的上游和食品安全道德治理的前端，应该落实食品安全主体责任，树立质量意识，建立首负责任制和质量安全责任追究制，做到食品安全谁生产的谁负责，谁销售的谁负责，防止扯皮；谁和消费者直接发生关系，谁就负责。进行食品安全道德治理，食品生产经营者应该走在最前列，以道德生产经营赢得品质与信任。

　　政府是食品安全道德治理的主导力量。食品安全权是一项基本人权，关系到每个社会成员的切身利益，具有纯公共物品的属性。安全作为一种纯公共物品应该由政府提供。② 政府作为人民群众利益的代表，保卫人民群众的食品安全权是政府的一项重要责任。在食品安全道德治理中，政府要有效利用自身的权力，赋予权力以德性，从宏观层面，要构筑食品安全道德治理的良好外部空间；从中观层面，要规约食品生产经营者的道德行为；从微观层面，政府监管人员要加强自身职业道德建设。在我国，食品安全事件从表层看，直接原因是食品生产经

---

① Nelson, "Information and Consumer Behavior", *The Journal of Political Economy*, 1970,78（2），pp.311–329.

② 张维迎：《法律制度的信誉基础》，《经济研究》2002 年第 1 期。

营者的见利忘义，见钱眼开，甚至是图财害命，是食品生产经营者的严重不道德行为。然而这种种劣行的酿成，和政府的管理不善不无关联，政府是市场的"守夜人"，在市场经济发育尚不健全的情况下，政府对市场的强力监管不可或缺，无可替代。在食品安全道德治理中，食品生产经营者要加强道德自律，承担主体责任。政府则是主导力量，不仅要自己以身作则，加强自身的道德建设，而且更要充分运用手中掌握的权力资源，加强监管，综合运用经济、政治、法律等多种手段对不道德的食品生产经营者实施治理，营造良好的道德空间，促进食品生产经营者提高道德责任意识。政府要履行好监管责任，建立覆盖"从农田到餐桌"全过程的最严格的科学监管制度，为人民群众饮食安全把好关。特别是对违反食品安全法律、图财害命的严重不道德的食品生产经营者要施以法律的严惩，保持高压的态势，以促使其恢复底线道德思维，并以此为基准，不断提升道德水平。

消费者是食品安全道德治理的直接参与力量。食品安全与否消费者的感受是最直接的，长期以来，在食品安全事件中，消费者往往处于弱势地位，对于不安全食品的侵害多数时候选择的是被动承受，主动作为方面十分欠缺。在食品安全道德治理的过程中，消费者要积极地融入，化被动为主动。从供求关系来看，市场需求是催生市场供给的上端，消费者的选择偏好在很大程度上决定了供给者的商品供应。在现代社会，随着物质生活水平的提高，一些消费者滑入到消费主义的泥沼，在食品消费领域表现为暴殄天物，无所不吃，这不仅会影响人类的自我健康，而且为不良商家迎合其不合理的需求留下了机会，一些不良商家制假售假以满足个别消费者的奢侈消费心理。消费者参与食品安全道德治理，首要的就是要树立科学、合理、道德的消费观，从绿色消费开始。其次，消费者要具备一定的安全食品鉴别力。在挑选食品时，凭借基本的食品安全常识去判断食品安全，而不是盲目购买徒有其表、空有其名的伪劣食品。最后，消费者在遭受到食品安全侵害时，要勇于维权。个体消费者的力量是弱小的，消费者要自觉联合起来，拒绝道德冷漠的看客行为，共同抵制不安全食品的侵害。健全人民群众和社会组织的参与机制，织就人人监督食品安全的天网，让不安全食品没有市场，让生产经营者一处失信、寸步难行，让不法分子无处藏身。只有人人负起责任，共同讨伐不道德的食品生产经营者，让其不道德行为暴露在阳光下，人人得而诛之，才会迫使食品生产经营者更主动地承担道德责任。

媒体是食品安全道德治理的重要参与力量。媒体是消费者获取食品安全信息的重要渠道，在食品安全道德治理中，媒体舆论监督职能的发挥要把握三个关键点。一是在食品安全事件爆发之初，对不道德的食品生产经营者，媒体要毫不留情地予以揭露，多方、多渠道地获取和传递有效信息，真实客观地呈现食品安全事件的原貌，而不是为了吸引眼球炮制新闻或虚假报道，也不能站在道德的高地进行道德绑架。二是在食品安全事件处置的过程中，要及时报道政府监管部门和食品生产经营者的应对措施，报道中要秉持公正客观的态度，不徇私情，既不偏袒护短政府和生产经营者的错误，也不无端指责政府的不足，夸大事态的严重性，整个报道过程要力求公正，目的在于跟踪事件进展，让消费者了解事情原委。三是在食品安全事件报道的过程中，要引导消费者理性面对食品安全事件，不要在消费者脆弱的神经上煽风点火。食品安全问题的高关注度，很容易让消费者的情绪受到影响，一旦出现食品安全问题，就会挫伤消费者对此类食品行业的信心，因此，媒体在监督和督促相关食品行业遵守道德要求，生产安全食品的同时，还有责任提振消费者的信心。

学术界是食品安全道德治理不可缺少的力量。学术界在食品安全道德治理中发挥作用的场域主要在食品新产品研发领域和如何确保食品链条的全程安全两个方面。现代食品工业为人类提供了充盈多样的食品，食品科学技术飞速发展，食品新产品层出不穷，人类沉浸和感受着食品的美味，也在承受和沦陷于食品安全的道德风险之中。比如，转基因食品的安全性问题至今未有定论，转基因食品究竟该何去何从，人们是应该支持，还是需要反对，转基因食品会走向繁盛，还是衰落，道德因素无疑是预判转基因食品发展前景的重要砝码。另外，研发食品新产品是否会对生态环境造成破坏，对食品新产品进行人体试验是否应当及其限度等问题都需要进行道德的考量与决策。食品安全涉及食品链条的每一个环节，涉及与食品相关的方方面面，食品安全是系统综合安全。如何设置系统的食品安全网络，需要多学科、多角度的思考和设计，而这些思考和设计都要遵从道德的要求，需要融入道德元素。

共负食品安全道德治理的责任有利于整合各食品利益相关者的力量，提高他们的道德责任意识，形成以政府为主的各食品利益相关方纵横交错的监管治理网络以保证食品安全。共负食品安全道德治理的责任在政府和市场之外积极融入社会力量，是对市场监管方式和社会管理模式的创新，改变了我国传统以法律治理为主、自上而下的食品安全政府治理模式，使更多的社会主体参与到食品安全道德治理活动中，标志着食品安全治理向道德治理与法律治理并重、自上而下和自下而上双向互通多元治理模式的转变。这对于我国食品安全治理具有非常重要的意义。

第三章　食品安全道德状况的辩证认知

英国文学家查尔斯·狄更斯（Charles Dickens）在《双城记》开篇中写道："那是最好的时代，那是最坏的年月；那是智慧的时代，那是愚蠢的时代；那是信仰的新纪元，那是怀疑的新纪元；那是光明的季节，那是黑暗的季节；那是希望的春天，那是绝望的冬天；我们将拥有一切，我们将一无所有，我们直接上天堂，我们直接下地狱。"[①] 用"最好"与"最坏"的时代来描写当代中国的食品安全状况，特别是当代中国食品安全的道德图景是非常契合的。工业化、城镇化、市场化和现代化一方面为人们提供了丰富充裕的食品，让人们免受饥馑的困扰，享受"最好"的时代；另一方面却将人们置于食品安全风险之下，遭受不安全食品的威胁，陷入到"最坏"的时代。一方面人们生产能力不断增强，创造了高度发达的物质文明，另一方面却缺少道德智慧，生产经营假冒伪劣食品，甚至沦落到"易粪相食"[②] 的尴尬境地。全面审视当代中国食品安全状况，客观评价食品安全所处的"绝望的冬天"，加强食品安全道德治理，是促使我国食品安全状况持续向好的"希望的春天"。

---

① ［英］查尔斯·狄更斯：《双城记》，石永礼、赵文娟译，人民文学出版社1996年版，第1页。
② 从某种程度上讲，食品生产经营者也是食品消费者，虽然每一位食品生产经营者因为"知情"不会食用自己生产加工的不安全食品，但是却因为"不知情"不得不食用别人生产经营的不安全食品，长此以往，就会形成"易粪相食"的窘境。

第一节　食品安全状况优劣的纵横比较

今天中国的食品安全状况究竟如何？基于不同的视角会得出不同的结论。从历史的纵向视角，追寻新中国成立以来中国食品安全发展的轨迹，不难发现，今日中国的食品安全状况处于历史最好时期。对中国的食品安全状况与其他国家的食品安全状况进行横向对比，中国的食品安全状况在发展中国家中名列前茅，但与发达国家相比，差距依然明显。中国食品安全状况处于历史最好时期，绝不意味着我们可以安枕无忧，当然，我们与发达国家存在差距，也并非表明我们国家的食品安全一无是处。全面客观地呈现当代中国的食品安全状况，有利于我们正确认识问题，同时更是我们分析问题和解决问题的前提。

一、食品安全在当代中国的历史流变

中国是饮食大国，有着悠久繁荣的饮食文化，孙中山先生曾在《建国方略》中提到："我国近代文明进化，事事皆落人之后，惟饮食一道之进步，至今尚为文明各国所不及。"[①] 中国饮食文化的根基是建立在封建小农社会基础上的，到了近代，特别是改革开放以来，我国食品工业的迅猛发展对传统饮食文化形成了一定的冲击，同时，也引发出一系列的食品安全问题。

在中国古代，食品安全问题突出表现为食品数量安全，即在生产力水平较低的情况下，能否生产出保证老百姓生活所必需的粮食。主观故意地危害食品安全事件也会发生，主要表现为以次充好、以假充

---

① 吴澎等：《中国饮食文化》，化学工业出版社 2011 年版，第 1 页。

真和出售腐败变质食物。总体而言，在自给自足的自然经济状态之下，这类食品安全事件的发生是小规模的，范围不大，由于其中的科技含量不高，也相对好识别，产生的负面影响相对有限。进入到20世纪，我国人口增长迅速，人口流动性加大，相关科学技术也有了一定进步，食品生产与消费的能力大大增强，食品流通的区域渐渐扩大。但是，仍然没有打破小农经济的枷锁，食品数量安全依然是社会关注的重点，此时，食品卫生问题得到了一定程度的重视。1929年，南京国民政府在卫生部下面专门设立了中央卫生所，负责食品卫生研究、检验及相关高级人才的培养工作。

新中国成立至改革开放之前的这段历史时期，我国食品安全问题关注的重点在食品数量安全和食品卫生方面，恶性食品安全事件鲜有发生。新中国成立之初，我国是一个落后的农业国，工业基础相当薄弱，农业机械化水平非常低，农田灌溉设施陈旧，良种、农药、化肥是稀缺品，粮食生产能力低下，食品工业刚刚起步，食品资源匮乏。脆弱的食品供应能力遭遇到水灾、旱灾等自然灾害更是雪上加霜。解决好广大人民群众的"吃饭"问题是当时党和政府面临的第一大课题。1959年4月，毛泽东在一封《党内通信》中指出："须知我国是一个有六亿五千万人口的大国，吃饭是第一件大事。"[①]"吃饭是第一件大事"既讲明了"吃饭"问题的重要性，也指出了解决"吃饭"问题的紧迫性。在这一时期，食品卫生状况不是很好。在食品生产方面，食品工业、食品包装和冷藏技术的落后，造成食品源头污染的情况时有发生。在食品消费方面，由于物质匮乏及缺少良好的食品贮藏手段，导致变

---

① 《毛泽东文集》第8卷，人民出版社1999年版，第49页。

质过期食品经常被人食用，酿成食物中毒事件，在学校、工厂、机关的食堂里都曾发生过因食用剩饭剩菜引发的食物中毒事件。20世纪50年代，我国的食品安全制度建设开始起步，1958年1月，在《卫生部关于全国卫生行政会议与第二届全国卫生会议的报告》中，提出"卫生监管制度"，并明确要"重点推行卫生监督调度"。当时的食品卫生监督管理工作由各级卫生防疫站负责。

从改革开放至20世纪90年代初，我国的食品数量安全问题基本解决，食品卫生问题日益突出。从1985年至1995年，是中国农业发展的黄金10年，自1990年起，我国粮食产量稳定维持在4.35亿吨以上，中国人民几千年没有解决的温饱问题终于得到了解决。1993年，实行了38年的粮票制度至此画上了句号。在这一过程中，我国的食品产业犹如雨后春笋般大量涌现，整个食品行业在给人们提供相对充足且丰富的食品时，也呈现出良莠不齐的现象，食品卫生状况一度滑落谷底。1982年，我国食品卫生合格率仅为61.5%。[①] 一些地区的食品中毒事件在改革开放初期甚至是一路飙升。1979年至1982年，广州市的食品中毒事件从46起增加至52起，中毒人数从302人增加至1097人，三年增加了两倍多。[②]1979年至1983年，蚌埠市的食物中毒事件是46起，中毒人数是862人。[③]1982年，我国出台了《中华人民共和国食品卫生法（试行）》，这是新中国颁发的第一部关于食品安全的专门法律，该法于1983年7月1日试行后，全国各地的食品卫生状况有所好转，食品

---

① 张文康：《食品卫生：从农田到餐桌全程管理》，《法制日报》2002年5月30日。

② 旭日干、庞国芳主编：《中国食品安全现状、问题及对策战略研究》，科学出版社2015年版，第55页。

③ 苗红旗：《蚌埠市1979～1987年食物中毒情况分析》，安徽省食品卫生与营养学术会议，1988年。

中毒事件的发生数明显下降，中毒人数明显减少。[①]食品合格率的提高却掩饰不了问题的存在，这段时期我国的食品安全势头虽然整体好转，但是，由于生产能力和技术条件及个体饮食卫生不良等外在因素制约，我国食品卫生状况亟须改善和提高。在这段时期，为获取利益出现的人为制造的食品安全事件较少，同时，因我国当时的化工水平低，化肥、农药及环境破坏造成的食品源头污染情况也相对较少。

20 世纪 90 年代初至 21 世纪初，我国的食品质量安全问题开始显现且有蔓延之势。1992 年，党的十四大提出中国经济体制的改革目标是建立社会主义市场经济体制。市场经济在激发市场主体活力的同时，市场主体的逐利性就像"打开的潘多拉盒子"被释放出来，市场主体把利益的触角伸向各行各业，食品行业也深受市场化影响。从事与食品生产经营相关活动的大批私有企业和小商贩出现，其结果是整个食品行业泥沙俱下，鱼龙混杂。面对食品卫生的不良状况，《中华人民共和国食品卫生法（试行）》经过 12 年的运行后，于 1995 年 10 月，国家正式出台了《中华人民共和国食品卫生法》，进一步加大了食品卫生监管力度，促使食品卫生状况有了明显改观。然而，市场监管的不足、市场主体逐利趋向强烈及食品工业技术的发展和与食品有关的化学化工科技的进步，催生出更多的食品安全问题。比如，使用违禁药物、农兽药残留超标、重金属污染等都对食品安全构成了严重威胁，一些不良商家甚至将化学品直接用到食品中，欲盖弥彰地生产经营假冒伪劣食品，对消费者的生命安全和身体健康造成了直接伤害。这一时期，形势的变化使人们原有的对食品卫生的关注转向了对食品质量

---

① 张文康：《食品卫生：从农田到餐桌全程管理》，《法制日报》2002 年 5 月 30 日。

安全的关注。

进入 21 世纪以来，特别是 21 世纪的前 10 年，我国食品安全事件多发、频发，花样翻新的恶性食品安全事件接踵而至，耸人听闻，暴露出这段时期我国食品安全问题的严重性，严重影响了广大人民群众对食品安全的信心，造成了极其不良的社会影响，成为社会各界广泛深切关注的民生问题。2009 年 2 月，《食品安全法》颁布实施，《食品卫生法》同时废止，《食品安全法》相较《食品卫生法》扩大了调整范围，不仅对食品生产经营环节的食品安全作出规定，而且将调整范围延伸至食用农产品的种植、养殖环节，更加全面深入地明确了食品生产、监管等要求，基本建立起覆盖"从农田到餐桌"的食品安全保障网。《食品安全法》针对现实生活中频繁上演的食品安全事件，对违法败德行为起到了遏制作用。以《食品安全法》为核心，我国开始逐步建立起较为完善的食品安全保障体系，食品安全整体状况有所好转。2011 年，我国农产品和粮食检测合格率达 99%，加工类食品达 95%。[①]2009 年至 2013 年，我国蔬菜、水果、畜禽、水产品质量安全合格率分别在 96%、95%、99% 和 94% 以上，总体保持较高水平。2012 年至 2014 年，中国工程院"中国食品安全现状、问题及对策战略研究"项目组，对我国省会城市和直辖市约 1.2 万批蔬菜水果农药残留监测结果显示，蔬菜和水果平均合格率分别超过了 96% 和 98%。[②]

总体来讲，自改革开放伊始，我国粮食生产连年增收，食品数量安全问题基本得到解决。主要农产品数量的极大丰富，不仅解决了我

①《民以食为天，食以安为先，食品安全如何保障》，《经济日报》2012 年 7 月 16 日。
②《我国食品安全水平呈向好趋势，安全隐患依然严峻》，《经济日报》2016 年 1 月 28 日。

国人民的"米袋子"和"菜篮子"问题，也满足了人民对食物多层次、多元化的消费需求，为保障我国乃至世界食物安全和社会的稳定与发展作出了重要贡献。[①] 食品工业发展迅速，已经成为最具活力的国民经济支柱产业之一。2010 年，我国食品工业总产值超过美国，成为全球第一大食品工业国。[②] 现阶段我国食品安全在经历了乱象丛生的低谷后，在党和政府及社会各界的共同努力下，整体表现出向好的发展态势。食品总体安全是我国食品安全形势的主流，具体表现为：一是我国人均寿命的不断提高与良好的食品安全状况有明显关联。据世界卫生组织发布的 2016 年度《世界卫生统计报告》显示，中国人平均寿命达到了 76 岁。[③] 另外，中国婴儿的成活率明显提高，健康状况明显改善；青少年的个子越来越高，发育越来越好，都在一定程度上反映出中国食品安全水平的提高。二是从各个口径统计的数据来看，各类食品的合格率均保持在高位。三是食品安全监管体系不断完善，食品安全社会共治的局面正在形成。四是北京奥运会、上海世博会积累了建立有效食品追溯系统的经验，对保证全国的食品安全有可资借鉴的意义。但是，由于我国食品安全问题本身的复杂性及食品安全问题的高敏感度，致使食品安全风险始终存在，食品安全事件也偶有发生。食品安全从未离开公众的视野，广大人民群众的食品安全信心并未得到完全恢复。

在食品链条上，食用农产品的种植、养殖，食品的生产、加工、

---

① 旭日干、庞国芳主编：《中国食品安全现状、问题及对策战略研究》，科学出版社 2015 年版，第 25 页。

② 旭日干、庞国芳主编：《中国食品安全现状、问题及对策战略研究》，科学出版社 2015 年版，第 27 页。

③ 《中国人平均寿命 76 岁，日本人 83 岁蝉联第 1》，《参考消息》2016 年 5 月 23 日。

贮运、消费，任何一个环节出现问题，都会影响到食品安全，进而会影响到消费者的身体健康和生命安全。造成食品链条上食品不安全的因素既有工业、农业发展造成的污染，也有人的道德素质欠缺或食品安全知识缺乏等人为因素。具体而言，目前，我国的食品安全风险主要来源于四个方面：一是生物性污染引发的食源性疾病，这是影响我国现阶段食品安全的重要因素，生物性污染可以侵入到从食品生产到食品消费的各个环节；二是化肥、农药、兽药的超量、超范围使用，造成食品中化肥、农药、兽药的残留量超标，对人体造成危害；三是土壤污染、水污染和大气污染等环境破坏构成的食品安全隐患；四是在食品生产加工的过程中，非法添加有毒有害物质，过量过多使用食品添加剂、掺杂使假等人为的食品欺诈行为，这是我国现阶段最突出的食品安全问题，是食品安全道德治理的重点。

二、国际视野中的当代中国食品安全

对当前中国的食品安全状况进行分析，不仅需要纵向的历史视野，而且需要横向的国际视野，即在国际视野下检视中国的食品安全状况。国际视野中的当代中国食品安全状况可谓毁誉各半，既有对中国食品安全状况的客观评价，甚至是溢美之词，也有对中国食品安全状况的指责批评，指责批评的焦点就集中在食品安全道德状况的不佳上。

综合 2012 年至 2015 年"英国经济学人智库"（Economist Intelligence Unit, EIU）发布的《全球食品安全指数报告》（Global Food Security Index），可以较为客观和清晰地呈现出中国食品安全状况在国际上所处的方位和水平。食品安全指数由 27 个定性和定量指标构成，主要包括食品质量安全保障能力、食品供应能力和食品价格承受能力三个方面。该报告以联合国粮农组织和世界卫生组织等国际组织公布的官方数据为依据，建立起动态基准模型，对全球100多个国家的食品安全情况进行综合评估并给出排名。在2012年至2015年的《全球食品安全指数报告》中，中国的总体排名稳定保持在第42位，处于中上游水平。[①]

从2012年至2015年的综合表现来看，中国的食品安全状况相对稳定，一直处于良好表现（Good Performance）的行列，与发达国家的食品安全水平尚有很大差距，但在发展中国家中表现突出，属于发展中国家的领先者。另外与中国同属"金砖国家"的发展中大国印度排名位列第70位，其表现要远逊色于中国。《全球食品安全指数报告》对食品安全状况排名最好的10个国家与排名最差的10个国家进行对比发现，收入与食品安全状况呈正相关关系，高收入国家的食品安全状况整体排位靠前，而低收入国家的食品安全状况整体排位靠后。从《全球食品安全指数报告》中我们还可以看到，中国的食品安全表现要远优于中国的人均GDP排名，2013年，中国的人均GDP排名在世界上是第52位，当年中国的食品安全排名是第42位，这也是在榜单中为数很少的食品安全排名优于人均GDP排名的国家之一。[②]

《全球食品安全指数报告》在肯定中国在食品安全方面取得的成绩的同时，也指出了中国食品安全中存在的问题，认为中国食品在确保安全方面任重而道远。中国与其他发展中国家的食品安全问题有别，

---

① 数据信息来源：http://foodsecurityindex.eiu.com/。
② 《全球食品安全指数报告发布，中国排名中上游》，新华网，2013年7月11日，见http://news.xinhuanet.com/politics/2013-07/11/c_124992913.htm。

其他发展中国家把关注的重点集中在解决饥饿问题上，如撒哈拉沙漠以南的埃塞俄比亚、尼日利亚等国家正在不断努力地提高食品供给能力，而中国的食品安全问题更多地却在于诸多的食品小微企业、小作坊和小摊贩一方面为人们提供了琳琅满目的食品，另一方面这些食品有相当一部分又达不到标准。一些食品生产加工者甚至为了暴利不惜损害消费者的生命健康，在食品中注入有毒有害的化学物质。《全球食品安全指数报告》还指出中国的食品安全监管漏洞是肇始食品安全问题的重要成因，另外，报告指出，中国的食品安全问题与官员的腐败有一定的牵连，一些地方官员利用权力为问题食品撑起保护伞，随着中国反腐进程的推进，对中国食品安全状况的改善也会起到一定的帮助。中国食品安全在着力解决质量安全问题的过程中，在食品营养方面及食品的多样性方面也存在着明显的短板和不足，进一步增强食品供给能力也是不容忽视的问题。

《全球食品安全指数报告》对中国的食品安全状况作出预期，认为中国的食品安全状况会越来越好。从现有的数据分析来看，家庭食品支出在家庭总支出中所占的比例越低，食品安全的整体状况就会越好。随着中国人均 GDP 的增长，食品支出在家庭支出中所占的比例会进一步下降，按照这一趋势，中国的食品安全状况自然会进一步向好的方向发展。另外，中国快速推进的城镇化进程和农业现代化步伐，短期来看，衍生出一些食品安全问题，影响了百姓的食品安全信心。但是，从长远来看，城镇化和农业现代化将改变中国的食品供给模式，两者的交相辉映，将成为推动中国食品安全水平提升的重要因素。

中国食品贸易由顺差转为逆差在一定程度上反映出国际上对中国食品安全认可度发生的变化。中国是食品生产消费大国和食品进出口贸易大国，加入世界贸易组织以来，中国食品进出口贸易不断增加，在食品出口方面，呈现出快速发展的势头。中国食品出口额从 2002 年的 161.64 亿美元增加至 2012 年的 563.18 亿美元，10 年间增长了 2.48 倍，年均增长 13.29%，远高于世界同期增长 11.33% 的水平。[①] 以 2008 年为拐点，在此之前，除 2004 年中国食品进口额比出口额略高外，中国食品贸易都是顺差，在此之后，中国食品贸易都是逆差，且呈现出不断扩大的趋势。导致这一情况出现的原因是多方面的，但有一条不容忽视的原因是，自 2008 年起，中国频繁爆料出的食品质量安全事件，影响了中国食品在国际上的口碑，致使中国的食品进口国在技术性贸易壁垒方面不断加强，甚至出台专门针对中国食品的带有一定歧视性的十分苛刻的技术性贸易壁垒，这在很大程度上使中国食品出口额受到较大影响。如 2008 年"三聚氰胺毒奶粉"事件发生后，欧盟特别颁布了针对产自或发运自中国大陆的 EC NO.1135/2009 特别法规。2012 年"毒胶囊"事件出现后，韩国提出来自中国大陆的以明胶为原料的产品需要提供明胶生产公司的证明，日本直接提出中国大陆部分产品禁止入境。中国食品制造不安全的形象一旦在国外形成，就很难抹去，这对中国食品出口的危害往往是长期的。

从中国食品出口的流向地来看，中国食品出口 100 多个国家和地区，日本、美国、欧盟、韩国等国家和地区是我国重要的食品出口地区。相关统计数据显示，2008 年至 2012 年间，日本、美国、欧盟、韩国等国家和地区每年检出且扣留不合格的中国食品和农产品都在 1500 批次以上（见表 3-1）。

---

① 李丹等：《加入 WTO 后中国食品出口贸易结构分析及展望》，《世界农业》2014 年第 4 期。

表 3-1　2008—2012 年中国食品主要出口国检出且扣留中国食品情况统计 [①]

（单位：次）

出口国家和地区	2008 年	2009 年	2010 年	2011 年	2012 年
日本厚生劳动省	284	272	247	213	196
美国食品和药品管理局	707	1056	867	620	756
欧盟食品和饲料委员会	395	209	269	332	333
欧盟健康消费者保护总司	0	0	1	0	0
韩国农林部国立兽医科学检疫院	262	296	254	307	270
韩国食品药物管理局	0	191	112	71	175
各年总计	1648	2024	1750	1543	1730

国外媒体给中国食品制造贴上了"不安全"的标签。中国发生的食品安全事件不仅吸引了国内媒体的普遍关注，而且也引起了国外媒体的注意。"中国食品安全问题严重""中国食品安全事件骇人听闻""中国食品安全犯罪形势严峻"等报道频繁见诸国外媒体，严重影响了国外民众对中国食品制造的信任。国外媒体对中国食品安全的报道主要分为三类：一是对中国食品安全总体状况的评价；二是对中国个别食品安全事件的报道；三是对中国食品安全监管存在问题的分析。2014年，美国食品安全新闻网发布了食品信息监测机构"食品岗哨"的调查数据，数据来源于美国、欧盟、日本的食品监管机构，统计涉及117 个国家的 3400 多项食品安全事件，涵盖了乳品、果蔬、海鲜等多种食品。国外媒体除对中国食品安全总体状况予以评价外，还密切注意在中国发生的重大食品安全事件。"三聚氰胺毒奶粉"事件，"地沟油"事件，"瘦肉精"事件，"染色馒头"事件等等，都曾出现在国外媒体的报道中。

---

① 　根据中国技术贸易措施网《国外扣留（召回）中国出口产品情况分析报告》整理，见 http://www.tbt-sps.gov.cn/page/cwtoz/Indexquery.action。

中国食品出口国对中国食品实施的技术性贸易壁垒及国外媒体对中国食品安全状况的批评，虽然与近年来各发达国家采取贸易保护主义进口策略有关，同时也不排除有些媒体戴着有色眼镜对中国食品安全状况进行污名化报道、刻意抹黑中国制造之嫌，但是，归根结底还在于中国食品安全状况本身确实存在着很多问题。当然，国外对中国食品安全的看法也并非全是负面的，许多积极正面的报道，也表达出国际上对中国食品安全状况改善的信心。在中国人民最高法院 2013 年 5 月 3 日出台《关于办理危害食品安全刑事案件适用法律若干问题的解释》后，国际多家媒体进行了肯定性的报道。同年 5 月 3 日的英国《卫报》认为，这是中国政府全力保证民众食品安全的重要组成部分。同年 5 月 4 日的美国《纽约时报》援引了中国国务院总理李克强的话，认为食品不安全引发了民众的不满，解决食品安全问题是政府的头等大事，政府会竭力解决这个问题。同年 5 月 4 日的新加坡《联合早报》认为，《关于办理危害食品安全刑事案件适用法律若干问题的解释》中对使用"地沟油"加工食品致人死亡，最高可判死刑的规定，体现出中国政府强力惩治食品安全问题的决心。

三、中国公众对食品安全的感知与体验

食品安全是当代中国公众最为关注的社会焦点问题之一。由中共中央《求是》杂志社创办的中央级大型政经类月刊《小康》杂志联合清华大学媒介调查实验室连续多年进行了"中国全面小康进程中最受关注的十大焦点问题"评选，从 2005 年开展评选以来，在每一年的评选中，食品安全都是榜上有名，在 2005 年、2007 年、2009 年、2010 年和 2011 年，食品安全分别排在十大焦点问题的第五、第八、第二、

第四和第三位。^①在 2012 年至 2016 年的五年里，食品安全问题已经连续五年蝉联十大焦点问题榜首（见表 3-2），由此可见中国公众对食品安全的关注程度，在一定程度上，也折射出中国公众对食品安全的焦虑程度。

表 3-2　2011—2016 年中国全面小康进程中最受关注的十大焦点问题

年份 排序	2011 年	2012 年	2013 年	2014 年	2015 年	2016 年
1	房价	食品安全	食品安全	食品安全	食品安全	食品安全
2	物价	物价	腐败问题	腐败问题	医疗改革	养老政策
3	食品安全	腐败问题	医疗改革	物价	腐败问题	房价
4	医疗改革	医疗改革	贫富差距	房价	贫富差距	医疗改革
5	腐败问题	房价	房价	医疗改革	房价	腐败问题
6	住房改革	贫富差距	社会保障	贫富差距	就业问题	环境保护
7	社会道德风气	社会保障	物价	环境保护	物价	疾病控制与 公共卫生
8	教育改革	教育改革	环境保护	就业问题	社会保障	物价
9	生活成本上升	收入分配改革	收入分配改革	社会保障	环境保护	就业问题
10	就业问题	住房改革	住房改革	社会道德风气	教育改革	社会保障

　　我国公众特别关注食品安全问题，既与食品安全问题本身的特殊性有关，又与中国近年来食品安全事件的高发性有关。近年来，频繁爆发的食品安全事件不仅对广大人民群众的身体健康和生命安全造成了伤害，而且对人们的心理形成了强烈的冲击，人们分外担心自己的餐桌安全，甚至发出了"何食可安"的忧虑。2012 年年初，有两组数据形成了鲜明的对比，值得人们深思。一组是检测数据：国家质检总

---

① 2006 年和 2008 年未开展评选活动。

局发布我国食品检测合格率超过 90%；一组是调查数据：有 80.4% 的人对食品没有"安全感"。① 为了提高广大人民群众的食品安全感，几年来，我国的食品安全治理不断深入推进且取得成效。2016 年，国家食品药品监督管理总局公布数据，全国范围内组织抽检食品样品 25.7 万批次，总体抽检合格率为 96.8%，与 2015 年持平，比 2014 年提高 2.1 个百分点。② 这一数据似乎足以说明，我国的食品安全状况已经达到了足够好的状态，人们的食品安全信心应该为之振奋。然而，在同一份报道中却显示，仅有约七成公众对我国食品安全现状持谨慎乐观态度。③ 数据显示，从 2012 年至 2016 年，我国的食品安全水平进步明显，公众的食品安全信心重塑却是进展缓慢。对食品缺少安全感，比较普遍地反映出当前我国广大人民群众对食品安全状况的感受。人们对食品安全的感受与官方公布的数据之间之所以会形成如此强烈的反差，其原因是多方面的。

一是公众对食品安全问题非常敏感。食品是人们日常生活的必需品，中国俗语里面有一句话，"开门七件事，柴米油盐酱醋茶"，件件都和食品有关。食品是人们生存的基础条件，食品安全与否关系到每一个家庭、每一个人。因此，与其他问题不同，食品安全问题不是涉及某一特定群体，而是涉及所有人，全体国民都特别关心。进入 21 世纪以来，随着人民生活水平的提高，人们在解决吃饱问题的基础上，自然而然地会将关注的重点转向吃得营养、吃得健康，而这一切都必须以"安全"为前提。在中国这样一个有着悠久饮食文化传统的国度，

---

① 《民以食为天，食以安为先，食品安全如何保障》，《经济日报》2012 年 7 月 16 日。
② 《约七成公众对我国食品安全现状持谨慎乐观态度》，《经济参考报》2017 年 4 月 6 日。
③ 《约七成公众对我国食品安全现状持谨慎乐观态度》，《经济参考报》2017 年 4 月 6 日。

处于人民生活水平不断提高的特定历史时期，全民对食品安全表现出的格外重视程度自在情理之中。

二是公众食品安全知识相对缺乏。总体来讲，我国的食品安全水平正在逐步好转，但是公众的食品安全信心却仍然在低谷徘徊，这与公众的食品安全知识缺乏有一定的关联，目前，我国公众科学、独立判断食品安全的能力较为欠缺。美国公众对食品安全知识的知晓率达到80%，而在我国，这个数字不到30%。①我国公众期待食品绝对的安全，可从专业的角度看，食品安全只能是相对安全，不存在零风险，绝对安全只能是一种理想状态。由于自身饮食不当造成的食品安全问题，却将其归咎于食品自身，认为是食品本身出现了安全问题，这难免有失偏颇。对于食品添加剂，只要是在标准范围内使用，就是安全的，也不会对人体健康造成影响。但是，很多公众对食品添加剂却是"谈剂色变"，认为食品添加剂会影响健康。据中青舆情监测室2014年抽取的1000条网民评论分析，得出的结论是，64.7%的网民认为添加剂是不健康的。②食品添加剂有害健康的观念根深蒂固地存在于很多公众的思想中，以至于一提到食品添加剂，就依据先入为主的负面观念作评判分析。

三是社会转型期公众的普遍焦虑心态。当前的中国，正处于社会转型的加速时期，转型进程中各种矛盾交织重叠，出现的许多不确定因素，带给人们难以承受的焦虑心态，整个社会充斥着不安全感。这种不安全感在社会中相互传染，产生的焦虑共鸣，又进一步加剧了人们的焦虑心态，为传播负面信息提供了生存的空间和土壤。食品安全

① 《食品安全：专家与公众看法为何相差甚远》，《中国青年报》2014年7月2日。
② 《食品安全：专家与公众看法为何相差甚远》，《中国青年报》2014年7月2日。

与广大人民群众的日常生活息息相关，具有须臾不可离的紧密性，社会转型的焦虑心态投射到食品安全问题上，无疑会让人们的焦虑感雪上加霜。对于食品安全正面信息，很多人是习以为常或者视而不见，对于食品安全负面信息，很多人却缺少认真分析，冷静思考，经常是不加甄别地抱着"宁可信其有，不可信其无"的态度，不仅自己相信，而且把焦虑感向外传导出去，扩散开来。

四是公众与监管者和专家之间存在着信息鸿沟。公众对食品安全只是朴素的感知和直观的感受，监管者发布的信息是基于真实的数据提取，专家是基于大量知识基础上的理性认知，三者之间存在着明显的差异，可以说，公众的信息是感性直观，监管者和专家的信息是理性科学。在食品安全信息方面，当前我国存在的一个突出问题是，监管者和专家未能及时有效地将食品安全信息传达给公众，导致公众与监管者和专家之间存在着信息鸿沟，不能及时获得真实有效信息以排除负面信息的干扰。目前公众获取食品安全信息的渠道主要是来自媒体和人际间的信息传递，微信、微博等自媒体的信息扩散成为人际间交流食品安全信息的重要方式，这种信息扩散传播的绝大多数都不是政府或专家发布的权威声音，基本上都是坊间流传的负面信息，往往真假难辨，这使公众感知到的食品安全风险要远远大于实际存在的风险。

五是媒体的放大效应影响了公众的食品安全信心。媒体是公众获取食品安全信息的重要渠道，媒体的导向对公众食品安全信心的塑造具有重要作用。在食品安全问题上，多数媒体都能够保持谨慎客观的态度进行科学传播，但也有一些媒体在报道中存在专业度不够的问题，有的媒体甚至是为了吸引眼球，获得点击量，故意进行虚夸、虚假的报道，将公众置于媒体构建的虚拟情境中。媒体博得了眼球，收获了点击量，但却让公众陷入食品安全恐慌之中。由于媒体缺少专业度，有时甚至会把一些专家的言论进行词不达意的报道，报道表达的意思与专家的本意大相径庭，对公众造成了误导，挫伤了公众的食品安全信心。2014 年年初，《工人日报》公布了 2013 年我国公众关注的十二大食品安全热点，同时对这十二大热点进行了解析，"新西兰奶粉检出双氰胺、镉大米、美素奶粉……"等赫然在列，成为公众年度关注的食品安全热点，但是在解析中，这十二大热点仅有四件归属于食品安全事件，四件中有两件不会对消费者的健康造成影响，确切地说，只有镉大米和地沟油属于真正的食品安全事件。这十二大食品安全热点一方面与公众缺少相应的食品安全知识造成错误认知有关，另一方面更是不负责任的媒体搅动和渲染的结果。

第二节　食品安全道德现状的全景审视

就当前我国的情况而言，食品安全问题的出现，特别是重大恶性食品安全事件暴露出道德建设的不足。2011 年时任国务院总理温家宝就曾深刻指出这一点，近年来，相继发生"毒奶粉""瘦肉精""地沟油"和"彩色馒头"等事件，这些恶性的食品安全事件足以表明，诚信的缺失、道德的滑坡已经到了何等严重的地步。[①]恶性食品安全事件反映出的道德问题，也体现出我国食品安全的阶段性特点，即食品安全事件中人为制造的印迹明显。为解决"明知故犯"的食品安全问题，党

---

① 《温家宝同国务院参事和中央文史研究馆馆员座谈讲话》，人民网，2011 年 4 月 17 日，见 http://politics. people. com.cn/GB/1024/14408538.html。

和政府不断加强食品安全道德治理，取得了阶段性成效。但是，食品安全领域的道德失范现象并没有彻底肃清，如果不持续深入地开展道德治理，势必会出现回流的危险。

一、食品安全道德治理成效初显

食品安全是最基本的重大民生问题，解决好食品安全问题，是保证民生幸福的基石。食品安全道德治理是解决好食品安全问题，保障广大人民群众切身利益的迫切需要。长期以来，党和政府把食品安全道德治理作为一项重大的民生工程，突出道德引领，采取一系列重要举措，破解道德困局，着力解决制约我国食品安全水平提升的深层次问题，不断提升食品安全道德治理水平，食品安全道德状况得到了很大改观。

（一）食品安全道德诚信体系逐步建立

针对我国食品安全道德诚信不佳的状况，2012年10月12日，国务院食品安全委员会办公室会同中央精神文明建设指导委员会办公室、农业部、商务部、卫生部、国家工商行政管理总局、国家质量监督检验检疫总局、国家食品药品监督管理总局等8个部门联合印发了《关于进一步加强道德诚信建设推进食品安全工作的意见》，该文件成为加强我国食品安全道德诚信体系建设的纲领性文件。以该文件为指导，近年来，全国各地区、各部门不断加强食品安全道德诚信体系建设，通过食品行业先进单位和模范个人评选活动，道德讲堂宣讲活动，道德培训教育活动，初步建立起食品安全道德宣教长效机制；实行分级分类监管，开展食品安全示范创建工作、加大对失信食品生产经营者的惩戒力度，建立并不断完善食品安全红黑榜；初步建立起动态实时更新的食品安全信用信息电子系统和公共服务平台。在一系列的食品安全道德诚信建设举措共同作用之下，我国食品安全道德诚信建设的内在基础不断夯实，外部环境不断向好。一些地区正在逐步将食品安全道德诚信建设的好经验、好做法上升到制度层面，并逐渐向外部推广，有力促进了食品安全道德诚信建设在深度和广度上的延展铺开。

在食品安全道德诚信建设的过程中，食品安全道德宣教工作有序推进，为营造食品安全领域崇德向善的道德氛围起到了教化激励作用。全国食品安全宣传周是由国务院食品安全委员会办公室牵头举办的，旨在服务广大人民群众，普及食品安全知识、开展食品安全风险交流，加强食品安全道德教育的活动。该活动在每年6月第三周举行，为期一周，每年会设置不同的宣教主题，有的主题直接以道德诚信为切入点，如2012年全国食品安全宣传周的主题是"共建诚信家园，同铸食品安全"。在全国食品安全宣传周活动期间，各地区、各有关部门会围绕全国食品安全宣传周设定的年度主题，开展声势浩大、丰富多彩、特色各具、行之有效的宣传教育活动。自2011年起，活动已连续成功举办八届，累计覆盖人群约10亿人次。通过该活动的持续举办，食品生产经营者的道德诚信意识，消费者的食品安全意识和参与意识都得到了很大的提高。

我国食品安全道德治理在发挥道德功效，通过加强食品安全道德诚信体系建设，练好内功不断促进食品安全领域道德状况改善的过程中，食品安全道德治理的外部支持也在不断加强，通过法律法规建设、监管体制完善、技术标准提升、食品安全风险分析加强等手段和方式来促进食品安全道德的生长。

（二）食品安全法律法规体系逐渐形成

自《食品安全法》颁发以来，我国食品安全治理的法治化进程加快，随着形势的发展变化，除修订完善原有的法律法规外，还制定了新的法规条例，为治理食品安全有法可依提供了法律依据，为守护食品安全道德提供了法律保障。特别是针对我国食品生产加工的小微企业、小作坊和小摊贩多且不好管理的现实情况，在国家食品药品监督管理总局的立法指导下，多地因地制宜地出台了地方性法规和政府规章。截至 2016 年 12 月 26 日，据中国产业信息网发布，我国已有 16 个省份出台了相关法规规章。[①] 近年来，网络虚拟经济的快速崛起，让网络食品日益受到欢迎，走进更多人的生活，网络食品不是监管的法外之地，网络食品急需相应的法律法规予以精准规范。2016 年 7 月 13 日，国家食品药品监督管理总局发布了《网络食品安全违法行为查处办法》，对网络食品安全违法行为作出了清晰的界定，并且明晰了相应的法律责任及监管要求。我国是第一个专门针对网络食品违法行为制定管理办法的国家。从"史上最严"的新《食品安全法》等宏观层面的法律法规，到地方层面的与新《食品安全法》配套的实施细则和针对小微企业、小作坊和小摊贩出台的相关法规规章，再到《网络食品安全违法行为查处办法》，我国基本形成了上下联动和线下线上相结合的相对严密的法律法规体系，给不道德的食品生产经营者留下的生存空间越来越小。

（三）食品安全监管体制日益优化

2013 年以前，我国食品安全以分段监管为主，品种监管为辅，这一监管格局的形成最早可以追溯到 1995 年，这一年颁发的《食品卫生

---

① 《我国已有 16 个省份出台食品生产加工小作坊和食品摊贩等地方性法规和政府规章》，中国产业信息网，2016 年 12 月 26 日，见 http://www.chyxx.com/news/2016/1226/481263.html。

法》明确了以卫生部门为主的食品安全监管体制。在 1998 年和 2003 年的国务院机构改革后，逐渐形成了以卫生部负责综合协调，食品药品监督管理总局、国家工商行政管理总局、农业部和国家质量监督检验检疫总局等多部委分段监管、齐抓共管的工作格局。然而，多部委监管的理想化设计却在冷冰冰的现实面前，暴露出九龙治水的困局，时常出现有利益争着管、无利益都躲远的推诿扯皮情况。为了进一步加强监管，划清监管职责，2009 年的《食品安全法》规定设立食品安全委员会，加强对食品安全监管部门的协调与指导。2013 年 3 月，国务院新一轮机构改革组建了国家食品药品监督管理总局，对食品安全进行集中统一监管。在国家食品药品监督管理总局的统筹指导下，国家食品安全的日常监管和抽检的力度不断加大，以 2015 年为例，全年抽检 17.2 万批次，抽检合格率达到了 96.8%。[1]2018 年，为进一步发挥政府作用，转变政府职能，推动又好又快发展，建设人民满意的服务型政府，国务院进行新一轮机构改革。将原来负有食品安全监管任务的国家食品药品监督管理总局、国家工商行政管理总局和国家质量监督检验检疫总局的职责进行整合，组建国家市场监督管理总局，作为国务院直属机构。保留国务院食品安全委员会，具体工作由国家市场监督管理总局承担。

（四）食品安全检验检测技术不断升级

针对花样翻新的食品掺杂使假行为，要查明食品中的非食用物质，提升检验检测技术，提高检验检测水平，至关重要。目前，我国在检验肉制品和水产品的掺杂使假行为中，DNA 技术得到了较为广泛的应用。根据食品中非食用物质的性质差异，分光光度法、气相色谱法、

---

① 《国家食品安全战略：从 6 项成绩和 4 项不足说起！》，《中国医药报》2017 年 3 月 20 日。

气质联用法、液相色谱法、液质联用法、离子色谱法、毛细管电泳及
酶联免疫、拉曼光谱和生物传感器等新型快速分析方法在打击食品掺
杂使假中都得到了较为广泛的应用。① 目前,我国已经基本建立了相对
完备的食品中非食用物质的检验检测体系。现代食品安全检验检测技
术和方法对发现食品中的非食用物质,打击非法添加等违法败德行为,
守住食品安全道德底线提供了有力的技术支持和方法保证。

（五）食品安全标准体系逐项完善

在2009年《食品安全法》颁发以前,我国食品安全国家、行业标
准达到近5000项,其中国家标准2000余项,行业标准2900余项,这
些标准分别出自农业、卫生、商务、质检等部委,另外,还有地方标
准1200余项,政出多门的食品安全标准间往往是相互矛盾、相互交叉、
相互重复的,有时让食品生产经营者无所适从,不知该选择哪种标准
来执行,这给监管工作也带来了很大的难度。同时,个别重要标准缺
失、部分标准陈旧、部分标准科学性不足等都是我国食品安全标准存
在的问题。《食品安全法》颁发以来,特别是2012年《食品安全国家
标准"十二五"规划》和《食品标准清理整顿方案》出台以来,我国
全面启动对现行近5000项标准的清理、整合、出新工作,专门成立了
食品标准清理工作领导小组和专家技术组。截至2016年6月,国家卫
生计生委已发布683项食品安全国家标准,加上待发布的400余项整
合标准,初步构建起符合我国国情的食品安全国家标准体系,涵盖1.2
万余项指标。②

---

① 任筑山、陈君石主编:《中国的食品安全:过去、现在与未来》,中国科学技术出版社
2016年版,第185页。
② 《食品安全国家标准体系初步构建,标准出台前社会风险评估将加强》,《法制日报》2016
年6月21日。

（六）食品安全风险交流体系初步建立

风险评估、风险管理、风险交流是国际食品安全风险分析框架的三大组成部分。我国 2015 年新《食品安全法》中，把风险交流写入该法，成为该法的突出亮点之一。近年来，我国的食品安全风险交流体系已经初步建立，风险交流工作不断取得新进展。政府不断加强食品安全风险交流的顶层设计，风险交流的理论研究不断深入，风险交流的专业化程度不断提升，社会各方参与风险交流的意愿不断增强。信息透明是消灭食品安全谣言的粉碎机，也是增进食品安全信心的强心剂，在食品安全风险交流的过程中，食品安全信息正以广大人民群众易于接受的方式得到广泛的传播，对广大人民群众掌握食品安全知识和食品安全信息，缓解食品不安全造成的紧张情绪，增强食品安全信心起到了信息互通的作用。

总体而言，近年来，我国的食品安全道德治理已经显现出了良好的效果，一些食品生产经营者不仅能够严守道德底线，而且能以更高的道德标准要求自己，涌现出一批知名的食品安全道德先进人物、典型企业。食品安全道德治理营造出的明信知耻、尚德守法氛围，有利于促进我国食品产业的健康快速发展。据统计，"十二五"时期，全国规模以上食品工业企业主营业务收入年均递增 12.5%，食品工业已成为国民经济发展极具潜力的新的经济增长点和重要支柱产业。[1]然而，在食品安全领域，仍然有一些利欲熏心者铤而走险，成为食品行业的害群之马，同时，食品链条上的利益相关者中也存在着一些见利忘义的行径，这让整个食品领域蒙上了一层阴霾，食品安全领域的道德失范现象依然不容忽视。

---

[1] 《国家食品安全战略：从 6 项成绩和 4 项不足说起！》，《中国医药报》2017 年 3 月 20 日。

二、食品安全道德失范的表现

在推进社会主义市场经济不断发展的进程中，我国党和政府始终高度重视精神文明建设，邓小平同志早在 1986 年就提出，物质文明和精神文明要两手抓，两手都要硬。"我们现在搞两个文明建设，一是物质文明，二是精神文明。"[①] 我国的物质文明建设在改革开放后获得了跨越式发展，但是精神文明建设，特别是道德建设与物质文明建设相比，仍然是一块短板。党的十八大以来，党和政府大力培育和弘扬社会主义核心价值观，不断加强道德建设，整个社会的文明程度和公民个体的道德素质都得到了大幅提升。在食品安全领域，道德治理的强势推进，促使道德风貌呈现出新气象，尚德守法成为行业发展的主流。但在主流中却夹杂着不和谐的音符，食品安全道德失范现象并没有销声匿迹。

（一）食品生产经营者道德良知的没落

我国频繁爆料的食品安全事件不仅有小微企业、小作坊和小摊贩的不讲道德，生产经营假冒伪劣食品的行为，更有像"三鹿""双汇""光明"这样的品牌大企业见利忘义，李代桃僵，为攫取经济暴利不惜铤而走险，作出坑害消费者的身体健康和生命安全的令人发指的行为。长期以来，在广大人民群众的心目中，对品牌大企业的食品安全是较放心的，认为品牌大企业生产经营的食品有安全保障、可信赖。然而，值得信赖的品牌大企业却接二连三地暴露出食品安全丑闻，无疑对广大人民群众的内心造成了巨大的伤害，人们在食品安全面前，充满了挫败感。广大人民群众把食品安全问题的始作俑者归咎于食品生产经

---

① 《邓小平文选》第三卷，人民出版社 1993 年版，第 156 页。

营者的道德泯灭，对不良的食品生产经营者予以强烈的道德谴责。时任国务院总理温家宝2010年"两会"前夕面对广大网友，述说了三鹿奶粉事件败德行径的沉痛教训。他指出，受到三鹿奶粉影响的儿童有3000万，国家支出了20亿。三鹿奶粉事件败德行径的教训不单是留给一个企业、一个地区的，更是留给我们整个国家和民族的，如果再出现假冒伪劣食品，我们必须要从民族大义出发，严惩不贷，绝不姑息，毫不手软。①

食品生产经营者讲道德不仅是消费者和社会的要求，更是生产经营者自身获得长远发展的内在需要。如果食品生产经营者目光短浅，对消费者和社会背信弃义，那么其最终也必然会被消费者和社会所抛弃。食品是人类生存与发展的第一物质生活资料，安全是食品的第一要义。消费者向食品生产经营者购买食品，本身就蕴含着安全性的要求。如果食品不能保证安全，变成毒品，那就是对消费者的欺骗和不负责任。这种不讲道德诚信的后果，必定是生产经营者的自取灭亡。三鹿奶粉及其他一些被曝光的食品安全事件的肇始者已经尝到了这份苦果。被誉为"日本企业之父"的日本实业巨头涩泽荣一，是日本历史上最伟大的儒商，他一生崇拜孔子，融《论语》思想于商业活动中，他倡导"经济道德合一"，认为，如果获得财富根本要靠什么的话，那就是仁义道德，否则，创造的财富就不能持久。"经济道德合一"就是中国传统商业伦理所倡导的义利统一，这个"义"既是合法律之"义"，也是合道德之"义"。然而，在食品安全这一人命关天的领域，个别的食品生产经营者却迷失了方向，违背道德良知地去生产经营有毒有害

----

① 温家宝：《对假冒伪劣产品一定严惩不贷》，人民网，2010年2月27日，见 http://politics.people.com.cn/GB/11041112.html。

食品。

近代食品工业的发展，给食品行业既带来了机遇，也带来了风险。机遇是食品行业可以利用现代技术获得日新月异的发展，生产琳琅满目的食品造福于人类，以飨消费者；风险是不道德的食品生产经营者会利用技术巧做文章、粉饰太平，生产不安全食品欺骗消费者以攫取暴利。在很多情况下，如果没有专业手段的介入，消费者是无法识别不安全食品的，换言之，食品生产经营者比消费者掌握着更多的食品安全信息。不道德的食品生产经营者就是利用信息优势来欺骗消费者的，其道德失范具体表现为如下几个方面。

在食品中有意添加非法添加物以混淆是非。非法添加物是不能食用的，添加到食品中会对人体造成伤害，严重威胁消费者健康，但是消费者通过感观却较难识别在食品中是否存在非法添加物。判断食品中添加的物质是否是非法添加物，根据传统经验和法律、法规有以下几条标准：一是不属于传统上认为是食品原料的；二是不属于批准使用的新资源食品的；三是不属于卫生部公布的食药两用或作为普通食品管理物质的；四是未列入我国食品添加剂［《食品添加剂使用卫生标准》（GB2760-2007）及卫生部食品添加剂公告］、营养强化剂品种名单［《食品营养强化剂使用卫生标准》（GB14880-1994）及卫生部食品添加剂公告］的；五是其他我国法律法规允许使用物质之外的物质。依据上述标准，原卫生部先后向消费者公布了6批容易滥用的非法添加物名单。2014年9月，原卫计委对这6批名单进行了清理、整合，发布了食品中可能违法添加的非食用物质名单。在名单中，像公众所熟知的臭名昭著的三聚氰胺、苏丹红、瘦肉精、吊白块等都在其列。

在食品中滥用食品添加剂以蒙混过关。食品添加剂对于食品行业的健康发展起着举足轻重的作用，没有食品添加剂的发展，就没有现代食品工业的进步。如食品添加剂中的防腐剂就大大延长了食品的保质期，如果没有防腐剂，食品中的有害微生物就会迅速繁殖，导致食品腐烂变质无法食用。总体而言，食品添加剂有改善食品色香味和食品品质，防腐保鲜等作用。在我国，存在着较为普遍的把非法添加物误解为食品添加剂的情况，有90%左右的人认为食品安全问题是食品添加剂所造成的。① 三聚氰胺、苏丹红等很多物质并非食品添加剂，而是非法添加物。非法添加物一旦添加即构成违法，而食品添加剂在法律允许的范围和限度内使用是安全的。但是有些不良商家却是在食品中肆意超量、超范围和超限度地使用食品添加剂，以改变食品的品相，吸引消费者购买，进而对人体造成了危害。

经营过期食品或使用过期食品再加工的改头换面行为。食品是有保质期的，过了保质期的食品是不能再销售和食用的，这是常识。但是不良商家却将这些过了期的食品"变废为宝"，有的直接撕下保质期标签，换上新的标签人为地延长"保质期"，有的直接在出厂时就将生产日期和保质期的时间延后，更有甚者，把过期的食品回收加工后以新产品的身份重新流入市场。2011 年上海"染色馒头"事件的主角上海盛禄食品有限公司就存在着涂改保质期、把过期馒头运回车间重新着色为新馒头的卑劣行径，这些问题馒头堂而皇之地进入到当地华联等多家大超市，严重侵害了消费者的利益。

食品在运输和贮藏过程中造成的人为污染。城市化进程的加快使"从农田到餐桌"的距离被拉大；自给自足的小农经济时期，"从农田到

① 《非法添加物坏了食品添加剂的名声》，《中国青年报》2014 年 10 月 21 日。

餐桌"几乎是零距离;而现代社会,在食品流通环节,由于产销分离,食品从产地到销售地再到餐桌,往往要经过漫长的长途跋涉,食品安全风险不断增加,交叉污染、二次污染较为普遍。食品流通环节的安全和卫生状况令人担忧,目前,我国80%以上的生鲜食品采用常温保存流通。[①]有些商家为了保证食品的品相,采用一些违背道德的非常规手段,把化学品加入到食品中以延长保持期、保证品相。如,为了让鱼在运输的途中保持活蹦乱跳不至于死去而加入孔雀石绿,为了让蔬菜保持新鲜,一些毒品成了蔬菜的保鲜剂,用敌敌畏保鲜生姜,用甲醛保鲜白菜,用蓝矾保鲜韭菜,用工业柠檬酸保鲜金针菇,等等。

生产经营假冒伪劣食品的以假充真、以次充好等行为。为了降低生产成本,一些商家使用低劣食材进行生产加工食品,这些低劣食材有的品质低下,有的已经腐烂变质,有的经过反复使用已经不具备食用价值,但是不良商家却不顾及消费者的利益,把这些低劣食材改头换面后销往市场。如猪肉、鸭肉充当原材料加工的假牛肉,病死腐烂的畜禽肉加工的火腿,过滤掉食物残渣反复使用的"口水油"火锅锅底,等等。这些假冒伪劣食品往往出自"三无"的食品生产加工小作坊之手,他们一般都是在卫生条件极其糟糕,加工环境脏乱差的情形下进行生产的。

食品生产经营者的道德失范,轻则让消费者遭受经济损失,重则让消费者遭受健康或者生命伤害。梳理2001年至2013年央视披露的食品安全事件,因犯罪行为引发的食品安全事件占66.67%,因一般违法行为引发的食品安全事件占6.94%,非人为食品安全事件占26.39%(见

---

① 旭日干、庞国芳主编:《中国食品安全现状、问题及对策战略研究》,科学出版社2015年版,第64页。

图 3-1)。[1] 如果把犯罪行为和一般违法行为引发的食品安全事件统称为人为性食品安全道德失范事件，那么这类事件所占比例超过了七成。

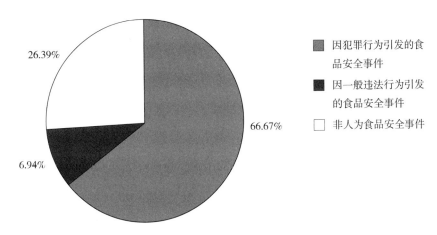

26.39%

66.67%

6.94%

■ 因犯罪行为引发的食品安全事件

■ 因一般违法行为引发的食品安全事件

□ 非人为食品安全事件

图 3-1　2001—2013 年央视披露的食品安全事件

（二）监管者职业道德的缺失

在食品链条上，食品生产经营者的道德失范固然突出，但是，监管者的道德状况不佳同样不容乐观。市场失灵理论认为，单纯依靠市场本身不可能提供让消费者完全放心的安全食品，政府的干预是保证食品安全的必要维度。政府不仅要防食品安全之患于未然，更要挽食品安全之危于狂澜，当某一行业由于不道德的食品生产经营者影响了整个行业的信誉度时，政府就要挺身而出，在打击不安全食品制造者的同时，更要恢复市场秩序，提振消费者信心。食品生产经营者道德失范的表现尽管五花八门，但他们有一个共同的特点，就是都绕过了食品安全监管这道防线。这道防线之所以会被食品生产经营者轻而易

---

[1]　旭日干、庞国芳主编：《中国食品安全现状、问题及对策战略研究》，科学出版社 2015 年版，第 55 页。

举地攻破，不仅在于防线本身存在漏洞，更在于把守防线的护卫者玩忽职守、把关不严。2011 年，双汇"瘦肉精"事件中，央视通过暗访短片揭示了形同虚设的十八道监管程序。每一个环节都可以被买通，监而不管，是病症所在，执行不力，执法工作人员做事拖拉、不负责任甚至腐败才是根本的原因。[①] 监管者的上述表现都可以归结为监管人员的职业道德责任意识不强，其具体表现在以下几个方面。

监管者对自身的职业定位认识不清。我国食品安全监管在人员配置方面是薄弱环节，特别是在基层，监管人员数量不足，专业化程度不高，职业道德意识不强。监管人员对于自己的职权边界很模糊，这一方面是由于原有监管体制存在漏洞，留下了监管的空白地带；另一方面更是一些监管人员有意为之，以权谋私。他们对于自己该管什么，该怎样管毫不关心，他们真正关心的是在监管过程中自己能不能捞到好处，有没有利益，以至于在监管中出现大量的以罚代管现象，罚是目的，管是手段。在监管中，监管人员甚至会领到罚款任务，监管就成为了获得罚款的摇钱树，他们把完成罚款任务作为指挥棒，而不是把保证食品安全，保证广大人民群众的利益放在首位。

监管者与生产经营者沆瀣一气，为虎作伥。一些地方政府在错误政绩观的影响下，把地方经济增长作为最大的甚至是唯一的政绩，意图用经济增长来搭起自己上升的官梯。只要能给地方政府带来经济效益，创造更多的税收，给自己晋升的通道添砖加瓦，不管是不是不良企业，会不会侵害当地群众的利益，地方政府都表示欢迎，而且会主动为这类企业撑起保护伞，实行地方保护主义。在涉及食品安全如此

---

① 张乐琴：《我国食品安全监管体系存在的问题及对策》，《中国党政干部论坛》2006 年第 11 期。

重大的民生领域，地方政府依然无动于衷，在他们眼里，政绩、个人利益远比群众利益和国家利益更重要。面对地方生产的低品质或者是不合格食品，他们不闻不问，而是以促进地方就业率增长、带动地方经济发展为由，为食品生产经营者的不良行为找借口，提供便利条件。面对党和国家对不良食品生产经营者高压严打的态势，地方政府甚至是充耳不闻，缺少常态化的严格监管，经常是为了应付上级要求，进行一阵风式的检查，待风声过去之后，又是一切照旧。2008年的三鹿公司在曝出丑闻之前，就得到了地方政府的庇护，三鹿公司是地方政府的纳税大户、地方政府的宠儿，地方政府绝不希望三鹿公司出事，因此，在三鹿公司丑闻披露之初，地方政府是极力掩饰的，图谋帮三鹿公司渡过难关。但纸终究是包不住火的，事情败露后，地方政府又是犹抱琵琶半遮面，轻描淡写，这让老百姓对当地监管者的信任度急剧下降。

　　监管者放任食品生产经营者的不良行为。监管者的职责就是要维护广大人民群众的食品安全利益，对监管对象秉公执法，不徇私情。而一些监管者为了让自己获利，在监管的过程中干起了一些勾当。监管者对食品生产经营者的违法败德行为起初不予理睬，不及时制止，而是让违法败德行为继续蔓延，待事态扩大后再进行罚款，这样可以获得更多的罚款，如果将违法败德行为及时制止，监管者自己将毫无所获，或者是获利很低。同时，监管者在执法的过程中也并非要把不良的食品生产经营者斩尽杀绝，而是在他们交了罚款后，让他们继续存活下去，好再给监管者交保护费，这样监管者才不会被断了财路，被处罚对象则像韭菜一样，割了一茬又长一茬。缺乏职业道德的监管者与不良的食品生产经营者之间如此一来就形成了利益共同体，他们一起寄居在广大人民群众的身上，吸食着人民的利益，严重损害了监管者的公信力，也让食品安全失去了一道保护屏障。

监管者在食品安全面前成为事不关己的旁观者。食品安全监管是一个复杂的系统，尽管国家对食品安全监管机构不断进行优化调整，把各个环节的食品安全责任都划分给不同的监管部门，但是监管的空白地带始终存在。而一旦在这些空白地带出了问题，各个监管部门都声称和自己没有关系，不归自己负责。以"毒豆芽"为例，曾经有很长一段时期，没有监管部门来认领，工商部门、质监部门、农业部门都可以提出豆芽不归自己监管的理由。其实不只是豆芽，像菜市场上现场制售的糕点面包、烤禽卤味等都存在着监管主体不明确的问题，主体不明要么是重复监管、要么是监管盲区，无论哪种情形，都是不利于食品安全保障的。

监管者的道德失范在某种程度上比食品生产经营者的道德失范造成的影响更为恶劣。英国哲学家培根说过："一次不公正的审判，其恶果甚至超过十次犯罪。因为犯罪虽是无视法律——好比污染了水流，而不公正的审判则毁坏法律——好比污染了水源。"在食品链条上，监管者的道德出了问题，比食品生产经营者的道德出现问题的破坏性更大，监管者道德的失范不仅会助推食品生产经营者的道德失范，而且会将人民赋予的公权力沦为少数部门、少数人攫取私利的工具，使人们不仅会丧失对食品安全的信心，更会丧失对政府的信任。

（三）媒体道德功能的式微

食品安全事件多发让广大人民群众对我国的食品安全状况产生了忧虑，食品生产经营者的道德失范，监管者的职业道德缺乏，置广大人民群众于道德恐慌之中。在食品安全事件报道中，媒体是在客观报道的基础上传播正面信息和正能量，帮助恢复群众的食品安全信心，还是放大负面信息、扩散负能量，加剧群众的道德恐慌，媒体的取舍和选择及其自身的专业化程度就显得非常重要。媒体作为传播社会信息的载体，具有社会共享性和公共服务性，媒体的目的不只是赚钱，还要担当起社会公器的角色。在食品安全方面，广大人民群众的高度关心，使其成为媒体关注的重点，媒体对食品安全信息的传播，除具有与其他信息传播共同性的要求外，还应具备一些特殊性的要求，更要求媒体人体现出职业精神和专业态度。然而，在食品安全问题上，一些媒体人为了"吸睛率"，却没有表现出应有的道德素养，媒体的道德功能不仅没有凸显出来，相反，却有式微的迹象，具体表现在以下几个方面。

媒体在食品安全事件报道中表现为失实报道。真实性是新闻报道的生命。在食品安全事件报道中，媒体要把真实呈现事件原貌作为第一位的考虑，这是对媒体的起码要求。如果背离了真实性，就是对大众的不负责任。食品安全失实报道就是对食品安全的报道与客观事实不一致，在现实中，媒体对食品安全的失实报道在意图上既有无心为之，也有有意为之的情况。无心为之主要是由于媒体人在报道食品安全事件时由于事件本身的复杂性及掌握的资料不足，缺少对事件进行深入的分析等原因造成的，不存在媒体人的主观故意。有意为之则是媒体人为了获取利益的主观蓄意行为。无论是无心为之，还是有意为之，都是不应该的，两者都违背媒体的专业精神，特别是媒体的有意为之行为，是一种严重的不道德行为，更是要给予强烈的谴责。食品安全失实报道主要表现为夸大事实或隐瞒事实。在媒体中，我们经常可以看到"某某食品致癌""某某食品有毒"的报道，而这类报道很多经不起推敲，有相当一部分属于失实报道，特别是在地方性媒体报道中，这样的字眼不是少数。2012 年 6 月，福建古田查出 35 吨问题金针菇，新华网、凤凰网、网易等网站，《南方都市报》和《成都商报》等媒体先后对该事件给予了报道或转载，很多媒体冠名以"致癌金针菇""老板称自家产的金针菇不敢吃"等题目，这些金针菇使用工业柠檬酸泡制，长期食用会对人体造成伤害。但直接贴上"致癌"的标签，未免有些草率，有专家直接表示，这种说法不够严谨，有夸大之嫌。[①] 受污染的金针菇存在致癌的风险，但是是否食用了就一定会致癌，还与食用时间的长短及食用量的多少有关系。在类似的报道中为了博得眼球，媒体直接称"致癌""有毒"，这种夸大无疑会加剧公众的恐慌情绪。媒体对事件的报道中辅之以专家的解读，一方面呈现出事件的原委，另一方面消除公众的紧张，双管齐下才是正确的选择。

媒体在食品安全报道中表现为食品专业知识的缺乏，影响公众对食品安全状况的感知。食品安全报道是一份专业性很强的工作，需要报道者在事前做好功课，掌握足够的相关知识和相关信息，这样才不会在报道中出现偏差，对公众造成误导。一些媒体人在食品安全报道中，由于食品知识的缺乏或者对食品知识的理解不当，会出现报道偏差的情况。这种偏差，往往会造成失之毫厘、差之千里的情况。2005 年的啤酒甲醛门事件，把中国的啤酒行业推上了舆论的风口浪尖。2005 年 7 月 5 日，《环球时报·生命周刊》刊登了一篇《啤酒业早该禁用甲醛》的报道，报道援引了北京一家啤酒研究所工作人员的来信，信中说"啤酒加甲醛

---

① 《专家称"致癌金针菇"说法不准确》，证券时报网，2012 年 6 月 7 日，见 http://kuaixun. stcn.com/content/2012-06/07/content_5860037.htm。

在业内变成了一个大家心照不宣的行规……"①报道中还指出，中国95%
的国产啤酒都加了甲醛。这篇报道先后被《成都商报》《中国经济时报》、
新浪网等多家媒体转发。同年7月11日、12日韩国和日本食品进口管
理相关部门纷纷表态，要对从中国进口的啤酒加强检测。该事件持续发
酵，在短短十几天的时间里，不仅把国内啤酒市场搅得天翻地覆，也让
邻近的韩国和日本心生余悸，严重影响了我国啤酒在国际上的口碑和
形象。啤酒里面到底有没有甲醛？含有甲醛的啤酒会不会对人体造成
伤害？为了给公众一个权威的解释，打消消费者的疑虑，监管机构和
主流媒体共同发声。同年7月11日，《法制晚报》发表了《"95%啤酒
含甲醛"被指无稽之谈》的报道，指出，我国啤酒中添加甲醛符合正
常工艺中的限量标准。同年7月15日，国家质检总局表态，国产啤酒
可以放心饮用。同时进行了详细的解释，指出，国家质检总局近日对
啤酒甲醛含量进行了专项国家监督抽查，共抽查啤酒产品221种，其
中，涉及来自北京、上海、天津等19个省、自治区、直辖市的国内136
家企业生产的157种啤酒，燕京、雪花等23种知名品牌啤酒甲醛含量
在每升0.56毫克以下，其他134种国产啤酒甲醛含量都保持在每升0.9
毫克以下，来自美、德等10个国家的64种啤酒产品的甲醛含量在每升
0.1毫克至0.61毫克之间。根据我国《发酵酒卫生标准》中的规定"甲
醛含量要求每升小于2毫克"和世界卫生组织发布的饮用水质量安全指
南中的规定"甲醛含量每升不大于0.9毫克"得出结论，啤酒中的甲醛
含量是安全的。至此，啤酒甲醛门事件风波尘埃落定，这是媒体的一
次自摆乌龙事件。同年7月15日，国家质检总局产品质量监督司司长

①　《急躁开战"大打空拳"　媒体迷失"甲醛门"》，《第一财经日报》2005年7月18日。

在新闻发布会上对某些媒体在"甲醛啤酒事件"的报道中的不负责任、报道失实行为给予了指责，并呼吁媒体认真谨慎报道食品质量安全卫生问题，杜绝恶意炒作，更好地维护我国食品在国际上的形象。[①]

媒体在食品安全报道中利用舆论优势，抢占先机，进行"污名化"或"标签化"报道，有意放大负面信息。在食品安全报道时，媒体应保持客观、理性，不能预先对食品安全进行审判预设，进行负面炒作，这样的炒作带有很强的煽动性，虽然吸引了公众的注意，产生了轰动效应，但是会挫伤公众的食品安全信心，严重者会影响社会的稳定。特别是在当前我国公众食品安全信心不足的背景下，媒体夸张的负面报道，会进一步加重公众的焦虑情绪。在我国媒体对食品安全事件的报道中，充斥着大量的让人作呕的标题，这些报道一方面源于不良的食品安全现实，另一方面也包含着媒体的恶意炒作在里面。如"僵尸肉""变异鸡"等，通过形象化的描述让人产生顾虑，感到恐惧。如此报道的目的无非是想迅速抓住公众的眼球，快速传播，换取点击量、发行量、收视率和收听率，如此做的结果是必然会让公众对该类食品形成先入为主的印象，造成心理阴影，不管真假，先退避三舍、敬而远之。如此一来，对同类的安全食品必然会受到波及。媒体的目的是达到了，但是对同类安全食品、对公众却是极大的不公平。媒体塑造的负面信息一旦传播开来，造成的影响是十分巨大的，这种不良影响会根深蒂固地植入到消费者的观念中，很难消除，再为同类的安全食品正名，恢复消费者的信心往往需要付出更多的努力，而且收效也不见得能够有多好。

---

① 《"95%啤酒甲醛超标"报道完全失实》，新华网，2005年7月18日，见 http://news.xinhuanet.com/newmedia/2005-07/18/content_3232042.htm。

食品安全报道中信息模糊，让公众对信息的真实性存疑。食品安全报道信息来源一定要准确、真实，不能模棱两可。一些媒体在食品安全报道中会使用"据知情人透露""据可靠信息""根据相关人员讲述"等含混不清的表述，这样表述的信息不知道真实的信息源在哪里，也没有人会对信息的真实性负责，让公众缺乏信任感，对报道的权威性和可靠性都会产生疑问。有的媒体为了追求独家发现，甚至无中生有，炮制虚假新闻，这严重损害了媒体的形象，破坏了媒体的公信力。2007年7月，北京电视台生活频道报道的"纸馅包子"事件，得到了多家媒体的转载，引起了社会的广泛关注，"纸馅包子"报道者声称卖家用火碱浸泡纸壳，搅拌到肉馅中做成包子卖给顾客。后经北京市食品安全主管部门调查核实，"纸馅包子"纯属虚构，实属谣言。最终，"纸馅包子"的发现者訾北佳被绳之以法，判处有期徒刑1年，罚金1000元。

媒体被食品生产经营者利益绑架。媒体是食品安全的监督者，对于生产经营者的不良行为，媒体要勇于揭露；对于明知虚假的食品广告，媒体要直言拒绝；对于粗制滥造的食品类节目，媒体要严格把关。媒体要担当起净化食品安全环境的重任，而不是在食品安全问题上煽风点火，加剧群众的不安全感，或者是在食品安全事件面前不闻不问，表现为冷漠无为。现实中，一些媒体为了利益，在食品生产经营者的攻关下，竟然会出现失语的情况。2008年的"三聚氰胺"事件，在当年的2月25日，温州消费者就在网络上发帖控诉三鹿奶粉有问题，但三鹿公司却收买了媒体，以至于在相当长的一段时期内，媒体上不见任何关于三鹿公司的负面报道，直到事态发展到相当严峻的地步，食用三鹿奶粉出现问题的患儿越来越多，该事件才在同年9月15日后逐渐浮出水面。如果在事件之初，能够有媒体披露出奶粉有问题，在这半年多的时间里，就会有许多婴儿免遭侵害。一些媒体为了赚取广告费，对于食品类广告或打着养生名义实为卖保健食品的节目，不进行严格的审查，为这些不良商家提供叫卖的平台，诱导消费者错误消费、上当受骗，这些都是媒体道德功能式微的表现。

媒体在食品安全知识普及方面做得还远远不够，食品安全知识普及有利于消费者增长食品安全知识，对于防范不安全食品的侵害有预防作用。分析近年来媒体对食品问题的报道情况，不难发现，媒体在食品安全知识普及方面没有发挥应有的作用。以 2012 年《人民日报》《中国食品报》和《南方都市报》关于食品安全信息的报道统计为依据，三家媒体对食品安全事件的报道数量，远远高于食品安全知识的报道数量。《人民日报》《中国食品报》和《南方都市报》三家媒体食品安全事件的报道数量分别为 65 件、564 件和 201 件，而食品安全知识的报道数量分别分 7 件、18 件和 10 件（见图 3-2）。对于消费者来说，既需要知道什么食品有害，更需要知道为什么有害及如何鉴别有害的食品，这些都需要消费者具备一定的食品安全知识，需要媒体做好食品安全知识普及工作。

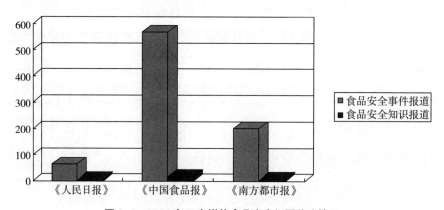

图 3-2　2012 年三家媒体食品安全问题关注情况

（四）消费者缺少道德理性的消费

消费者是食品链条的终端，消费者是食品安全的体验者和监督者，消费者的食品消费行为选择对食品安全状况会产生一定的影响，食品生产经营者只有满足消费者的选择偏好才能实现自我利益的增长。在供求关系上，供给和需求互为因果，相互影响。在食品消费中，消费者是表现出积极健康、文明合理的道德消费，还是表现出奢靡荒唐或低劣粗俗的不道德消费，既体现出消费者的道德素质，也会影响商家的生产经营行为。消费者不道德、不理性的消费，造成了对假冒伪劣食品的大量需求，给假冒伪劣食品的存在提供了市场基础，市场的无序，进一步催生了假冒伪劣食品的大量生产销售。由此可见，消费者的消费观念影响其消费行为，并通过对生产经营者发挥作用而产生社会效应（见图 3–3）。

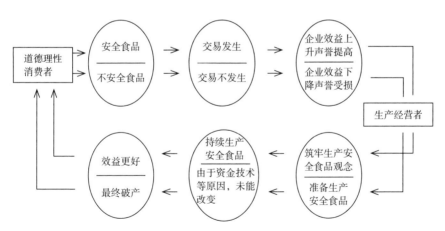

图 3–3　道德理性消费者的食品消费行为选择

在信息完全对称的情况下，道德理性的消费者会选择购买安全食品，而食品生产经营者也必然把生产经营安全食品作为自己的首选，这样就会形成一个良性循环。在信息完全对称和消费者道德理性的前提下，会对食品生产经营者不道德的生产经营行为起到矫正作用，在这种情况下，食品生产经营者生产经营不安全食品的结局只能是死路一条。但是，在信息不完全对称和消费者缺乏道德理性的情况下，食品生产经营者生产销售假冒伪劣食品就有了存在的空间，一是信息不完全对称让生产经营者生产出的假冒伪劣食品可以掩人耳目，二是消费者缺乏道德理性的选择偏好，让食品生产经营者投其所好，助长了食品领域的歪风邪气。消费者缺乏道德理性助推的食品不安全主要表现在以下几个方面：

消费主义催生的奢侈食品需求引发了大量虚假高档食品的存在。消费主义诞生于 19 世纪末 20 世纪初的美国，其一经产生就加速扩散，迅速席卷全球。消费主义把人无限消费的欲望点燃。消费主义是当前普遍流行的一种社会道德现象，它指导和调节着消费者的消费行为。每一个人的生活或生命都是有限的，而人的欲望则总是指向无限。[①] 在改革开放后的中国，随着人们生活水平的提高，消费主义就像被打开的潘多拉盒子，奉行消费主义的人群前赴后继，湮灭在滚滚物欲的红尘中。消费主义有三大特征，首先是以物质需要的占有来满足精神世界的空虚。消费主义表面看是追求物质的享乐，但其深层次却是为了通过占有物质来满足精神上的优越，有时干脆就是为了填补占有欲。正常情况下，人的饮食物质需要很好满足，但在精神上却是欲壑难填，消费主义者在饮食方面就是超出人的正常生理需要去消费食品，比如，在中秋节吃月饼本是寄语情思，但是，却造出天价月饼。其次是丧失消费品的本真价值而片面看重其符号意义。消费主义者看重奢侈消费

---

① 万俊人：《道德之维：现代经济伦理导论》，广东人民出版社 2011 年版，第 215 页。

品的"外在"价值，把占有奢侈消费品作为一种地位和身份的象征，换言之，就是占有奢侈消费品者觉得自己有面子，会得到社会的认同和赞许。比如，食用一桌动辄上万元的菜肴，价格不菲的红酒、白酒，过于看重的都是其符号意义。最后是消费主义不仅在富人中有市场，而且在中低收入阶层也被竞相效仿。奢侈消费品的符号意义，对人的精神世界的填充，促使中低收入阶层也充满了渴望。中低收入阶层希冀通过对奢侈消费品的消费来提升自身的社会地位，追逐奢侈消费品成为一种跟风和时髦。于是乎，奢侈消费品成了消费社会的宠儿，在市场上大行其道，很多人为了高昂的奢侈消费品一掷千金，这严重背离了理性道德消费的主题。

消费主义投射到食品消费领域，一方面，表现为消费者的不道德，暴殄天物，加剧社会的贫富差距和不公平，甚至是引发社会矛盾和冲突，同时也造成对自然资源的巧取豪夺和过度浪费；另一方面，消费者的奢侈消费会诱导食品生产经营者的不道德行为。食品生产经营者生产销售天价食品、造假高端食品，消费主义者也脱不了干系。在食品支出方面，消费主义者愿意出大价钱，制造出巨大需求，就自然会有食品生产经营者"投其所好"。近年来，网上出现了较多的奢侈食品，如燕窝、松茸、鱼翅、海参在网上销售得很是火爆，购买者络绎不绝，后经调查核实，这些食品多是假冒食品。造假销售高端食品的原因是多方面的，从供求关系来分析，却有消费者与食品生产经营者"你情我愿"的味道，一方为了满足消费的虚荣，一方则赚取收益。双方貌似皆大欢喜，却留下了食品安全隐患，因为食品不同于其他消费品，食品与人的身体健康和生命安全直接挂钩，消费其他假冒商品，受损的可能只是金钱，但是消费假冒食品受伤的可是身体，严重者可能付出生命的代价。

　　消费者维权意识不强在一定程度上助长了不道德食品生产经营者的嚣张气焰。在 2014 年食品安全周活动期间，中国消费者报与大型门户网站共同开展了"食品安全热点问题问卷调查"活动。本次问卷调查持续时间近一个月，有数千名网友参与调查。调查显示，超八成消费者非常关注食品安全，在食品消费过程中不少消费者都遭遇过伪劣食品、夸大宣传、缺斤短两等侵权现象，但遇侵权时运用《食品安全法》有关规定进行维权的比例不到一半。[①] 消费者维权意识不强有主客观方面的原因，从主观方面来看，我国消费者存在"以和为贵""破财免灾"的思想。中国人向来有"以和为贵"的思想传统，这一点即使是自己的权利受到了侵害，只要能在容忍的范围之内，多数国人也还是会选择息事宁人。在遭遇食品安全问题侵害时，如果没有造成生命危险和大的身体伤害，多数人都会选择沉默。从客观方面来看，我国消费者在维权过程中存在举证困难和维权成本过高的问题。食品与其他商品相比有一定的特殊性，认为食品过期变质或存在异物都是在食品打开包装后才知情的。过期变质或存在异物是在打开包装前就已经存在还是打开包装后发生的，有些时候很难认定，不好取证。同时，消费者在市场上购买的食品很多时候没有票据，即便在超市里购买的食品，很多消费者也没有保存购物票据的习惯，这也给举证工作造成了麻烦。另外，维权工作需要付出一定的时间和经济成本，与维权成功所获得的补偿相比，往往是得不偿失。维权成功还会有所安慰，如若维权失败，那就是赔了夫人又折兵，这是造成很多人在遭遇食品安

---

① 《近半消费者不了解〈食品安全法〉 消费教育任重道远》，《中国消费者报》2014 年 6 月 19 日。

全侵害时选择沉默的至关重要原因。

消费者维权意识不强不仅表现为自己遭遇侵害时的不发声，更表现为在他人遭遇不安全食品侵害时的冷漠。在不道德的食品生产经营者面前，消费者是利益共同体，如果共同体的成员遭遇侵害，其他成员不闻不问，都抱着"事不关己，高高挂起"的态度，这无疑是在纵容不道德食品生产经营者的行为，这些不道德者势必会有恃无恐，变本加厉。如此，正义的力量得不到伸张，邪恶的力量肆意滋长，只会造成食品安全道德状况越来越糟糕。

部分消费者对廉价食品的"青睐"让低劣食品有了存在的空间。与消费主义者追逐奢侈食品形成鲜明对比的是，在我国，还有很多消费者把价格作为选择食品时的首要考虑因素。2016 年 3 月，中国消费者报社、中国消费网与国内 40 省市消费者协会发布的《全国食品安全调查报告》显示，有 76.77% 的消费者表示，在购买食品时受价格因素影响最大。① 特别是在农村市场，由于经济收入水平的限制，农村消费人群更是把价格因素看得格外重要，价格在多数情况下是决定他们是否购买的关键因素。与此同时，由于他们食品安全知识和食品安全意识的匮乏，给了不良食品生产经营者以可乘之机。不良商家产销的大量质量差、价格低的食品，涌向了农村和城乡接合部的广大食品市场，这里成了表面看似光鲜亮丽、实则毫无营养甚至是有毒有害的低价山寨劣质食品的集散地。

部分消费者对食品感观的过分强调促使不良食品生产经营者实施不道德行为以迎合消费者偏好。与农村消费者不同，我国城市消费者

---

① 《买到问题食品你会怎么做？》，《中国食品报》2016 年 3 月 27 日。

不仅关注价格，而且非常重视食品的"品质"，希望购到物美价廉的食品。而消费者对"物美"的鉴别能力却很有限，他们的鉴别往往是凭借感观进行的，如，认为鱼只有活蹦乱跳的才是好的，蔬菜只有颜色漂亮的才是新鲜的，水果只有长得规则个儿大的才是优质的。实际上，这些食用农产品在长途运输和超市存储的过程中，乃至于其在种植养殖的过程中，要想达到消费者对其理想感观的要求都存在着很大的难度。于是，不良商家为了迎合消费者偏好，就会采取一些非常规的不道德手段，如在水里添加孔雀石绿以保持鱼的鲜活，在蔬菜上过量喷洒农药以保持其新鲜，使用催红剂或膨大剂涂抹水果蔬菜以促使其成熟，在面粉、腐竹、米粉、豆腐中添加吊白块以保证其成色，凡此种种，不一而足，给消费者的消费留下了很大的安全隐患。

（五）学术界道德责任需要进一步彰显

食品安全离不开学术界的支撑。德国思想家费希特在《论学者的使命》中说，学者"应当成为他的时代道德最好的人，他应当代表他的时代可能达到的道德发展的最高水平"。[①] 在食品安全问题上，学术界的责任主要表现为食品科技研发应用、促使食品安全保护链条科学完整等方面。食品专业人士和与食品安全相关的专家学者承担着不同的责任，前者主要是食品科技工作者，其责任主要表现在研发安全、健康、营养的食品和在群众遭遇食品安全困惑，特别是遭遇食品安全威胁时能够答疑释惑，以消解群众的疑虑和恐慌情绪；后者主要包括法学、管理学、经济学、社会学、伦理学等领域的专家学者，他们的责任主要在于为完善食品安全保护链条、促使食品利益相关者尚德守法

---

① ［德］费希特:《论学者的使命》，梁志学、沈真译，商务印书馆 2009 年版，第 41 页。

提供对策建议。而无论是前者还是后者，在当前其道德表现都有很多不尽如人意的地方。

部分食品专家在研发新食品时把经济利益作为优先考虑，而对于消费者的权益考虑不够。食品专家研发食品的目的是生产出安全、营养、健康的食品，在研发活动中需要遵守相关道德规范，以服务广大消费者为价值指向，需要具备强烈的社会责任感。马克思在《神圣家族》中指出："'思想'一旦离开'利益'，就一定会使自己出丑。"[①]在食品研发活动中，专家为了获取自己的利益是正常的，也是正当的，无可厚非，但是，这个利益一定要是正确理解的个人利益，是在为消费者利益服务基础上自然而然获取的情理之中的利益，是消费者利益与个人利益的统一。在现实生活中，一部分食品专家把个人利益凌驾于消费者利益之上，食品研发不是为了服务消费者，全然成了自己追逐名利的工具。没有良知的食品专家对利益的狂热是可怕的，他终将损害消费者的权益。如，在食品中添加三聚氰胺，在饲料中添加盐酸克仑特罗，都是部分食品专家的杰作，这给消费者的健康带来了极大的风险。特别是在现代保健食品中，由于当代人保健意识的增强，保健食品迎来了黄金发展时期，但是保健食品却存在很多问题，一些保健食品专家精心研制出的食品往往是虚假宣传，缺乏保健功效，甚至是对人体有害的。

部分食品专家和相关机构违背伦理原则进行的人体试食试验行为侵害了受试者的权益。众所周知，在新食品进入市场之前需要进行充分的试食试验，在确保对人体健康无害的情况下，方能投放到市场当

---

① 《马克思恩格斯文集》第1卷，人民出版社2009年版，第286页。

中。而在人体试食试验环节，需要遵从一定的伦理原则。在我国《保健食品检验与评价技术规范》中，对人体试食试验有明确的规定，人体试食试验不仅需要经过伦理委员会批准，更要在受试对象知情同意的基础上，自觉自愿接受试验。其实，不只是对保健食品，对其他食品同样需要遵守相关的法律和道德要求。在涉及人体试食试验中，至少需要遵守生命伦理的四条原则，即有利原则、不伤害原则、尊重原则和公正原则，同时需要遵守知情同意原则。然而，在现实的人体试食试验中，一些试验者刻意绕过伦理委员会的审批，并有意违背上述伦理原则开展试食试验工作。以2012年湖南省衡阳市衡南县小学生"转基因黄金大米"试食试验事件为例，这是一起典型的有违伦理原则进行的试食试验行为，对受试者可能会留下不可预知的风险性。

部分食品专家在食品风险交流中表现的敬业度和专业度不够。随着现代食品科技的飞速进步，食品风险的危害性、不确定性和广泛性逐步加大，食品风险分析显得格外重要。食品风险分析是制定食品安全政策的基础。食品风险分析包括风险交流、风险管理和风险评估三个组成部分，在风险分析中，食品专家的作用非常重要。在我国，在相当长的一段历史时期内，广大人民群众都在关注食品数量安全问题，对食品质量安全问题关注很少，食品风险分析没有得到应有的重视。近年来，频繁爆发的食品安全事件引起了党和政府及广大人民群众的高度重视，食品风险分析逐渐进入管理者的视野，得到了我国食品安全法律的正式确认。在食品风险分析中，特别是在风险交流中，专家学者的权威解读有利于公众消解食品安全疑虑。但是，专家学者模棱两可的表态或者默不作声，都会对公众产生不良影响，在这方面，我国食品专家学者显然还有很长一段路要走，在敬业度和专业度上都有很大的提升空间。一些伪专家混入到专家队伍中，成为害群之马，他们不负责任的表态和发声，进一步加剧了公众的恐慌情绪，影响了公众对专家的信任度。

学术研究领域的浮躁之风在食品安全相关的专家学者中弥漫扩散。学术研究是一项十分严谨的事业，来不得半点虚假和马虎，在食品安全如此人命关天的领域，学术研究更要体现出严谨性。不管是食品新产品本身的研发，还是保障食品安全保护链条的科学完整，都要做到科学严谨，学术自律。当前，我国学术生态圈出现了"利益的驱动、权力的介入、传媒的关注，使科学共同体内部的科学家在从事探索、交流和评价的过程中，出现了大量道德与利益的冲突，科学研究中的伦理层见叠出"。[1]在滚滚红尘中，一些食品安全相关的专家学者耐不住寂寞，不甘于清贫，抛弃道德、不要尊严、丢弃学术良心，与不良商家为虎作伥，违背学术求真的本性，把学术研究作为自己攫取财富的手段。当食品安全相关的专家学者缺少对生命尊严的敬畏，不是把公众和消费者的利益放在首位，而是把追求自我利益放在第一位，把个人私利置于科学研究和消费者利益之上时，这种价值观的错位势必会对整个食品行业造成莫大的不良影响，影响到整个食品行业的健康发展。

三、食品安全道德失范的成因

马克思主义认为："每一个历史时代主要的经济生产方式与交换方式，以及必然由此产生的社会结构，是该时代政治的和精神的历史所赖以确立的基础，并且只有从这一基础出发，这一历史才能得以说

---

[1]　卢风、肖巍：《应用伦理学导论》，当代中国出版社 2002 年版，第 221 页。

明。"[1] 道德作为社会意识形态的重要组成部分，在受社会存在影响的同时，也和其他社会意识形式相互激荡、相互影响。当代中国食品安全领域的道德失范，在中国社会转型的过程中，作为食品利益相关者的主观表现，存在着深刻的社会原因和思想动因。

（一）食品生产加工基础薄弱

中国改革开放以来的高速发展，创造了举世瞩目的成就，使我国实现了从落后的农业国到社会主义工业强国的转变。但是，在我国工业化的进程中，区域之间的发展水平很不平衡，就具体的领域而言，工业化的水平也是参差不齐。我国食品工业在改革开放后迅速成长，成为支持国民经济发展的重要力量，但是食品工业基础依旧较为薄弱。2007 年我国食品加工企业总数为 44.8 万家，2014 年下降至 18.3 万家。我国规模以上食品工业企业数从 2003 年的 19022 家增长到 2010 年的41135 家，这段时期规模以上食品工业企业数持续增长。2011 年经过并购和重组及统计标准的提高，规模以上食品工业企业数有所下降，2013 年规模以上食品工业企业数为 36140 家，大中型食品工业企业数为 5269 家。[2] 当前，我国规模以上食品工业企业数在食品加工企业总数中占比约 20%，大中型食品工业企业数占比约 3%，小微企业和小作坊占比约 80%。[3]

数量庞杂的食品小微企业、小作坊和小摊贩分布在不同的区域，据统计，我国食品工业和餐饮行业 1600 万从业人员中，85% 以上是受

---

① 《马克思恩格斯文集》第 2 卷，人民出版社 2009 年版，第 14 页。

② 规模以上工业企业在 2011 年之前是指年主营业务收入在 500 万元及以上的法人工业企业；国家统计调查从 2011 年 1 月起，把年主营业务收入提高到 2000 万元及以上。

③ 旭日干、庞国芳主编：《中国食品安全现状、问题及对策战略研究》，科学出版社 2015 年版，第 61 页。

教育水平相对较低的进城务工人员。[①] 他们的共同特点是，生产设备简陋陈旧，生产环境和卫生条件脏乱差，从业人员食品安全知识缺乏、道德观念弱化、法治意识淡薄、安全意识薄弱，从硬件和软件两方面看，都难以达到有效保证食品安全的要求。这些小微企业、小作坊和小摊贩由于季节性、隐蔽性、流动性强等特点，给监管工作带来了非常大的难度。以上是小微企业、小作坊和小摊贩客观存在的实然生态，而隐藏在这些小微企业、小作坊和小摊贩中的黑心生产经营者，更是冒天下之大不韪，将消费者的生命安全和身体健康置于全然不顾的境地，主观故意地去生产有毒有害食品，把食品生产经营活动异化为单纯牟利的工具。这类生产经营有毒有害食品的黑心小微企业、小作坊和小摊贩具体表现为肆意超量、超范围使用食品添加剂，在食品中添加非法添加物，以假充真、以次充好，无标、无证生产经营、标识违法，产品质量不符合国家标准等多种情况。

　　黑心小微企业、小作坊和小摊贩生产经营的有毒有害食品多数流向了城乡接合部和农村市场。如，2003 年安徽阜阳的大头娃娃事件，就是"空壳奶粉"流向农村市场对消费者造成伤害的典型案例。我国农村市场食品需求旺盛，农村消费者受经济条件限制购买能力较低，受教育条件限制缺少相关的食品安全知识，长期以来，农村消费者在购买食品时把价格因素作为首要条件。黑心小微企业、小作坊和小摊贩生产经营的廉价有毒有害食品拥有明显的价格优势，深得农村消费者的"青睐"。同时，我国农村市场分散，相较于城市市场，是食品安全监管的薄弱环节，有些地方甚至是监管的盲区。为逃避监管，黑心

---

　　① 旭日干、庞国芳主编：《中国食品安全现状、问题及对策战略研究》，科学出版社 2015 年版，第 63 页。

小微企业、小作坊和小摊贩避实就虚，把在城市无法遁形的黑心食品转战于城乡接合部和农村市场，把农村作为他们"生财有道"的基地。

（二）食品安全保障体系不足

食品安全法律法规体系尚未覆盖到"从农田到餐桌"的完整链条。近年来，我国食品安全法律法规体系不断完善，树起了保障食品安全的法律屏障，为食品安全道德加了一道有力的安全阀。但是各法律法规之间的关系仍然没有完全理顺，分段立法、部门立法、条块切割依然较为严重，各法律法规之间条款分散、矛盾交织、协调困难等问题尚未得到很好解决，在保障"从农田到餐桌"食品安全方面，尚未形成一个完整闭合的法律法规体系。一些与食品安全相关的法律法规还处于空白状态，比如，在食品产业链的上端，农产品种植、养殖的过程中，种植、养殖的环境及肥料、农药、兽药的使用对农产品安全状况会产生重要影响，而我国在农业和环境保护方面的现有法律法规却未能跟上农业现代化建设步伐的要求，在土壤污染防治、肥料、农药、兽药使用规范等方面，法律法规亟须补充和完善。在无法律法规硬性约束和指导的情况下，农户对肥料、农药、兽药的选择和使用仅凭经销商介绍和自己的经验使然，往往造成了极大的安全风险。肥料、农药、兽药的不当使用进而造成对土壤和环境的污染，会进一步加剧农产品种植、养殖环节的安全风险。食品安全法律的惩处力度不够，现有法律对严重的违法败德行为惩罚过轻，导致一些不良分子法不足惧，选择投机行为。当违法败德行为的成本较低时，法律的威慑性就会降低，对这些投机分子的警示效果也会打折扣。如，对于年产值过亿元的食品企业集团，因为某批次的产品不合格，以货品金额为处罚依据，仅仅只能伤其毫发，根本无法引起他们自身的足够重视。新《食品安全法》尽管对违法败德行为加大了惩处力度，但是，该法及相关法律仍有进一步完善的空间，需要进一步加大处罚力度。与此同时，《食品安全法》的法律效力等级尚未明确，该法与相关法律法规的衔接问题需要进一步理顺，在食品安全案件中，消费者打官司举证困难、维权成本过高的情况依然存在。

食品安全标准体系建设尚未完全适应形势发展变化的需要。目前，我国已经初步建立起与我国经济社会发展相配套的食品安全标准体系，但是，与发达国家的一些标准相比，我们有些标准仍显滞后，差距明显，有一些标准甚至是空白。如，我国的农产品缺少产地环境污染物分类和限量标准。就具体的农药残留标准而言，我国现有的农药原药登记数量为600多种，农药制剂产品有22000多个，而我国目前仅制定了387种农药在12类食品中3650项最大残留量限量标准（MRLs），少于国际食品法典委员会（CAC）的3338项、美国的11000多项、日本的51600多项和欧盟的145000项MRLs标准。[①]而我国现有的限量标准与发达国家的标准相比也是或高或低，在科学性方面略显不足。另外，在食品生产规范类标准方面，我国涉及食品种植、养殖、屠宰、生产加工、经营流通、餐饮服务等方面的标准是政出多门，标准之间交叉、重复、矛盾的情况依然存在，给食品生产经营者的生产经营和监管者的监管都制造了一定的麻烦。

食品安全检验检测标准存在缺口。食品安全检验检测既需要技术的升级，同时也需要标准的跟进。目前，我国初步形成了《食品卫生检验方法理化部分》（GB 5009）、《食品卫生微生物学检验》（GB 4789）

---

① 《中国统计年鉴》，中华人民共和国国家统计局网站，见 http://www.stats.gov.cn/tjsj/ndsj/。

和《食品安全毒理学评价程序》（GB 15193）为主体的食品安全检测方法体系，为提高食品安全检测能力，保障食品安全起到了重要作用。但是，在现实中很多检验检测工作存在标准不统一，制定标准部门各自为政的情况，而且还存在有些标准已经严重滞后，有些标准缺口的情况。如，食品中的农药残留检测中，在国家农业部与国家卫生计生委联合发布的称为我国最严谨的农药残留国家标准——《食品中农药最大残留限量》（GB 2763–2014）中，规定了我国食品中 387 种 3650 项农药最大残留限量指标，其中有配套检测方法的只有 228 种，其余的配套检测方法缺失，亟须制定相应的检测方法。

食品安全风险分析尚处于初创阶段，任重道远。在风险评估方面，我国除依据《食品安全法》成立的国家食品安全风险评估专家委员会外，还有依据《农产品质量安全法》成立的国家农产品质量安全风险评估专家委员会，两个委员会看似职责清晰、分工明确，然而，两个委员会在涉及食品原料（初级农产品）时在界定上有时会存在模糊，产生矛盾。另外，农兽药评估归农业部管辖，农兽药残留评估的部门却没有明确。这些职责的交叉、模糊地带，在出现问题时容易出现九龙治水的情况。由于我国食品安全风险分析处于初创阶段，在人力资源配备、风险分析技术支持、风险评估数据共享与发布等方面都存在一定的问题，风险交流的范围不广、深度不够。

（三）食品安全监管存在漏洞

食品安全分段监管造成的职责不清问题依然存在，监管主体不明确、监管内容不清晰（如对食用农产品、初级加工食品、加工食品的界定本身就很模糊）、监管责任落实不到位，都在某种程度上影响了监管效果。因此，需要对食品监管部门的责任进一步厘清和细化，避免出现问题时互相推诿，造成监管真空或重复监管。比如，在食品安全标准方面，制定标准和执行标准分属于卫生计生委和食品药品监管总局（2018年国务院机构改革后分属国家卫生健康委员会和国家市场监督管理总局），这就为落实标准留下了隐患。在监管机构的权力配置上，各级监管机构的上级监管机构是业务领导，而其直接领导却是地方政府，地方政府在错误政绩观的引导下，往往全力支持对区域经济增长贡献度大的企业，甚至直接干扰监管部门，有意弱化监管的力度和强度，为不道德的食品生产经营者提供保护伞。食品安全监管力量越到基层越不足，从监管人员、监管理念、监管素质再到监管经费、监管装备、监管技术都难以满足现实的监管需要，监管效率较低，监管效果较差。

当前食品安全监管对过程监管和源头监管的忽视，也影响了监管效果。目前，我国的食品安全监管重点放在了终端产品上，曝出的问题也多在终端环节。安全食品是生产出来的，事实上，我国食品安全源头上风险很大，但是没有得到应有的重视。我国农业生产基础薄弱，生产技术落后，众多农户分散生产经营，基层监管力量不足，给监管工作带来了很大的难度。在农产品种植、养殖的过程中，对肥料、农药、兽药的销售和使用都缺少有效监管，剧毒、高毒的农药，禁售的兽药可以在农村市场上轻易买到，超剂量使用或者违规滥用肥料、农药、兽药的情况还较为普遍。另外，对农产品产地的环境状况，我们国家在监管上也很欠缺，导致环境污染给农产品的种植、养殖带来了很大的安全风险。

（四）功利欲望催生的唯利是图

功利主义起始于西方，是近代西方社会主要政治伦理思潮之一，对西方社会的发展产生了非常重要的作用。功利主义自产生以来，人们对其评价就褒贬不一，颇具争议。在新中国成立后至改革开放之前这一时期，功利主义在中国受到了无情的批判，人人以谈功利为耻。改革开放以来，社会主义市场经济的发展为功利主义在中国广泛传播奠定了现实基础，功利主义思想的扩散也对社会主义市场经济的发展起到了一定的促进作用，人们的竞争意识、效率意识、进取意识得到了激发。与此同时，功利主义思想也产生了消极的负面影响，人们不在耻于言利，对功利主义的曲解使一些人正变得唯利是图，极端利己，甚至是没有了原则和底线。为了追逐经济利益，把道德良心弃之不顾，道德良心湮灭在滔滔的物欲中。马克思在《资本论》中引用英国政论家托·约·邓宁的话指出了经济主体唯利是图的疯狂性："一旦有适当的利润，资本就胆大起来。如果有 10% 的利润，它就保证到处使用；有 20% 的利润，它就活跃起来；有 50% 的利润，它就铤而走险；为了 100% 的利润，它就敢践踏一切人间法律；有 300% 的利润，它就敢犯任何罪行，甚至冒绞首的危险。"[1] 在我国社会主义市场经济发育不成熟的情况下，食品利益相关者中存在着一些为了经济利益而不惜损害他人利益，乃至无视生命安全的恶性事件。食品生产经营者为了利益生产经营假冒伪劣食品，监管者为了利益与生产经营者同流合污放松监管，媒体为了利益不履行媒体责任充当生产经营者的吹鼓手，消费者为了彰显对利益的占有陷入到消费主义的泥沼，学术界为了利益放弃学术道德等等，都是在食品安全领域经济主体唯利是图表现的一个侧面。

在利益至上观念的影响下拜金主义应运而生。拜金主义过度强调

---

① 《马克思恩格斯文集》第 5 卷，人民出版社 2009 年版，第 871 页。

金钱的重要性，认为金钱是万能的，对金钱的崇拜达到了痴迷的程度，把获取经济利益视为行事做人的根本目的，评判行为是非对错的准则，看待人生价值大小的依据，一切行为的出发点和落脚点都是围绕经济利益进行的。拜金主义为了金钱，可以不顾任何的道义原则，是当今社会广受诟病的道德沦丧、物欲横流现象的思想根源。一些食品利益相关者受拜金主义的影响，在物欲横流的漩涡中不能自拔，精神世界极度空虚，以至于在食品安全如此人命关天的重大问题上仍秉持着这种思维，造成了食品安全领域的道德丑恶现象。

第四章　食品安全道德治理的国际经验

食品安全是一个世界性问题，也是一个历史性问题。食品掺杂使假古已有之，20世纪50年代美国波士顿食品药品管理局局长莱斯利·哈特（Leslie Hart）就曾指出："食品掺假与商业本身一样古老。"[①]在中国古代的西周时期就有关于食品安全问题的记载，"五谷不时，果实未熟，不鬻于市"；"禽兽鱼鳖不中杀，不鬻于市"。[②]在古罗马时代，法律中就有了关于食品生产经营中掺杂使假行为处理的规定，对掺杂使假者可判处劳役或者流放。在整个封建时代和市场经济的初期，食品安全还不是一个社会性问题，造成的危害和涉及的范围是相对有限的。从某种程度来说，当前的食品安全问题是一场现代病，引发食品安全问题的诸多因素都是在现代化的过程中衍生出来的。在发达国家现代化的过程中，都曾经经历过食品安全集中爆发的道德黑暗时期，在食品安全领域的道德劣行直击人们的痛点，引发了社会的广泛关注，社会民众普遍缺少食品安全感。走过那段艰苦的岁月，在现时代，发达国家的食品安全状况明显要优于发展中国家，据英国经济学人智库

[①]　F.Hart，"A History of the Adulteration of Food before 1906"，*Food Drug Cosmetic Law Journal* 1952，（1），p.297.

[②]　《礼记·王制》。

发布的《2015 年全球食品安全指数报告》显示，发达国家占据排名的前 1/4 席位，美国、新加坡和爱尔兰分列前三位。^① 发达国家走出道德黑暗时期的经验，可以成为今天中国食品安全道德治理的他山之石，值得借鉴。

第一节　食品安全道德治理的历史回眸

当前中国食品安全领域的道德困境属于食品业发展的阶段性问题，历史经验表明，在一个国家经济发展水平较低、食品工业处于粗放式增长的早期，不道德的食品生产经营者总是挖空心思降低生产经营成本以图谋最大经济效益，制售假冒伪劣食品是造成食品不安全的罪魁祸首。

一、食品安全道德黑暗期在各国的表现

（一）英国工业化初期的食品安全道德状况

现代食品安全道德问题集中爆发，首先发生在英国。伴随着工业革命在英国的发生发展，城市化进程如火如荼，食品需求量与日俱增，食品贸易不断上升。在巨额利润的引诱下，食品市场上的问题层出不穷，不安全食品充斥市场，公众的身体健康和生命安全遭受了严重的威胁。在当时的英国食品市场，公众对食品的鉴别主要靠眼睛看、鼻子闻和嘴巴尝，为了满足公众的观感和口感，就已经出现了"染色"的食品，加入明矾做成的面包，用硫酸铜染色的腌黄瓜，用黑刺李叶染

---

① 《2015 全球食品安全指数报告发布 中国排名 42 位居上游》，中国经济网，2015 年 7 月 17 日，见 http://www.ce.cn/cysc/sp/info/201507/17/t20150717_5964656.shtml。

色冒充的绿茶，混有红丹和朱砂的糖果，掺有米粉、木薯粉或者石灰之类不明物体的牛奶，用硫酸勾兑的醋，用酒石酸制造的柠檬水……等等，这些食品既降低了生产经营者的成本，也满足了消费者的口腹之欲，但是却留下了莫大的安全隐患。英国化学家弗雷德里克·阿库姆是英国反不安全食品运动的先驱，他在 1820 年出版了一本著名的小册子《论食品掺假和厨房毒物》，这本小册子被认为是西方揭露、查处、打击食品中添加有毒有害物质和滥用食品添加剂的开山之作。该书不仅用科学的方法和手段警示有毒有害食品的危害，还宣传用简单易行的方法观察鉴别食品是否安全，并告诫公众要树立科学健康的饮食观念。1848 年，化学家约翰·米歇尔出版《论假冒伪劣食品及其检测手段》，这是他十二年磨一剑深入基层调查的成果，该书指出，面包中掺假情况非常普遍，给人体健康造成了非常大的危害。

英国的食品安全道德危机愈演愈烈，到 19 世纪中叶危机达到相当严峻的地步。1850 年、1852 年接连两次出现乞讨儿童因食用有毒燕麦片致使群体性死亡事件。1857 年发生在伦敦的面包中掺入明矾至人软骨病事件。1858 年发生在布拉德福德的糖果被砷污染中毒事件。据英国学者阿特金斯（P. J. Atkings）指出，伦敦市场销售牛奶掺水率在 1872 年之前达到 25% 以上。19 世纪 60 年代，英国市场所供应的牛肉有约 1/5 是病死牛。[①]1850 年，著名医学杂志《柳叶刀》在托马斯·威克利（Thomas Wakley）主持下成立"卫生分析委员会"，授命阿瑟·哈索尔主持调查英国食品安全状况。阿瑟·哈索尔不负众望，撰写出版的调查报告为 19 世纪后期的英国食品改革运动提供了有力的支持。在

---

① P. J. Atkings, "The Glasgow Case: Meat, Disease and Regulation,1889–1924", *The Agricultural History Review*, 2004, 52（2）,pp.161–182.

化学家、医学专家及社会各界的共同推动下，英国先后出台了《食品与饮料掺假法》（1860 年）、《食品与药品掺假法》（1872 年）和《食品与药品销售法》（1875 年）三部法律以保障食品安全。这三部法律全部剑指食品安全领域的严重道德失范问题，明确了政府的监管责任，有力地打击了食品安全领域的制售假冒伪劣行为。在此之后，英国政府于 1916 年专门成立了食品部对食品安全进行监管，并且对相关的法律予以了修订完善。

革命导师马克思、恩格斯站在无产阶级人民大众的立场上，运用阶级分析的方法对当时英国和欧洲其他国家的食品安全状况进行了批判。马克思在《资本论》中对欧洲不安全的食品状况进行了描述："面包中含有一定量的人汗，并且混杂着脓血、蜘蛛网、死蟑螂和发霉的德国酵母，更不用提明矾、砂粒以及其他可口的矿物质了。"[①]"约翰牛"想不到，在最直接的物理意义上，他天天都在吞食一种不可思议的由面粉、明矾、蜘蛛网、蟑螂和人的汗水做成的 Mixtum Compositum（混合物）。[②]在《资本论》中马克思还专门引用法国化学家舍伐利埃的文章来指出欧洲食品安全道德危机的惨状，"在被其检查过的 600 多种商品中，有 10、20 甚至 30 种掺假方法的商品并不稀罕"。[③]至于这些不安全食品的流向地则是工人生活区，给工人和其家人健康造成了巨大的伤害。恩格斯在《英国工人阶级状况》中写道："穷人即工人每花一文钱都得盘算一下，必须以不多的钱买很多的东西，他们不能太注意质量，而且也不善于这样做，因为他们没有机会锻炼自己的味觉，结果，

---

① 《资本论》第一卷，人民出版社 2004 年版，第 289 页。
② 《马克思恩格斯全集》第 15 卷，人民出版社 1963 年版，第 589 页。
③ 《资本论》第一卷，人民出版社 2004 年版，第 288 页。

所有这些掺假的，甚至常常是有毒的食物都卖给了他们。"[1] "这种丑事达到不可思议程度的地方，则是那些给贫民做面包，同时特别风行在面粉里掺入明矾和骨粉的偏僻角落。"[2]

在工业化初期，食品生产环境的恶劣也给食品安全留下了隐患。"至于烤制面包工作本身，它通常是在窄小的、通风不良或者干脆不通风的地下室里进行的。除不通风以外，破脏水管子还不断冒出臭气。"[3] 而"面包在发酵时就吸收着它周围的各种有害的气体"。蜘蛛网、蟑螂、大老鼠和小老鼠全都"混在和好的面里"，"不管我多么恶心"，——特里门希尔先生说，——"我不得不得出结论：面团里差不多总是含有汗水，而且常常含有和面工人的更有害的排泄物。"[4] 上述生产环境，即便没有在食品中有意掺入有毒有害物质，其安全性也是不能保证的。

（二）美国进步时代的食品安全道德状况

美国进步时代一般指 1880 年至 1920 年这段时间，这是美国"吸进新鲜氧气，吐出毒化废气"的时代。[5] 这是美国历史上由农业社会向工业社会转化，资本主义由自由竞争向垄断阶段过渡的重要时期，这段时期是问题丛生的时代，各种矛盾盘根错节地勾连在一起。政治腐败突出，政党分赃严重；经济发展迅速，贫富差距拉大；生态环境恶化，污染非常普遍；社会道德下滑，需要尽快重塑。食品安全道德问题在如此的历史背景下凸显出来，成为时代的一个剪影。

---

① 《英国工人阶级状况》，人民出版社 1956 年版，第 111 页。
② 《马克思恩格斯全集》第 15 卷，人民出版社 1963 年版，第 589 页。
③ 《马克思恩格斯全集》第 15 卷，人民出版社 1963 年版，第 590 页。
④ 《马克思恩格斯全集》第 15 卷，人民出版社 1963 年版，第 590 页。
⑤ 徐华娟：《美国进步时代的国家治理》，《学习时报》2014 年 9 月 29 日。

19 世纪 60 年代，美国工业化进程加快，化学工业的发展在为食品安全提供了机遇的同时，也蒙上了一层厚厚的阴影。一些不良商家利用新兴的化学品"研制"食品，他们为了降低生产成本，攫取暴利，不顾及消费者的生命安危，在食品中加入有毒有害的化学物质，用来改变食品的外观、气味和味道。到了 19 世纪 80 年代，不断加剧的贫富分野，让数以百万计的贫民生活在衣不蔽体、食不果腹的苦难中，很多人处于食品严重匮乏、营养状况不良的境地，他们对食品的质量要求不高，只图有口饭吃。黑心的食品生产经营者把此视为商机，将使用化学品粉饰过的食品销售给广大的贫民。在这一时期，市场上假货制造商、收回扣者、商业强盗、诈骗推销者、卖狗皮膏药的江湖医生，比比皆是。[①] 马萨诸塞州健康委员会调查的 3368 种食品中，高达 390 种食品存在掺假行为。[②]

当时的社会评论家、"揭丑派"运动的活跃分子、食品黑幕揭发者厄普顿·辛克莱只身"潜入"芝加哥屠宰厂七个星期，写下小说《屠场》。在书中，作者描写了滥用食品添加物质进行肉类加工的情景。"凡是已经腐烂得再也派不上任何用场的肉，就拿来做罐头，再就是剁碎制成香肠。""不管是什么样的肉，新鲜的，盐腌的，整块的，切碎的，需要什么颜色就有什么颜色，需要什么香味，什么味道就能有什么香味和味道。"[③] 食品生产经营者的不道德营销活动得到了监管者的纵容，他们成为侵吞公众利益的一丘之貉。"一位作为政府官员的猪肉检查员正与一位参观者兴高采烈地谈论使用带结核肉菌的危害性和致命性，但

---

① 何顺果：《美国史通论》，学林出版社 2001 年版，第 190 页。

② 朱明春：《食品安全治理探究》，机械工业出版社 2016 年版，第 79 页。

③ Upton Sinclair, *The Jungle*, Urbana and Chicago: University of Illinois Press, 1988, p.182.

是数十只死猪从他身边过去，他根本没有检查。""另一位检查员显得更细致更有良心。为防止那些加工商们利用坏死猪，他建议给那些带结核菌的猪肉注入煤油……"① 辛克莱的《屠场》直接造成了美国肉类制品出口数量的骤降，让美国上下为之震惊。据说，时任美国总统西奥多·罗斯福在阅读该小说时正在用早餐，当他读到此情景时，吐掉了口里正在咀嚼的食物，并将手里的一截香肠扔出了窗外。西奥多·罗斯福还专门指派劳工委员会委员去芝加哥进行调查，以证实书中所述情况是否真实，调查的结果是情况属实，并没有夸大其词。

肉制品的掺杂使假仅仅是当时美国食品安全道德黑暗期的冰山一角，丧心病狂的食品生产经营者方方面面都在昧着良心干着营销假冒伪劣食品的勾当。比如，为保持蔬菜的新鲜使用硫酸铜、苯甲酸钠；为延长食品的保存时间，在猪油中加入三硬脂酸，在火腿中加入硼砂；为降低生产成本，把粉碎的木屑、蚕豆、豌豆混入到巧克力中，把木炭粉掺入到胡椒中；为增加重量，在面包中加入硫酸铜，在牛奶中掺水……疯狂的制售假冒伪劣已然成为了食品界的常态。在这个时期，有一个非常极端的例子，1898 年美国和西班牙为争夺和瓜分古巴，爆发了一场战争，在古巴战场上一开始美军节节胜利。战争的转折出现在美军供应的一批食品上。斯威夫特公司和阿莫公司给士兵运送的罐头是变质食品，为掩盖变质的臭味里面使用了苏打粉，这让美国士兵数千人生病，数百人死亡，大大削弱了美军的战斗力。美军军官对此颇为愤怒，纳尔逊·米尔斯（Nelson Mills）愤然讲道，美军士兵不是被对手打倒，而是被自己的罐头打败的。辛克莱把美国食品安全领域

---

① 肖华锋：《舆论监督与社会进步：美国黑幕揭发运动研究》，上海三联书店 2007 年版，第196 页。

这段欺诈风行、道德泯灭的时期称为美国历史上"最无耻的时代"。

美国食品安全道德黑暗时期并不仅仅表现为食品生产经营者的不良，政府监管者和媒体以及学术界的道德状况在整体上都表现得非常糟糕。政府监管者收受食品生产经营者的贿赂使食品安全监管形同虚设；法院收受食品生产经营者的贿赂让受害消费者控诉无门；媒体被食品生产经营者收买默不作声；学术界发明了硼酸、硼砂等化学药品用于食品的保鲜防腐，对于如何形成食品链条的有效监管保持沉默。在如此冷漠的道德氛围之下，美国的不良食品生产经营者肆无忌惮、胡作非为。

美国食品安全道德黑暗期让美国公众蒙受了巨大的损失，而且直接触动了国家利益，惊动了美国朝野。像辛克莱这样的社会有识之士不断发文披露和谴责食品安全领域的不道德行为，并呼吁加快食品安全立法，加强食品安全监管。化学家哈韦·威利博士为制定纯净食品和药品立法奔走相告 25 年，递交了《纯净食品法草案》给国会。在1879 年之后的 20 多年时间里，热心专业人士向国会先后递交了 100 多项关于食品安全监管的提案。正是在一次次的抗争和努力下，在 1906年，美国通过了《纯净食品及药物管理法》和新《肉类检查法》。《纯净食品及药物管理法》的目的在于保障消费者获得安全的食品和药品，禁止出售假冒伪劣食品和药品。该法通过后，成立了以哈韦·威利博士为首的 11 人专家组，构成了美国食品药品监督管理局的前身，该专家组不仅有科学研究任务，还被赋予了监管职能。联邦政府、州政府、地方政府的食品安全监管职责也逐渐明确，完整的食品安全监管体系逐渐形成。至此，美国食品安全监管走上法制化轨道，开始慢慢走出食品安全道德黑暗期的阴霾。

（三）第二次世界大战后初期日本的食品安全道德状况

第二次世界大战后，日本经济满目疮痍，他们急切摆脱经济上的积贫积弱面貌，力图重振经济。当时，日本民众被普遍的饥馑问题所困扰，关心食品数量安全是他们的首要目标，发展生产力、促进经济增长是他们解决问题的最好方式。对于食品质量安全问题，则被搁置一旁，没有引起足够的重视，这一时期，日本也经历了非常惨痛的道德黑暗时期。

日本在第二次世界大战结束后为促进经济增长，极力推进工业化进程，造成了严重的环境污染。在恢复经济、发展生产的过程中，大量居民从农村涌入城市寻找就业机会，造成了城市人口的迅速膨胀。农村人口向城市快速转移，在食品安全方面造成两大问题：一是城市人口激增导致了城市食品需求量的暴涨；二是农村劳动力的锐减导致了食品供给的严重乏力。为缓解这一矛盾，提高农作物的产量，日本大力发展工业化农业，增加了化学品在农业中的使用，造成了工业污染和化学污染的泛滥成灾。在这样的背景下，不良商家一方面把遭受化学污染和工业污染的食品销售给公众，另一方面在食品中恶意添加有毒有害物质，对公众的身体健康和家庭幸福造成了摧残，有的甚至是家破人亡。

"水俣病事件"被称为世界八大公害事件之一，发生在20世纪50年代。在"水俣病"出现之前，日本熊本县水俣镇是一个渔业资源非常丰富的小镇，渔产格外兴旺。而在1925年，因为一家工厂在这里安家落户，情况就此悄悄发生改变，打破了小镇原有的平静生活。1925年，日本氮肥公司在水俣镇建厂，后来该公司的生产规模和生产能力不断扩大，工厂源源不断地将未经处理的废水排放到水俣湾中，鱼虾资源就此受到污染，这些鱼虾进入人体后，里面的甲基汞被人体吸收，对人体造成了极其严重的危害，直至死亡。1955 年至 1977 年，在日本富山县神通川流域发生了"痛痛病"事件，事件爆发的原因是工业厂矿把含镉废水肆意排放到环境中，导致稻米含镉超标所致。

除化工污染带来环境破坏造成的祸患之外，在食品中恶意添加有毒有害物质的行径，也让日本的公众苦不堪言。1955 年，发生了臭名昭著的"森永砒霜牛奶事件"。当时日本最大的乳制品企业森永公司，为降低生产成本，在奶粉中添加了劣质的磷酸钠作为乳质稳定剂，产生出砷化物（即中国俗称的"砒霜"），造成 12159 人中毒，其中，130 人死亡，很多儿童饱受后遗症的折磨。[1]1968 年，发生了"毒米糠油事件"。当时，九州大牟田市一家粮食加工公司食用油工厂，为了降低生产成本，在米糠油生产脱臭过程中使用了多氯联苯液体作导热油，造成米糠油的污染，致使 1283 人中毒，其中，28 人死亡。[2]

日本在经历了第二次世界大战后食品安全道德黑暗期的阵痛后，民众开始觉醒，政府也开始更加重视食品安全治理，把解决食品安全问题提上了重要的议事日程。在"森永砒霜牛奶事件""毒米糠油事件"的负面影响下，公众一方面自己联合自保，在全国各地成立了几十个大大小小的消费者维权组织；另一方面向政府施加压力，希望政府在食品安全保护方面有所作为。如在"森永砒霜牛奶事件"后，受害者先后成立了森永奶粉受害者同盟全国协会和冈山县森永奶粉中毒儿童守护会，以维护自己的权益。1966 年，冈山县还专门成立了药害对策协会，对毒奶粉事件后遗症患者进行体检。1968 年，大阪大学丸山博

① 周昂：《较真食品安全 日本庶民的胜利》，《文史博览》2012 年第 8 期。
② 王伟：《食品安全伦理在当代中国》，社会科学文献出版社 2015 年版。

教授详细论证了后遗症与毒奶粉的关联性，再次引燃了人们对森永毒牛奶的声讨。在全社会的共同努力和敦促下，1968 年日本政府出台了《消费者保护基本法》，确立了消费者利益至上的理念，并且在消费者遭遇侵害时把问责政府放在第一位，明确了政府在食品安全监管中的首要责任地位。1970 年，日本各地陆续设立了消费者权益保护机构"消费生活中心"。在法律法规不断修订完善，政府监管日益严格，消费者维权意识越来越强的情况下，日本食品安全道德状况不断好转，在 20 世纪 80 年代后至 21 世纪初的这段时间里，日本基本没有再发生恶性食品安全事件。

二、食品安全道德黑暗期的历史分析

英国、美国、日本在其发展的过程中，都曾经经历过食品安全道德黑暗期，这与我国正在经历的食品安全道德困境有一定的相似之处，对这三国食品安全道德黑暗期进行历史分析，可以为详解当前我国的食品安全道德状况，加强食品安全道德治理做好基础性工作，提供一定的参考。

（一）工业化、城市化是食品安全道德黑暗期形成的社会存在根源

在封建社会自给自足的自然经济状态下，个人及家庭消费的食品以自制食品为主，"吃当地、吃当季、吃天然、吃自产"是这一时期食品消费的主要特征，至于消费加工食品并不是食品消费的常态。尽管在封建时代简单的食品交易中也存在掺杂使假和销售变质食品的情况，但是其数量、规模和影响都是相对较小的。随着工业化时代的到来，农业机械化空前提高了生产能力，化肥、农药、兽药的使用大大提高了食用农产品的产量。加工食品在人们食品消费中所占的比重越来越

大，自给自足时代"从农田到餐桌"的食品生产消费链条在工业化时代被延长，从种植、养殖，到生产、加工，再到运输、存储、销售，最后到消费，无论哪一个环节出现问题，都会影响到末端消费者的食品消费安全。工业化造成了环境的污染、生态的破坏，贪得无厌的资本家把未经处理的废水、废气、废渣排放到环境中，从源头上造成了食品安全风险，20世纪50年代的日本"水俣病事件"就是典型案例。

化学工业发展在食品安全中宛如一把"双刃剑"，从积极方面讲，化学工业为食品行业的发展注入了强劲的动力，在食品产业链的首端增加了食用农产品的产量，在食品产业链的中端改变了食品的成色、改善了食品的口感、丰富了食品的种类，在食品产业链的末端则延长了食品的保质期。化学工业无疑充盈了食品数量，提升了食品品质，增加了人们的食品消费选择。然而，任何事物的发展都有其两面性，科学技术的发展是价值中立的，运用科学技术的人往往会走偏，贪婪的物欲让运用科学技术者丧失了道德。从消极方面看，化学工业污染破坏了农产品的种植、养殖环境，有的直接将化工原料冒充食品原料加入到食品中，有的为了延长食品的保质期和保鲜度将化学品投入到食品中。化学工业让食品安全问题变得非常复杂，在无科学仪器检测的情况下，人们对不安全食品的辨识变得非常困难。"购买几乎所有的东西，但并不知道这些东西的生产过程，而且也不具有相应的知识去预先判断这些东西的质量。"① 在英国、美国、日本的食品安全道德黑暗期，不良食品生产经营者滥用化学品加入到食品中是食品安全道德之殇的最大痛点。

---

① 刘亚平：《美国食品监管改革及其对中国的启示》，《中山大学学报（社会科学版）》2008年第4期。

　　城市化与工业化是一对儿孪生兄弟，他们相互促进，工业化推动了城市化，城市化又加剧了工业化，他们犹如推动人类社会发展的鸟之两翼。在封建时代，由于个人生存和活动的空间十分有限，传统的熟人社会也让产销不安全食品者一旦失信，将处处受阻，寸步难行，这对于产销不安全食品者的代价无疑是巨大的。城市化则为产销不安全食品者提供了"天然"的便利条件，在城市化的进程中，大量的农村人口涌向城市，他们离开了昔日赖以生存的土地，自产自消食品已经不再可能，他们必须要依托市场来获得食品，食品的生产者和消费者发生了分离，大量的城市人口创造了巨大的食品消费空间。当食品的生产者生产食品不再是为了自己食用，而是为了获利的时候，他们就会为从食品产销中获得更多利润而绞尽脑汁。城市化进程促使人口加速流动，传统的熟人社会被陌生人社会所取代，随着食品市场交易双方的空间距离被不断拉大，食品供应呈现匿名化。当彼此不熟悉的市场交易双方发生交易时，由于缺少熟人的监督，不道德者失信的成本会降低，失信成功的概率会变大，不道德的食品生产经营者在利弊权衡后，往往跨越雷池，产销不安全食品。"流通网络的扩大使生产者不必直接面对消费者，客户此时可能不是他的邻居或者与他同住一州的人，因而商人可以大规模地造假，欺诈变得轻而易举，也非常有利可图。"①

　　英国、美国、日本在遭受食品安全道德黑暗期的时候，也正是他们城市化进程突飞猛进的时候。一般认为，城市人口占总人口比例的 10% 是城市化的始端，占比达到 50% 标志城市化的完成。以此标

①　[美]菲利普·希尔茨：《保护公众健康：美国食品药品百年监管历程》，姚明威译，中国水利水电出版社 2006 年版，第 25 页。

准，英国是最早开启城市化进程的国家，其城市化进程始于18世纪50年代，在1760年，城市人口占全国人口的10%，1851年达到50.2%，1900年上升到75%。[①]在美国，1820年，城市人口占全国人口的7.2%，1860年达到19.8%，1920年达到51.2%。[②]日本在第二次世界大战前就开启了城市化的步伐，在20世纪初，城市人口占全国人口的比例已经达到12%，城市化进程因为战乱被中断。第二次世界大战后，日本仅用了大约30年时间就快速完成了欧美国家用100多年时间才走完的城市化之路。1950年，日本的城市人口约占全国人口的37%，1975年，这一数据已经高达76%。[③]城市化衍生出诸多的城市病，人口拥挤、贫富分化、生态破坏、环境污染、公共卫生恶化……等等，在诸多城市病症之中，食品安全也经历了一段惨痛的道德黑暗期。食品安全道德黑暗期浓缩为工业化、城市化进程弊病的一个缩影，而工业化、城市化则成为了食品安全道德黑暗期形成的社会存在因素。

（二）自由放任的市场经济是食品安全道德黑暗期形成的重要原因

1776年，亚当·斯密出版了鸿篇巨著《国民财富的性质和原因的研究》，该书被誉为"第一部系统的伟大经济学著作"，是经济自由主义的奠基之作。此书不仅深刻地影响了当时西方国家的经济政策及经济走势，而且对后世经济学理论及市场经济实践都影响深远。斯密基于"经济人"假设认为，个人追逐自我利益是天经地义的，个人对自我利益的获取同时会增进他人利益和社会的整体利益。"我们每天所需要的食料和饮料，不是出自屠户、酿酒家或烙面师的恩惠，

---

①　李亚丽：《英国城市化进程的阶段性借鉴》，《城市发展研究》2013年第8期。

②　王春艳：《美国城市化的特点及其经验借鉴》，《延边大学学报（社会科学版）》2005年第3期。

③　沈悦：《日本的城市化及对我国的启示》，《现代日本经济》2004年第1期。

而是出自于他们自利的打算，我们不说唤起他们利他心的话，而说唤起他们利己心的话。我们不说自己有需要，而说对他们有利。"[1] 在斯密看来，市场的自发调节会导致社会资源的自由流动和合理配置，实现社会总供给和总需求的平衡，实现个人自我利益和社会整体利益的和谐。

斯密的经济自由主义具有划时代的里程碑式意义，其为工业化时代的英国经济实践提供了理论指导，促进了早期资本主义经济的迅猛发展，并一度在美国达到了发展的巅峰状态。这点如马克思、恩格斯在《共产党宣言》中所言："资产阶级在它的不到一百年的阶级统治中所创造的生产力，比过去一切世代创造的全部生产力还要多，还要大。"[2] 经济自由主义创造资本主义经济早期的繁荣，一路高歌猛进，但它却不是包治百病的灵丹妙药，也造成和引发了诸多的难题，比如贫富差距拉大、造成市场竞争的无序等等。在经济自由主义下，政府的作用是次要的，只是充当"守夜人"的角色，对市场的干预能力有限。在外在的监管、调控和强制力、约束力缺失的情况下，很难形成规范的市场秩序。在这种情况下，资本家可以无拘无束地、随心所欲地、最大限度地追求自己的私人利益，他们贪婪的欲望急剧膨胀，催生出很多极端自私自利的行为，对公共利益是漠不关心。

在食品领域，牛肉托拉斯拥有自己的工厂、商店、屠宰场、仓库、政客、州议员和国会议员等。[3] 他们不仅独占完整的生产营销体系，垄

---

① ［英］亚当·斯密：《国民财富的性质和原因的研究》上卷，郭大力、王亚南译，商务印书馆 1972 年版，第 14 页。

② 《马克思恩格斯选集》第一卷，人民出版社 1995 年版，第 277 页。

③ 肖华锋：《舆论监督与社会进步：美国黑幕揭发运动研究》，上海三联书店 2007 年版，第 197 页。

断市场获得高额利润，而且拥有强大的人力支持，在国会和政府都有他们的后台，制定各项有利于自己的政策措施。类似的一些大食品企业不仅凭借强大的势力，挤占小的食品生产经营者的生存空间，而且自己也常常是有恃无恐，泯灭良心地生产经营不安全食品。这些小的食品生产经营者则在夹缝中求生存，在恶劣的食品生产环境中，在缺少食品安全知识和食品安全意识的情况下，迎合社会底层群众的需要，生产经营价格低廉，但缺少安全保障的食品。

在市场经济的推动下，资本把利益的触角伸向了各个行业领域和各个地方，加工食品不仅在城市中广受欢迎，而且也随着铁路的延伸，被送到了乡镇和农村。食品大工业生产代替了家庭小作坊式的生产经营。昔日自给自足的农户现在发现种棉花得来的钱可以买到玉米、小麦和牛肉时，他们就再也不愿意自己种玉米、小麦和养牛了。[①]此时的广告也大大地激发了城市和农村消费者的食品购买欲望，他们被琳琅满目的食品所吸引，消费观念发生了变化，由自产自销转向了对市场的依赖。市场却不是风平浪静，里面充满了不确定的安全风险，市场不能够提供准确详实全面的信息，不道德的食品生产经营者，无论其经营规模是大还是小，都在利用这种信息不对称欺骗消费者，造成了自由放任时期市场失灵和整个食品市场的混乱无序。

（三）法律、监管、技术、标准的缺失是食品安全道德黑暗期形成的外在原因

在工业化、城市化、市场化的推动下，食品安全道德黑暗期的到来让人有些猝不及防，法律、监管、技术、标准对于食品安全道德问

---

① 黄虚峰：《美国南方转型时期社会生活研究》，上海人民出版社 2007 年版，第 139 页。

题的大量涌现显然没有做好充分的准备。在食品安全道德黑暗期的漫长岁月里，法律、监管一直没有发挥应有的效力。英国、美国在很长一段时期都处于食品安全法律的空窗期，这在一段时间内让食品安全事件制造者逍遥法外免受处罚或者没有得到应有的处罚。英国反不安全食品运动的先驱阿库姆当时愤然指出，抢劫者会被判刑，而销售假货的图财害命者却不会受到法律的惩处，这让食品消费者人人自危，买到掺杂使假的食品只能是自认倒霉。在英国直到 1860 年才通过了首部食品安全法律——《食品与药品掺假法》，在美国直到 1906 年才通过了首部食品安全法律——《纯净食品与药品法》。尽管日本在食品安全道德黑暗期大规模到来前就已经出台了《食品卫生法》《农药取缔法》等相关食品安全法律，但是由于形势发展变化过快，这些法律已经严重滞后，未能形成对食品安全不道德者的强势打压。无论是在联邦还是在城市，政府几乎都没有有效的法律来确保食品安全，也没有专门的政府机构负责食品安全的社会管制。[①]

在食品安全监管方面，由于对市场的过度崇拜，政府对市场干预和管制的能力有限，政府对食品安全监管的权责没有明确的分工，出了问题该追究哪个部门的责任往往会遭遇推诿扯皮。不道德的食品生产经营者在监管的漏洞中游刃有余，胡作非为，而不必担心受到惩处和责罚。"任何人都可以在一个小工厂或实验室中生产食品或药品，沿街叫卖。初始成本很低，但是市场的潜在收益却相当大。"[②] 在英国、日本都存在着类似的情况，政府没有专门的食品安全监管部门，涉及食

---

① Flanagan. M. A. , *American Reformed: Progressive and Progressivisms 1890s–1920s*,New York: Oxford University Press,2007,p.47.

② 马骏、刘亚平:《美国进步时代的政府改革及其对中国的启示》，格致出版社 2010 年版，第 172 页。

品安全的已有监管部门职责相当混乱。权责不明让政府有如市场主体一样扮演起了"经济人"的角色，以至于在食品安全监管中有利益的时候各有关部门都来分一杯羹，而出了问题要承担责任的时候，各有关部门都退避三舍，声称不归自己负责。

在食品安全标准和检验检测技术方面，处于食品安全道德黑暗期的英国、美国、日本都处于空白。面对突如其来的食品安全问题，各国政府不仅在法律和监管上滞后，而且在标准和检验检测技术方面也是束手无策。对于遭受了工业污染和化学污染的食品，里面的不安全物质达到多少为不合格，会对身体造成伤害，在科学上根本没有明确的定论。在加工食品中，也会遭遇到同样的问题，食品中添加的物质究竟是对身体有益还是有害基本都没有明确的说法，因此，超量、超范围使用食品添加剂，在食品中添加有毒、有害物质非常普遍，在市场上充斥着大量的无标签或者是乱贴标签食品，"挂羊头卖狗肉"的事情比比皆是。消费者对于食品选择眼花缭乱，对于选择到有安全保障的食品却是要费尽心思。

（四）食品利益相关者的狂热逐利是食品安全道德黑暗期形成的主体原因

在英国、美国，食品安全道德黑暗期的出现都是在本国资本主义形成并快速发展时期；在日本，食品安全道德黑暗期的出现在第二次世界大战后经济恢复重建时期，这一时期日本的经济发展也是非常迅速的。资本主义经济快速发展的一条重要原因是，人们对自我利益的追逐较封建时代得到了空前的释放，人们对利益的痴迷甚至到了无所禁忌的地步，拜金主义在社会上受到了普遍的热捧。拜金主义与资本主义是一对孪生兄弟，它是一种对金钱盲目崇拜，视金钱为最高价值，为了金钱可以不惜任何代价的思想道德观念。[①] 在资本主义发展的过程中，拜金主义也曾发挥过一定的积极作用，人们对自我利益的狂热，促进了社会财富的急剧增加，资本原始积累阶段社会财富迅速扩张，但是这是一段伴随血与火的历史。"资本来到世间，从头到脚，每个毛孔都滴着血和肮脏的东西。"[②] 资本把肮脏的触角伸向了各个领域，即使在食品安全如此人命关天的领域也未能幸免。

在食品链条上，食品利益相关者被物质利益绑架，食品生产经营者为了获得超乎寻常的利润，敢于冒天下之大不韪，沉浸在自私自利中，对他人利益漠不关心，对他人生命置若罔闻。在当时很多人的观念中，把牟利视为商业活动的唯一目的，只要能获利手段可以忽略不计，商业欺诈更是被一些人看作商业成功的标志，甚至被竞相效仿。因为买卖双方彼此互不信任，都在谋求贱买贵卖，企图以最小的成本得到最大的收益，"商业就是一种合法的欺诈"[③]。在工业化、城市化、市场化的共同作用下，城市化带来的巨大食品缺口，工业化造成的食品链条延长，问题食品的有毒有害物质被隐秘化，以及市场化造成的贫富差距悬殊，给食品利益相关者的利己本性发挥拓展了空间。法律、监管、技术、标准的缺失，则让工业化、城市化、市场化带来的诸多问题全部成为了影响食品安全的负面因素，食品利益相关者的利己心也在无外部约束的情况下被无限放大和持续膨胀，终究酿成了食品安全道德黑暗期的惨剧。这些披着人道外衣的无良商人，贪婪地吮吸着自私自利的成果。"他们什么时候做事情是纯粹从人道的动机出发，是

---

① 王伟：《食品安全伦理在当代中国》，社会科学文献出版社 2015 年版，第 132 页。
② 《马克思恩格斯选集》第三卷，人民出版社 1995 年版，第 313 页。
③ 《马克思恩格斯全集》第 1 卷，人民出版社 1956 年版，第 601 页。

从公共利益和个人利益之间不应存在对立这种意识出发的呢？他们什么时候讲过道德，什么时候不图谋私利，不在心底隐藏一些不道德的自私自利的邪念呢？"①

在整个社会被浓烈的商业自私自利气息所笼罩时，不仅仅是食品生产经营者，而且本应该担当食品安全监管责任的政府，也在用物质收益多少来作为其是否履行监管的标尺，在物质利益面前，监管形同虚设。政府官员在收受食品生产经营者的贿赂后，玩忽职守，对于食品生产经营者的劣行闭目塞听、无动于衷，甚至还给丑陋的食品生产经营者出主意，一起欺骗消费者。而一些媒体在被垄断资本家收买后，其话语自然是为这些资本家代言，对食品安全中的丑行不仅不勇于揭露，反而用溢美之词欲盖弥彰，使消费者蒙在鼓里。在一切向钱看的社会里，食品生产经营者、政府、媒体结成了利益网络，形成了强势的利益同盟，而消费者处于弱势地位，力量弱小且分散，属于边缘人。在夹缝中求生存的消费者小心翼翼，在遭受到食品安全侵害时要进行无奈的权衡，在进行维权成本与维权收益的比较分析后，他们多数会选择放弃维权，自认倒霉，或者是选择无成本支出的搭便车行为，而不是勇敢地铤身而出。

分析发达国家食品安全道德黑暗期的历史，可以发现，我们国家在食品安全道德问题集中爆发时期与其有一些相似的特征，我们国家正在经历着食品安全道德的低谷，工业化、城市化的发展，不完善的市场经济，法律、监管、技术、标准的缺失，食品利益相关者对利益的专注等等共同酿成了食品安全恶性事件的集中爆发。

---

① 《马克思恩格斯全集》第 1 卷，人民出版社 1956 年版，第 602 页。

第二节　食品安全道德治理的先进经验

发达国家在早期经历了食品安全道德黑暗期困境后，出于社会良知勇于披露食品安全的败德行径，有社会责任感的专家学者为摆脱食品安全道德黑暗期出谋划策，消费者的维权意识开始觉醒。政府开始痛定思痛，励精图治，全面介入混乱无序的食品市场中，政府这只"看得见的手"发挥了应有的作用。在食品安全领域，发达国家不再简单地套用商品等价交换原则，而是开始强调食品的人文和社会属性，促使食品从业者回归道德本色，发自内心地尚德守法。① 过去100多年的时间里，发达国家在食品安全道德治理方面成绩显著，随着形势的发展变化，食品安全法律法规和标准体系不断完备，监管体系不断完善，科技支撑体系不断更新，社会信用体系不断跟进，食品生产经营者、政府、消费者、媒体和学术界等组成的社会共治格局基本形成。在今天，尽管发达国家的食品安全事件并未销声匿迹，也曾偶有发生，然而，总体而言，发达国家已经建立起了"从农田到餐桌"的食品安全保障体系，形成了食品安全道德治理的良好内外部条件，食品安全及其道德状况整体较好。

一、无缝隙的监管让败德者无机可乘

食品安全道德治理需要监管者的参与并发挥重要作用，从发达国家的已有经验来看，顺畅有序的监管是从监管者维度实现食品安全道德治理的重要内容。发达国家的食品安全监管主要有两种类型：一类

---

① 胡颖廉：《发达国家食品安全治理经验》，《学习时报》2016年3月10日。

是一个食品安全监管部门覆盖"从农田到餐桌"的自始而终的监管模式，从生产加工到销售消费的全部环节都由一个部门负责，彻底解决了部门利益条块分割、有利竞相管、无利没人管的九龙治水局面。这个类型的国家以澳大利亚、加拿大、德国和丹麦等国家为代表。另一类是食品安全监管虽然分属于不同的部门，但是分工较为明确，分工或以食品类别为依据，或以食品生产加工销售等不同环节为依据，明确的分工没有给部门留下太多责任推诿的余地，这样的监管链条也是相对完整的。这个类型的国家以美国、英国和日本等国家为代表。考虑到我们国家的现实情况，这个类型国家的食品监管对我国有较高的借鉴价值。

在美国，食品安全监管是一个庞大的系统，涉及食品安全监管的部门有 20 几个，监管分为联邦、州和地区三个级别，形成了一个较为严密的食品安全监管体系。在联邦层面，总统食品安全顾问委员会是具有独立地位的国家食品安全监管机构，是国家最高的食品安全监管权力部门，负责国家食品安全计划与战略，政策分析与政策制定，监管项目评估等。总统食品安全顾问委员会负责综合协调，卫生部、农业部、环境保护局、商务部等多部门共同参与，其中最主要的两个部门是卫生部下属的食品药品监督管理局与农业部下属的食品安全检验局（Food Safety and Inspection Service，FSIS）。

美国的食品安全监管机构尽管十分庞大，但是机构间的权力分工却很精细，各食品安全监管部门之间相互独立、职责清晰、各负其责、彼此支持，不存在职责交叉、模糊不清的情况（见表 4-1）。比如，美国家畜、家禽等肉类的监管由食品安全检验局负责，而含有微量肉类的食品则由食品药品监督管理局负责，对于两个部门的监管界限两者还专门签署了谅解备忘录。由于监管分工的精细，彼此间的无缝对接，监管过程中就不存在无人负责的情况。在严密的监管之下，食品生产经营者即使想生产经营假冒伪劣食品也是难有可乘之机的。

表 4-1　美国食品安全监管机构及职责

监管部门	监管机构	监管权限
卫生部	食品药品监督管理局	国内生产及进口的食品、膳食补充剂、食品添加剂、动物饲料、兽药、监督相关食品召回。食品安全检验局监管范围之外80%的食品属于食品药品监督管理局监管
	疾病控制与预防中心	研究食品传染病、查找食品传染病的原因及来源、对相关人员进行培训
农业部	食品安全检验局	国内生产及进口的肉类、家禽产品和蛋制品、监督相关食品召回、资助从事食品安全研究的相关机构和个人
	动植物卫生检验局	对动植物进行检疫检验，防止外来物种入侵和疫情传入及生物恐怖活动，防控动物疾病
	各地区的服务中心和信息中心	监督本区域食品安全，建立数据信息资料库，供消费者参考，针对消费者进行食品安全宣传教育
环境保护局		保护环境安全、制定饮用水安全标准、监测饮用水质量、预防饮用水污染、农药审批、制定农药残留量标准和农药使用指南、治理被污染环境
商务部	国家海洋和大气管理局	对海洋和大气环境进行研究，检测鱼类及相关海产品的生产、加工、销售环境的卫生状况
司法部	烟酒枪炮及爆裂物管理局	检测酒生产是否符合标准、检查假冒伪劣酒产品
国土安全部	海关和边境保护局	检查进口食品是否符合相关标准
州及地方政府		监督辖区内所有食品生产经营者的生产经营环境、处理不安全食品

英国政府为了加强食品安全监管，守护公众的餐桌安全，对监管体制不断地进行调整。英国食品安全监管也曾经经历过九龙治水的困

难时期，原来的卫生部、农业部、渔业部、食品部及各地方政府都承担着食品安全监管职能，各部门间职责不清，管理无序，造成了大量的监管真空。为了加强监管，1954年，农业部、渔业部、食品部合并，成立农业渔业及食品部（该部于1999年12月更名为环境食品和农村事务部，Department for the Environment, Food and Rural Affairs），与卫生部（Department of Hygiene）一起负责食品安全监管。在1996年"疯牛病"和2001年"口蹄疫"之后，英国对食品安全监管进行了重大改革，加大了对农产品、农业投入品、饲料、食品添加剂的监管力度。

根据1999年《食品标准法》，英国政府于2000年4月成立了食品标准局（Food Standards Agency），该机构不隶属于任何政府部门，是独立的食品安全监管机构，是"准政府部门"，在食品监管运行中尽可能不受政府部门的影响和左右。食品标准局遵守民众健康第一、开放与透明、科学与证据、独立与公平原则，由卫生大臣掌管该部门，部门每年都要向议会报告工作。食品标准局建有全国统一的食品卫生排名系统，消费者可以通过电脑和手机随时查询全英50多万家食品生产企业、超市、餐馆的卫生等级，从而精准辨别产品优劣，促进良性市场竞争。[①] 食品标准局的成立是英国食品安全监管改革中的一件大事，至此，中央一级的食品安全监管主要集中在食品标准局、环境食品和农村事务部、卫生部三个部门。在全国各地，食品标准局都设有分支机构，这些分支机构在地方食品安全监管方面的作用日益凸显，其职权范围有不断扩大之势，逐渐形成了从食品种植、养殖到生产、加工、销售的一条龙式监管。在将来，英国的食品安全监管可能形成食品标

---

① 胡颖廉：《发达国家食品安全治理经验》，《学习时报》2016年3月10日。

准局自上而下统一负责的垂直食品安全监管模式（见表4-2）。

表4-2　英国食品安全监管机构及职责

监管部门	监管权限
食品标准局 ①	食品安全标准制定，食品安全政策制定，信息服务，检查监督，颁发食品生产经营许可
环境食品和农村事务部	重点保障食品数量安全，保证食品供应的可持续性，安全与健康，农药与兽药监管，交易标准、园艺标准和酒类标准的执法，动物福利
卫生部	负责食品卫生，保护消费者健康，对食品营养标签和营养成分实施监管
食品安全地方当局	对进出口食品安全负责，对食品安全监管规定予以执行

　　日本的食品安全监管机构主要由食品安全委员会、厚生劳动省、农林水产省和消费者厅构成，这四个部门被称为日本中央政府进行食品安全监管的四架马车（见表4-3）。这四个部门在食品安全监管中各有分工，相互协调，共同监管，共担责任。2003年，日本颁发的《食品安全法》确立起食品安全监管的现代框架。该法除规定了食品生产经营者的责任，倡导消费者发挥作用外，最主要的是明确了国家和地方政府在食品安全监管中的责任。根据该法，2003年7月，日本内阁组建起食品安全委员会，委员会的一项重要职能是对食品中的有毒有害物质及其对人体健康的危害程度进行定量定性分析，并在委员会官方网站上向社会各界发布食品安全信息和存在安全风险食品的警示信息，在消费者通道，可随时与消费者进行食品安全的信息交流。厚生劳动省、农林水产省和消费者厅在食品安全监管中都承担着重要的职责。

────────────

　　① 食品标准局在首席执行官下设实施及食品标准部，实施及食品标准部下设六个处，即BSE处、肉业卫生处、兽医公共卫生运营处、肉业科学和战略处、地方当局执行处、食品标签和标准处。

在日本，全国各地，都、道、府、县等各地方政府都有专门的食品安全监管机构，全国地方政府共设立 517 个保健所，厚生劳动省和农林水产省在地方设有厚生局以及检疫所和农政局，处理和解决辖区内的食品安全问题。中央食品安全监管机构会对地方食品安全监管机构进行技术支持，包括教育和普及知识、信息交流等。地方食品安全监管机构拥有经营许可的审批权，对所辖区域的食品生产经营者实行定期检查并在当地政府官网上发布结果，检查内容涉及食品安全的方方面面，包括食品中农药、兽药、重金属的残留量，食品中的菌落总数，食品中添加剂的含量，等等。地方食品安全监管机构还拥有实施食品召回、投诉处理、普及食品安全知识等权利和责任。

表 4-3 日本食品安全监管机构及职责

监管部门	监管权限
食品安全委员会	食品安全风险评估，风险沟通，应对食品安全紧急事件，统筹协调、督查厚生劳动省、农林水产省工作，与其他国家食品安全机构建立沟通协作
厚生劳动省①	负责本国食品安全相关标准制定，食品企业生产经营许可，对食品生产经营进行监测和政策指导，检验监督进出口食品安全，处理食品中毒事件等
农林水产省②	监管农业、林业和渔业，制定农药、兽药残留量限量标准，检测食品中农药、兽药、重金属的残留量，监管农用生产资料，建立食品安全信息查询系统，对本国和进口食品进行抽检
消费者厅	保护消费者权益的专门行政机构，调节和处理消费者纠纷，向食品安全监管机构提意见，普及食品安全知识和政策

① 下设 11 个局：医政局、健康局、医药食品局、劳动基准局、职业安定局、职业能力开发局、雇佣均等儿童家庭局、社会援护局、老健局、保险局、积金局。其中，医药食品局主要负责食品安全，医药食品局内部专门设置食品安全部，直接负责食品安全监管。

② 下设 5 个局：综合食料局、消费安全局、生产局、经营局、农村振兴局。其中，消费安全局主要负责食品安全及消费安全。

二、严厉的法律惩处让败德者永不翻身

德国哲学家康德在《实践理性批判》中指出，"法律是道德标准的底线"。在食品安全道德黑暗期，当恶劣的食品生产经营者无视消费者的生命安全，一次次僭越道德底线产销有毒有害食品的时候，法律必须要有所作为，重典治乱，严厉惩处恶劣的食品生产经营者，斩断无耻利益的黑手，以保障和促进食品安全领域的道德治理。总结发达国家食品安全法律守护食品安全道德方面的经验，主要有以下几点：

（一）食品安全法律法规体系不断完备且与时更新

从英国、美国、日本食品安全道德治理的经验来看，食品安全道德状况出现好转的拐点就是食品安全立法工作的加强。在英国，1860 年颁布了近代第一部食品安全法律《食品与饮料掺假法》，1872 年和 1875 年相继颁布了《食品与药品掺假法》和《食品和药品销售法》。英国加入欧盟后，在食品安全法律法规和技术标准上一方面是采用欧盟法律法规和技术标准并参与相关法律法规和技术标准的制定和修订，另一方面是将欧盟法律法规和技术标准内化为本国法律法规和技术标准，用于处理国内食品安全问题。在美国，1906 年先后颁布了《纯正食品与药品法》和《肉类检验法》。在日本，尽管在 1947 年和 1948 年先后颁布了《食品卫生法》和《农药取缔法》，但是，并没有阻止第二次世界大战后日本食品安全道德黑暗期降临的脚步，为了摆脱这一困境，日本出台了保护消费者权益的一部非常重要的法律，即 1968 年的《消费者保护基本法》。

食品安全法律法规在守护食品安全道德方面，效果立竿见影，直接帮助发达国家走出早期食品安全道德黑暗期的泥沼。此后，发达国家根据形势发展变化的需要，不断修订、完善和增加食品安全法律法规，形成了相对完备的法律法规体系（美国、英国、日本主要食品安全

法律法规，见表 4-4）。以美国为例，美国在《纯正食品与药品法》颁布后 100 多年的时间里，食品安全相关的法律法规持续更新，修订或颁布新法近 80 次，其中总统亲自签署的就有 10 部法律。2013 年，美国对食品安全法律进行了一次大幅度的修订，法律新规定的食品卫生标准有 1200 页之长，规定的内容事无巨细，从食用农产品的种植、养殖，再到食品生产加工，直到销售消费，每一个环节、每一项内容都作出了详细的规定，让国民的食品安全覆盖在庞大的法律法规体系之下。

表 4-4　美国、英国、日本主要食品安全法律法规

美国		英国		日本	
时间（年）	法律名称	时间（年）	法律名称	时间（年）	法律名称
1906	《纯正食品与药品法》（罗斯福总统签署）	1860	《食品与饮料掺假法》	1947	《食品卫生法》
1906	《肉类检验法》	1872	《食品与药品掺假法》	1947	《食品卫生法施行令》
1938	《食品、药品和化妆品法》	1875	《食品和药品销售法》	1947	《饮食业营业取缔法》
1944	《公共保健服务法》	1984	《水产类食品管理法》	1948	《农药取缔法》
1947	《联邦杀虫剂、杀真菌剂和灭鼠剂法》（杜鲁门总统签署）	1987	《消费者保护法》	1950	《农业标准法》
1957	《禽肉产品检验法》（艾森豪威尔总统签署）	1990	《食品安全法》	1950	《植物防疫法》
1958	《食品添加剂修正案》	1998	《饮用奶管理法》	1951	《家畜传染病预防法》
1960	《色素添加剂修正案》	1999	《食品标准法》	1961	《农业基本法》
1967	《健康肉类法》（约翰逊总统签署）	2003	《蜂蜜管理法》	1968	《消费者保护基本法》
1968	《健康家禽产品法》（约翰逊总统签署）	2006	《新食品标签指南》	1970	《农林产品品质规格和正确标识法》
1972	《联邦环境农药监管法》（尼克松总统签署）	1997	《食品安全绿皮书》（欧盟）	1996	《植物防疫法》

续表

美国		英国		日本	
时间（年）	法律名称	时间（年）	法律名称	时间（年）	法律名称
1974	《安全饮用水法》（福特总统签署）	2000	《食品安全白皮书》	2001	《转基因食品标识法》
1990	《营养标识和教育法》	2002	《食品安全管理基本法》	2003	《肯定列表制度》
1994	《膳食补充剂健康与教育法》	2002	《一般食品法》	2003	《食品安全基本法》
1996	《减少病原体法》	2004	《食品卫生法》	2003	《牛肉生产履历法》
1996	《食品质量保护法》（克林顿总统签署）	2006	《食品及饲料安全管理法规》	2004	《消费者基本法》
1997	《食品药品监督管理局现代化法》			2013	《食品标识法》
2007	《联邦食品药品与化妆品法》			2015	《新食品标识法》
2011	《食品安全现代化法》				

发达国家的食品安全法律法规是实现食品安全道德治理的关键因素，英国、美国、日本等发达国家在食品安全立法方面起步较早，发展很快，基本形成了以一部食品安全根本法律为核心和统领的庞大的食品安全法律法规体系，各法律法规之间相互配合、相互支持，覆盖范围全面，内容具体详细，基本涵盖了食品链条的各个环节和各个领域。随着形势的发展变化，这些法律法规也会随着更新完善以适应新形势新趋势，同时会制定一些新法律法规以弥补不足。如，在转基因食品出现后，各国陆续地出台了相应的法律法规，以应对和防范转基因食品安全风险。总体而言，发达国家的食品安全法律法规从不同方面入手，囊括了主要的食品种类和生产销售环节，明确了食品生产者和经营者的责任，逐步形成了良好的食品生产加工标准。①

---

① 王玲：《发达国家食品安全法制发展及启示》，《理论月刊》2006 年第 5 期。

（二）立法宗旨彰显消费者健康权益至上的道德情怀

发达国家在食品安全立法方面，把消费者权益放在了极其重要的位置，时时处处都彰显出消费者健康权益至上的道德情怀。消费者权利意识的觉醒使其逐渐成为食品安全道德治理的重要力量，消费者对食品生产经营者和政府行为的监督，目的也是出于对消费者健康权益的维护。从全球范围来看，美国的消费者权益保护思想发端最早，可以说是维护消费者权益思想的起源地。为了维护消费者的权益，美国形成了较为完备的相关法律体系并注意法律的实施和运用效果。尽管没有出台维护消费者权益的全国性专门立法，但是在关于商品的单项法律中都把消费者视为交易双方的弱势一方予以法律保护，充分体现了对消费者权益的尊重。在食品安全方面，美国相关食品立法都把消费者健康权益置于首要位置，以1938年的《食品、药品和化妆品法》为基础，美国的食品安全法律法规日益完备，形成了联邦、州和地方立法"三位一体"的综合性法律法规与具体性法律法规相互衬托的食品安全法律法规体系。这些法律法规确立起严格的监管、严谨的标准和严肃的问责，消费者如果遭遇食品安全侵害，食品生产经营者及其有关责任人都将受到严厉的惩处，这种惩处会让事件的始作俑者永不翻身。

在英国，食品安全法律覆盖范围纵横交错，纵贯食品"生产—消费"全过程，横跨所有食品利益相关者，对保护消费者的食品安全权益作出了重大贡献。英国的食品安全立法时时处处体现出消费者利益的至上性，在食品生产经营者、政府和消费者的利益博弈中，始终把消费者视为重要的力量，以消费者的利益为中心来制定法律法规，形成了一套行之有效的保护消费者食品安全权益的法律法规体系。1987年的《消费者保护法》虽然是一部带有普遍意义的保护消费者权益的法律，不仅仅是针对食品安全问题的，但是这种对消费者权益的肯定和保障无疑为消费者食品安全权益提供了一道防护屏障。如在该法中关于消费者安全标准的规定中清晰界定了不安全产品的定义，并对法律责任与救济、诉讼与抗辩都作出了具体规定。1990年的《食品安全法》专门有关于消费者权益保护的规定，其中的第14、15条规定了食品安全出现问题给消费者造成伤害需要承担的法律责任，并且规定了虚假食品宣传的法律责任。在英国，食品安全监管机构颁布的《食品业指南》分为面向全部食品业和面向专门食品类别两部分，对食品安全法律法规的制定和执行起到了很好的专业指导作用，同时，对消费者的食品购买和消费行为具有极高的参考价值。在英国，有重视程序法的传统，程序优先于权利，如果不按程序，就保证不了权利，这一点在食品安全法律法规中亦得到了充分体现。在《食品安全法》的很多章节中都有关于程序的规定，这有效地保证了消费者和食品生产经营者的权利，维护了司法公正，防止了监管者权力的滥用。

在日本，非常重视对消费者的法律保护。日本的《消费者保护基本法》于1968年颁布，这一法律的颁布标志着第二次世界大战后日本从鼓励和支持生产者向保护和维护消费者权益转变，从重视发展经济向重视保障民众权益转变，对消费者权益的重视提到了新高度。依据该法，1970年，在原有的国民生活研究所的基础上，日本成立了国民生活中心，该中心把接受消费者的投诉、帮助消费者维权作为一项重要工作，中心成立之初，就接受了大量的食品安全投诉。2004年，日本颁发《消费者基本法》，该法在《消费者保护基本法》基础上修订完成，去掉"保护"两个字，意味着日本消费者的蜕变，说明了日本消费者已经走向"独立"，消费者的自主维权意识已经成熟。《消费者基本法》开宗明义："消费者有向国家和地方政府要求国家和地方政府完备有助于保护消费者权利的司法和行政系统的权利。"①1947年，日本颁发《食品卫生法》，此后，该法共进行过11次修订。2003年，日本颁发《食品安全基本法》，这是对《食品卫生法》的最大一次修订并运用了新名称，《食品安全基本法》的颁发，顺应了世界重视食品安全的趋势，实现了从关注食品卫生向重视食品安全的转变，充分体现了对消费者权利的尊重。《食品安全基本法》坚持两条立法原则：一是以食品安全促进国民健康；二是食品安全立法要表达民意，确保立法过程公开、公正。《食品安全基本法》第3条明确指出："保护国民健康至关重要。要在这一基础下，采取必要的措施确保食品安全。"《食品安全基本法》重点保护了消费者在食品购买、食品选择、食品行政参与等方面的权利，体现了以消费者为本的理念。

（三）食品安全法律法规体系建设向食品链条前端延伸

食品安全既需要通过对问题制造者施以法律严惩以净化食品安全空气，更需要防患于未然，阻止食品安全问题的发生。近些年，发达国家在食品安全法律法规体系建设的理念上发生了重大转变，预防为主成为重要理念，在这一理念的指引下，发达国家食品安全监管的针对性、实效性和可操作性都得到了很大的提升。2011年，美国的《食品安全现代化法》明确提出预防为主理念，并明确要求食品安全监管机构要从事后监管为主向事先预防为主转变，这有利于将食品安全问题扼杀在最前端，尽量避免和防止食品安全侵害发生后的亡羊补牢行为。

---

① 杨蕾：《日本的食品安全》，《学习时报》2012年5月28日。

　　在发达国家工业化的进程中，环境破坏衍生出的诸多问题成为各国无法回避之痛。环境破坏让食用农产品的种植、养殖环境变得很糟糕。为了提高食用农产品的质量，发达国家开始重视产地环境和食品生产初级环节的安全。在美国，很早时候就制定了土壤保护方面的法律，1980 年制定《综合环境对策、赔偿及责任法》（又称《超级基金法案》）、1996 年制定《土壤筛选导则》、2003 年制定《土壤生态筛选导则》，这些法律法规规定和明确了环境破坏者，特别是土地破坏者的责任，要求污染制造者必须承担污染治理的首要责任。2005 年至今，美国加大了对生态农业的支持，逐步构建起支持生态农业的法律法规和政策体系，涉及环境保护、水土保持、科技研发等诸多方面。经过多年的持续治理，至 21 世纪初，美国的农业污染面积比 1990 年减少了 65%。[①]

　　自 1980 年《超级基金法》颁布以来，超级基金项目取得了很大的成绩，永久性地治理了近 900 个列于《国家优先治理顺序名单》上的危险废物设施，处理了 7000 多起紧急事件。该项目保证了人类的健康，降低了环境风险，并为受污染土地的重新使用提供了可能。[②] 现代农业中化肥、农药、兽药的使用在增加农作物产量和动物生长的同时也带来了大量的食品安全风险。美国对农兽药的使用有一套规范的登记和管理制度，对农兽药的残留量有严格的规定，农兽药的经营者和施用者需要专门的培训。在肥料管理使用方面，美国虽然没有统一的联邦立法，但是在各个州基本都有关于肥料管理使用方面的法律，要求对

---

　　① 旭日干、庞国芳：《中国食品安全现状、问题及对策战略研究》，科学出版社 2015 年版，第 76 页。

　　② 王曦、胡苑：《美国的污染治理超级基金制度》，《环境保护》2007 年第 10 期。

肥料的产销进行登记和标识，并建立起科学的施肥方案推荐系统。

在英国，重视食用农产品种植、养殖环境的治理与建设，英国在1990年出台了《环境保护法》，其中的第 IIA 部分对已有土壤污染治理进行了专门规定，并授权环境主管部门依据该法制定《法定指南》，《法定指南》分为硬指南和软指南两部分，对土壤污染的责任主体及其责任承担进行了划分，在土壤污染防治和土壤污染治理方面发挥了关键作用。英国严格规定农药使用，对施用农药者实行培训，培训内容涵盖相关法律法规和科学施药、药剂对人体健康影响等具体内容。培训结束后培训接受者还要过笔试、口试和实际操作考试关，过关后方能获得《农药使用资格证书》。如果没有证书者施药要接受有证书者的监督和指导，否则视为违法施药，这要受到经济处罚甚至是判刑。此外，英国还参与了欧盟的农药再登记制度，对高毒、高风险农药逐步拒绝使用。为了鼓励农户科学绿色种植、养殖，英国政府还专门出台了相关的生态补偿政策。在化肥、农药、兽药的使用方面不仅有严格的相关法律法规规定，而且对发展有机农业的农户还有补贴，经过生态评分的方式以决定补贴发放的数额，这对于提高农户在生态种养方面的积极性收效明显。

日本国土资源狭小，土地资源稀缺，为了保护耕地，日本在1970年制定了《农用土壤污染防治法》和《水污染控制法》（该法在1996年修正过），这两部法律在一定程度上缓解了日本食用农产品种植、养殖环境恶化的脚步。为了进一步扭转日益紧张的国土资源情况和不断严峻的土壤污染情况，日本加大了治理被污染土壤的力度，以实现土壤的恢复，在2002年，日本环境省第53号令颁发了《土壤污染对策法》，该法于2003年生效。日本较为完善的土壤污染治理法律体系，发挥了积极的作用，收到了良好的效果。日本的工业界人士主动进行土壤污染防治，土壤污染的势头得到了扼治和扭转，食用农产品的种植、养殖环境得到了优化。在农药使用方面，日本的菜农是既不能滥用农药，也不敢滥用农药，严密的法律法规体系和检测体系把有可能滥用农药者拒之门外，严厉的法律惩处则会直接让滥用农药者望而生畏，不敢跨越雷池。早在1947年的《食品卫生法》中就有关于农药方面的规定，要求食用农产品提供者要提供已用的农药信息。为了保证国民健康，针对农药问题，日本在1948年还专门制定了《农药取缔法》，该法根据形势发展变化，不断修改完善，规定越来越细越来越严，惩处力度越来越大。日本的农林和环境部门就农药的使用范围、使用时期、使用方法、使用标准做了具体的规定，农药生产者在农药上必须标注相关使用信息和有效期，农药使用者必须按标准使用，如果违反规定，会受到经济罚款，甚至是判刑。至于剧毒农药，日本有严格的限制，因此其所占比例很低，日本低毒农药在市场上占90%以上。

（四）食品安全法律惩处具有强大的震慑力

发达国家对食品安全事件制造者的处罚非常严厉。在发达国家，食品生产经营者有明确的法律责任认定，涉及具体的违法行为都有详细的法律规定，在食品链条的各环节都设置了细致化的法律控制，对于食品安全事件制造者，一经查实，都会立刻被追究法律责任。处罚视违法行为轻重，从罚款直到追究事件制造者的刑事责任。如，在日本，对食品安全事件制造者惩处的范围不断扩大，惩处力度不断加大。在2003年修订的《食品卫生法》中，把违反标识义务等行为纳入法律惩处范围，规定了处以罚金和有期徒刑等处罚方式，明确提出对所有食品安全违法行为要加大惩处力度。由于处罚的严厉，在一些国家，甚至出现过食品安全事件制造者畏罪自杀的情况。当然，对于及时挽救和弥补食品安全事件危害的事件制造者，法律也作出了视危害情节情况给予免除处罚或者是减轻处罚的规定。对于顽固不化、不知悔改的食品安全事件制造者则作出了加重处罚的规定，受到刑事处罚的食品安全事件制造者，终身不得再从事食品行业。

英美法系中的惩罚性赔偿制度对消费者的食品安全权益起到了非常好的保障作用。惩罚性赔偿制度与补偿性赔偿制度相对应，是一种民事损害赔偿制度，该制度支持和鼓励消费者向侵权人索取远高于实际损失的赔偿，高于实际损失的部分实际就是对侵权人的加重惩罚，甚至让恶意侵犯人倾家荡产，让侵权人付出巨大代价，防止类似加害行为的再次发生，以维护社会的公平正义。惩罚性赔偿制度有利于鼓励消费者在遭遇侵害后积极主动维权，同生产经营者产销假冒伪劣商品等欺诈行为进行斗争。

三、完善的诚信体系让失德者寸步难行

建立食品安全诚信体系是实现食品安全道德治理的重要举措。在发达国家均建立起了比较完善的诚信体系，信用记录制度日益完备，诚信评价日益细化，守信激励和失信惩戒制度基本建立，诚信信息共享平台基本搭建，如此一来，在完善的诚信系统中，失信者的生存空间越来越狭小，一旦失信失德在社会上就会处处受阻，寸步难行。

食品安全信息的公开透明是食品安全诚信体系建设的重要内容之一。信息不对称往往是诱发食品安全的深层次原因，特别是在现代社会，随着专业化程度的不断提高，在食品生产经营者与消费者之间，食品生产经营者掌握的信息越来越多，而消费者由于缺少专业化的知

识导致对食品安全鉴别的能力相对下降，弱势地位越来越明显。发达国家为了保障公众的食品安全信息权利，促进食品安全信息的公开透明，逐步建立起食品安全信息公开制度，促使食品安全信息公开日益规范、科学、有效。如美国的食品安全信息发布系统，就很好地保证了食品安全信息的公开、透明，成为食品安全诚信体系建设的重要环节。该系统会对食品安全的市场检测信息进行定时发布，对不合格的食品召回信息进行及时通报，对食品安全监管机构的有关议案也会进行公开，这为公众的食品选择提供了信息参考，提振了消费信心，对食品生产经营者的诚信建设起到了巨大的推动作用。美国还有严谨完备的食品标签法规，在《联邦食品药品和化妆品法》与《公平包装及标签法》中对食品生产经营者提出食品标签的强制性规定，以供消费者了解食品信息。日本于 1970 年修订并实施《农林产品品质规格和正确标识法》(JAS 法)，要求食品生产者必须标识食品的成分、生产日期和使用期限。

　　建立和完善食品追溯制度是食品安全诚信体系建设的又一项重要内容。食品追溯制度通过对食品供应链档案化管理，可以实现对食品链的全程控制，若发现食品安全问题可通过信息记录查询到问题源。为实现食品的可追溯，很多发达国家都为食品建立起"身份证"。日本于 2001 年在牛肉生产供应中推动农产品和动物性食品的可追溯体系建设，2002 年食品信息追溯体系向整个食品行业铺开。当前，日本的食品生产经营记录很完善，在生产经营过程中每一个环节都有据可查。由农业协同组合（简称"农协"，日本全国的农户基本加入了农协）下属各地农户生产的农产品都有一个"身份证"，即所有农产品都会被编上识别号码，就是农产品的"身份证"号码，这项规定开始于 2006 年，至今已有十几个年头。农协下属的各地农户，必须记录米面、果蔬、肉制品和乳制品等农产品的生产者、农田所在地，使用的农药和肥料、使用次数，收获和出售日期等信息。农协在收集这些信息后，整理成数据库并将这些信息公开至网页供消费者查询。①

　　目前，在日本零售商店销售的食用农产品都可以查询到生产地、生产者，使用过的农药和肥料的名称、浓度、次数、使用时间，以及收获和销售日期等具体信息，这些信息公布在网页上，一般会保留三年，消费者查询起来很方便。英国在 1998 年"疯牛病"之后，就给本国境内所有的牛都建立了"身份证"，每头牛都可以查询到它的详细信息。这让 2010 年发生的"克隆牛"事件很快就查明了结果，"克隆牛"是一头从美国进口的"克隆牛"后代，并查询到"克隆牛"及其后代圈养的农场，信息公开之后很自然地消解了一场风波。在英国，食品安全数据库详细记录着食品生产链上的每一个环节，就肉类而言，饲料经销商要记录配送信息，养殖户要详细记录养殖信息，屠宰场要给宰杀切割后的每块肉都贴上标签，最后通过食品条形码，每块肉的信息都非常详尽。美国在 2002 年《公众健康安全和反生物恐怖预防法》中规定"跟踪与追溯条款"，2003 年着手建立家畜可追溯体系，2005 年实施《鱼贝类产品的原产国标签暂行法规》。食品"身份证"可以很好地保障消费者的权益，让消费者充分享有食品信息，了解食品生产销售的来龙去脉，公开完整的信息可以增强消费者的食品购买信心。同时，食品"身份证"有利于从源头上防范食品安全事件的发生，在客观上增进食品生产经营者的诚信意识，因为，一旦食品出了问题，是可以追根溯源且较快查明原因的，食品安全事件的制造者是无法逃脱责任的。

---

　　①　许缘：《日本怎样炼成食品安全神话》，《新华每日电讯》2014 年 6 月 27 日。

食品召回制度是鼓励食品生产经营者诚信的重要措施。当发现食品存在安全问题会对消费者健康造成影响时，食品生产经营者依法向监管机构报告并告知消费者，回收问题食品进行补救，以消除安全风险。在美国，肉、禽和蛋类缺陷产品由食品安全检疫局负责召回；肉、禽和蛋类缺陷产品以外的食品由食品药品监督管理局负责召回。依据损害程度，食品召回区分为严重、轻微和无危害三个级别，召回级别也决定了召回的规模和范围有所差异。召回分为主动召回和被动召回两种情况：一种是食品生产经营者获悉食品存在问题从市场上主动撤回；一种是食品生产经营者在食品安全检疫局或食品药品监督管理局的要求下召回。无论是主动召回，还是被动召回，都需要遵循法律程序，在监管部门的监督下进行。英国的食品召回制度与追溯制度紧密衔接，当监管机构发现食品安全问题后，会通过电脑记录迅速找到问题源，一方面将信息告知公众以缓解公众的紧张情绪，另一方面采取紧急行动，要求生产经营者撤回在市场上销售的食品。同时，将问题食品资料提交国家卫生部，根据危害的程度和波及的范围情况，卫生部决定下一步行动，控制危害的蔓延以保护公众的健康权益。日本尚未建立独立的食品召回制度，食品召回的相关规定参照产品召回制度进行，召回的问题食品主要是触犯了《食品安全基本法》的食品。日本的食品召回根据实施方分为强制召回和自愿召回，根据形态，分为公开和非公开召回两种方式。在日本的媒体上经常会有主动食品召回的公告，公告中会体现出食品生产经营者道歉的口吻，并说明如何召回和如何向已购食品者赔偿等内容。由此可见，日本上下对食品召回十分重视，特别是食品生产经营者对自身品牌信誉的重视。对于主动召回问题食品的食品生产经营者，监管机构也会网开一面，对召回工作给予帮助和指导；而如果是被动召回，食品生产经营者就可能要面临罚款、停业整顿等处罚。在食品召回政策引导之下，食品生产经营者的诚信自律意识得到了明显增强。

对于食品安全信用良好的企业，发达国家普遍采取了激励措施；而对于食品安全信用糟糕的企业，则普遍采取了严厉的惩戒手段。市场经济这只"无形之手"尽管离不开政府监管这只"有形之手"的干预，但是，这种监管要与市场激励有效衔接，才能更好地促进企业尚德守法。一些国家在出台监管政策前，都要进行全面的市场调研与分析，并模拟市场运作情况，争取保证监管的最大效用。政府监管不仅考虑监管效率与效益，而且保证信用良好的食品企业不吃亏，对信用良好的企业给予经济和政策上的支持和扶持。食品安全信用良好的企业，政府根据其信用记录，在金融贷款、财政税收上都有一定的优惠，在行业准入、产品推介以至企业法人代表的个人信用方面都会受到企业信用评价结果的影响。政府会向社会发布食品企业的信用状况，以此影响消费者的消费行为选择，无形中发挥了市场杠杆的调节作用。

在发达国家，食品安全失信企业一旦其失信行为败露，结局是非常悲惨的。一些发达国家的食品安全监管机构不仅有行政执法权，而且还被赋予一定的刑事司法权，可以对失信企业直接进行处罚。在美国，食品药品监督管理局专门设有犯罪侦查办公室，被认为是"食品警察"，这一机构不仅被赋予行政执法权，而且被赋予刑事执法权，该机构可以直接对食品安全事件责任人进行经济处罚，乃至人身强制，加强了执法的权威和效率，实现了行政、民事、刑事责任追究的有效对接。对于安全风险高且敏感的食品行业，若发现其存在失信行为，失信企业及其法人代表会被永远地禁止从事该行业。

四、信息化为食品安全道德治理提供科技支撑

食品安全信息化是食品安全治理的时代趋势，得到了世界各国政府的高度重视，已经成为一种国际共识。在发达国家的食品安全道德治理中，信息化的作用越来越突出，信息化作为食品安全监管的新手段，充分利用了信息优势，比传统的监管手段更有效率，效果也更明显。现代食品安全的复杂程度前所未有，如果没有先进的信息管理手段和畅通的信息交流渠道，食品安全监管势必非常困难。食品安全信息化已成为食品安全监管的重要技术支撑。信息化手段的应用实现了食品安全相关资源的整合，消除信息孤岛，实现信息共享和业务协同，有效提高食品安全监管的科学性、有效性和及时性。[①] 在当今大数据时代，食品安全监管信息化是现代食品安全治理的必然走向，食品安全道德治理需要借助信息化来提升治理水平和治理效率。美国、英国、日本等发达国家是世界上信息化程度最高的，在信息技术研发和应用方面处于世界领先水平，在通过食品安全信息公开与透明以保证公众的知情权方面积累了丰富的经验。

发达国家在食品安全信息化方面已经形成了综合的信息管理平台，具体包括政府信息监管体系、信息传播体系和信息可查询体系。美国的食品安全信息化平台实现了食品安全信息的公开透明，较好地消除了食品安全的信息不对称，有利于消费者及时掌握食品安全真实信息，增强食品安全自我防护能力。美国在政府信息公开化方面是先行者，1966 年，国家出台了《信息自由法》，1976 年出台了《阳光中的政策法》，

---

① Bechini A., Cimino M., Marcelloni F,et al., "Pattern and Technologies for Enabling Supply Chain Traceability through Collaborative E-business", *Information and Software Technology*, 2008, 50（4）, pp.342-359.

两部法律被称为是姊妹法，共同促进了联邦政府的政策公开和会议公开，公众通过这种方式对政府决策的来龙去脉会有较为清晰的了解，而且可以参与到政策法规的制定中表达自己的意见建议，确保很多政策法规是在政府与公众的互动中完成的。美国的政府信息公开化向各个领域伸展，在食品相关信息方面也走在了世界的前列，农业和食品信息在政府、食品生产经营者和消费者之间传递，消除了信息壁垒。在信息服务方面，除提供食品安全信息查询外，还提供食品安全咨询、食品安全教育和食品安全投诉，美国农业部的消费者热线会对消费者在食品安全知识、营养搭配、风险防范等问题进行答复，食品药品监督管理局会对食品生产经营者和消费者进行食品安全知识的指导、培训和教育，食品药品监督管理局设有专门的食品投诉系统。公开、平等、及时、透明的信息使食品生产经营与监管处于阳光之下，让食品生产经营者不敢跨越道德底线去进行不道德的生产经营活动，促使监管者兢兢业业地进行管理。真实权威的食品安全信息也为消费者的食品选择提供了重要的信息参考，提升了食品安全的自我防护能力，防止被不道德食品生产经营者欺诈。

建立食品生产经营信息数据库系统，系统内容一般包括法律法规、相关政策、技术指标、生产规范和质量控制等，为食品生产经营者提供信息指导，为监管者提供信息服务。美国的食品药品监督管理局网站提供了全面的食品从业信息，包括各种类别食品的法律法规、政策要求、管理规范、操作流程、疾病数据，等等。美国农业部建立的"避免食品动物中残留数据库"提供的数据信息可以为养殖者和兽医使用，该数据库的服务范围目前已经超出美国，成为了国际性数据库。日本在农林水产省的官网上建立了食品法律法规政策和食品数据统计资料库、食品热点事件信息资料库。

利用现代信息、监测和通讯技术，建立食品安全信息预警和应急反应系统，促进食品安全监管部门间的合作，对发现的食品安全问题作出及时快速反应。美国负责食品安全监管的 4 个主要机构在自己的监管区域都建有食品安全监测、预警和应急反应系统，动态监控和跟踪食源性疾病的发生发展，及时处理和解决问题。美国的疾病控制与预防中心专门负责食源性疾病的监测预警，为了提高监测的时效性和准确性，疾病控制与预防中心和其他部门合作建立细菌分子分型国家电子网络（PulseNet），提高了食源性疾病病源菌的快速检测能力，对防止食物中毒大规模事件的发生起到了很好的预防作用。美国的细菌分子分型国家电子网络与加拿大卫生部形成了密切的合作，建立了加拿大细菌分子分型国家电子网络，实现了两国数据的实时共享。当前，美国的疾病控制与预防中心正在积极推动全球细菌分子分型国家电子网络的实现，在拉丁美洲、欧洲、亚太、中亚等国家和地区，已经初步实现了多种食品安全疾病的信息交流共享以及防控合作。日本的传染病控制中心亦成立了细菌分子分型国家电子网络，开展食源性疾病细菌基因组分析。日本 1999 年启用的"多种农药快速检验法"，可以对蔬菜、水果和谷物中残留的上百种农药和化学品进行快速检测，提升了日本食品安全监管的技术性。

20 世纪 90 年代以来，美国、英国、日本等发达国家为提高食品安全管理水平，均建立了完善的食品安全风险分析框架。风险评估是对食品中是否具有影响人体健康的物质运用科学手段进行检验，并对风险因素进行分析，分析风险作用的人群、时间、范围、程度等情况。风险评估是食品安全风险分析框架的科学基础，已然成为各国制定食品安全标准及食品安全管理措施的重要依据。美国在不同的食品安全监管部门内部都建有食品安全风险评估分支部门，日本则成立了专门的食品安全风险评估机构。风险管理是通过一系列的标准和规范为防范风险而实施的举措。目前发达国家普遍采用的危害分析和关键控制点管理体系（HACCP）作为一种风险管理就始于美国，该体系能够使消费者识别食品中存在的可能风险并采取措施以防止风险的发生。风险交流以消费者的健康利益为根本宗旨，通过信息公开传播的方式避免消费者免受不安全食品的侵害。美国政府非常重视风险交流在风险评估和风险管理中的作用，通过风险交流以提高风险评估和风险管理的成效。为落实好风险分析，美国等发达国家非常重视对食品利益相关者的培训。

在国际合作方面，世界卫生组织和联合国粮食及农业组织在2004年建立了国际食品安全当局网络（INFOSAN），目前，该组织已经有170多个成员国加入，该组织建立的初衷是在成员国之间实现食品安全信息交流和信息共享，促进国家间在食品安全方面的合作，提升各国应对食品安全突发事件的处置能力。国际食品安全当局网络在各成员国建立了紧急联络点，紧急联络点一方面确保所在国对国际食品安全当局网络预警信号作出及时反应，采取处理措施；另一方面确保成员国之间联络渠道的畅通。国际食品安全当局网络全天不间断运行，如遇重大食品安全问题会与世界卫生组织联系，以协助事件的解决和处理。

五、全民共治让败德者难以遁形

发达国家食品安全问题在经历"市场失灵"和"政府失灵"之后，媒体、消费者等社会力量开始觉醒，并迅速崛起，在食品安全道德治理中发挥着日益重要的作用。在现代社会，食品安全道德风险无处不在，食品安全道德治理不是某一个人，或某一个群体的事，而是全社会的共同责任。任何一类群体都不足以完全解决该问题，只有全社会共同积极行动起来，才能实现食品安全道德治理的共治共享。全民共治已经成为西方社会食品安全道德治理的共识。

媒体是食品安全道德治理的骨干力量。媒体在西方被誉为除立法、行政、司法外的第四权力。在发达国家，媒体有独立的运作空间，法律法规赋予媒体监督权，尽量排除行政等权力的干扰。与此同时，发达国家也十分重视对媒体的规范要求，重视媒体伦理的塑造，对于虚假炮制新闻，制造轰动效应的不道德媒体会面临法律的严惩。在食品安全方面，发达国家鼓励媒体揭发食品不安全行为，曝光不道德食品生产经营者的劣行。媒体监督一是保护消费者的权益，提醒消费者谨防上当；二是对食品生产经营者施加压力，增强食品生产经营者的安全意识，告诫食品生产经营者一旦失信于消费者，媒体的舆论效应会让其失去消费者、失去经济效益，还会遭受到法律的惩处；三是成为政府食品安全监管的有力帮手，担当食品安全监管的先锋。由于食品安全问题的特殊性和民众的高关注度，政府也要求媒体在食品安全信息报道方面要保证科学、准确、客观、公正，不能为了吸引眼球而大肆炒作，更不能捏造事实，影响消费者的选择判断，置消费者于食品安全恐慌中，挫伤消费者的食品消费信心。

消费者是食品安全道德治理的重要力量。现代化带来了充裕而丰富的食品供给，消费者在享受美食的同时，也要有意识防范食品安全道德风险。经历了食品安全道德黑暗期的艰苦岁月，消费者在食品安全方面的维权意识开始觉醒，在摆脱食品安全领域不道德行为侵害的斗争中，消费者的维权意识走向成熟。在现今的发达国家，食品安全知识普及已经成为大众教育的重要内容，在需求侧，科学、道德、理性的饮食观念，对化解食品安全道德风险产生了重要作用。在美国，食品安全常识的普及率达到了80%，含有众多食品安全警示信息的《消费者报告》是该国最畅销的出版物。[①] 消费者不仅认真学习食品安全知识进行自我保护，而且还成立消费者维权组织来共同维护食品安全方面的权益。早在1891年，美国纽约就成立了以维护消费者自身权益为目的的消费者协会，这被认为是世界上第一个消费者权益保护组织。1899年，美国成立的消费者联盟，被认为是世界上第一个全国性的消费者组织。时至今日，以美国为代表的发达国家的消费者维权组织日益成熟，在维护消费者的食品安全权益等各项权益中发挥了重要作用。如，2006年，快餐连锁巨头肯德基使用对消费者健康有不利影响的反式脂肪含量高的烹调油就遭到了消费者维权组织的反对，一个名为公共利益科学中心的消费者维权组织与亚瑟·霍特（Arthur Hoth）医生共同起诉肯德基，后来，这起由消费者维权组织起重要作用，在专家学者、媒体和监管部门的共同努力之下，肯德基只好放弃使用反式脂肪含量高的烹调油。在日本，消费者厅在加强食品安全管理，保护消费者权益方面起到了重要作用。内阁政府还成立了消费者委员会，由民间人士组成，是社会力量参与食品安全监管的代言人，委员会有权对消费者厅的工作进行监督，对消费者权益保护方面的事务进行独立调查审议，对首相和相关大臣提出食品安全监管建议。日本政府在通过各种途径和方式引导消费者科学、健康、道德、理性消费的同时，也

---

① 胡颖廉：《发达国家食品安全治理经验》，《学习时报》2016年3月10日。

积极通过司法手段保护消费者的维权权益，通过信息公开制度和公众听证制度畅通消费者维权的途径。

学术界在食品安全道德治理中的作用日益突出。在英国、美国、日本等国家走出食品安全道德黑暗期的过程中，学术界功不可没，一些有良知的学者扮演了揭露食品安全劣行斗士的角色。学术界，特别是食品安全领域的专家掌握着专业的食品安全知识，有专业作基础对于保障食品安全的作用不言而喻。在当今，发达国家的食品安全专家在食品安全标准及法律法规制定、食品企业资质认证、食品知识普及中发挥的作用越来越大。一些国家干脆将食品安全方面的相关工作委托给学术界来完成，美国的一个非营利性科学组织——分析化学家协会制定的一些食品安全标准检测方法，直接被食品药品监督管理局采用。

食品安全道德治理中，在食品生产经营者方面有"吹哨者"举报制度。"吹哨者"是食品生产经营者内部的监督者。"吹哨者"原指见到违法行为进行检举揭发的内部举报者，在各行各业"吹哨者"都广泛存在。就食品行业而言，食品企业内部的员工比外界掌握更多关于本企业食品安全的信息。如果员工发现企业主在干危害食品安全的勾当，可以站出来勇于揭露企业主的违法败德行为。这样，"吹哨者"由于掌握内部信息可以在第一时间发现问题，吹起哨声，阻止危害行为的发生。但是，"吹哨者"的检举揭发行为是要承担风险的，严重者可能面临人身伤害。为了鼓励和保护"吹哨者"勇敢地站出来，政府一方面对"吹哨者"给以重金奖励，奖励来源于罚款；另一方面对"吹哨者"给予人身保护，专门成立"吹哨者"保护机构，甚至会采取包括转移住所、移民和整容等办法，防止"吹哨者"遭到打击报复。"吹哨者"举报制度充分调动了社会力量参与食品安全道德治理的积极性，在一定程度上减轻了政府监管的成本，弥补了政府监管的不足，提升了监管的效率。

食品行业协会在食品安全道德治理中扮演着重要的角色，可以促成食品生产经营者产生自律压力。在发达国家，食品行业协会是非营利性的民间组织，是食品生产经营者在自愿基础上结成的联盟，行业协会代表和服务于食品生产经营者的利益。食品行业协会有着高度的自治性，其一方面带有中介性，代表食品生产经营者向政府传递信息，代表行业发声，说服政府制定有利于行业的政策；另一方面带有自主性，协调和处理会员间的利益，对加入行会的食品生产经营者提出要求，要求他们遵守行业规矩。在行业监管方面，行业协会已然是政府监管的有力补充。政府是市场竞争的"主裁判"，行业协会是"边裁"；食品生产经营者有没有"越位"，"边裁"比"主裁判"看得更清楚。[1]在相关食品行业准入、行业指导、业界的标准制定、维护业界在秩序的前提下竞争、对违反规定者进行处罚等方面食品行业协会都是重要的参与者，有时甚至发挥着主导作用。发达国家的食品行业协会日益得到社会的广泛认可，特别是其成员的高度赞誉。如，日本农业协同组合是日本最重要的农民互助合作组织，拥有深厚的群众基础、庞大的规模和强大的社会影响力，符合一定条件的农民均可自愿加入。农业协同组合在生产指导、农产品销售、集中采购生产生活资料、信用合作、共济和社会福利等方面都给加入协会的农民提供了很大的帮助。当然，为了行业的声誉和整体利益，行业协会会严格约束和监督会员行为，要求会员遵守行业道德，以诚信赢得消费者的信任。

---

[1]　胡颖廉：《国外食品安全治理如何倡导尚德守法》，《经济日报》2014年6月12日。

第三节 食品安全道德治理的启示

面对不同层次的食品安全问题各个国家都在实施治理，力图摆脱不安全食品的困扰。"他山之石，可以攻玉"。发达国家食品安全道德治理经过历史的沉积，形成了一系列好的经验和做法，这为我国当前的食品安全道德治理提供了很多有益的启示。

一、食品安全道德治理需要权责清晰的监管

食品是特殊的商品，保证食品安全是政府的责任。自由放任的市场经济尽管在早期激发了食品市场的繁荣，但是，市场本身的不足却衍生出食品道德乱象。因此，政府的介入，实施强有力的监管，是化解食品安全道德危机的重要举措。当前，发达国家建立了非常健全的食品安全监管机构，食品安全监管尽管类型有别。然而，无论是一个部门全权负责，还是多个部门联合监管，其在监管职责的划分上是十分清晰的，各监管部门功能互补、通力协作，杜绝了职责交叉重复、多头管理、责任不清的问题，整个监管工作是十分高效的。

发达国家的食品安全监管普遍树立了"从农田到餐桌"的全程监管理念，食品安全监管实现了从田间地头到百姓餐桌的全覆盖，在纵向上覆盖了种植养殖、生产加工、存储运输、销售服务等食品链条全过程，在横向上涵盖了所有食品类别；重点加强了对食品源头污染、食品添加剂等易发生问题的薄弱环节的监管，有效防控了食品安全风险，没有给食品利益相关者的败德行为留下太多的监管盲区和漏洞。在发达国家，监管部门设置了安全食品进入市场的高门槛，食品只有经过层层检验、重重关卡之后，才能进入到市场销售和消费。发达国家的

食品安全标准非常严格，标准中既包括食品中各种成分的限制性规定，也包括加工流程的标准性规定，标准的可操作性和可执行性强，而且会根据情况的发展变化不断更新标准。

二、食品安全道德治理需要法律保障

在传统的熟人社会，食品生产经营行为在一定的地域空间中进行，交易行为基本在熟人间发生，食品掺杂使假等不安全行为较易被识破和追责，传统伦理对交易双方行为的规约起了非常重要的作用。工业化、城市化和市场化的推进，改变了食品交易的空间，使食品生产经营的范围日益向外延展，食品供需均呈现井喷式爆发，全国性的食品市场逐渐形成。伴随着这种变化，传统伦理在食品市场的作用力日渐下降，而法律的地位和作用在逐步上升，食品市场出现的道德乱象亟待法律的利剑出鞘，披荆斩棘，去惩处不道德的食品生产经营行为。从发达国家食品安全道德治理的进程来看，都经历了重典治乱以恢复食品伦理秩序的阶段。无论是英国的《食品与饮料掺假法》、美国的《纯正食品与药品法》，还是日本的《食品卫生法》，各发达国家在食品安全道德治理的过程中，法律的作用都非常突出，建立健全法律是发达国家走出食品安全道德黑暗期的重要经验。经过长期的发展，发达国家的食品安全法律法规日趋完善合理。

发达国家食品安全法律法规的制定始终把消费者的利益放在首位，法律法规覆盖了食品生产经营的完整链条，在内容上事无巨细。随着新形势的出现，法律法规更新的速度很及时，最大限度地避免了食品安全无法可依的情况。发达国家食品安全法律涵盖了食品安全标准的内容，食品安全标准没有自成体系单独运作，而是融入在食品安全法律法规中。如美国食品安全法律中的不同章节都规定有食品安全标准的内容。法律法规的健全完善、条理清晰，既让食品生产经营者和监管者弄清楚需要遵守的法律法规内容，也为全社会共同参与食品安全治理提供了法律依据，对实现食品安全的有序监管和食品安全的道德治理具有极强的促进作用。

三、食品安全道德治理需要生产经营者尚德守法

食品生产经营者道德与否是防范食品安全的第一道关口。食品安全道德治理中食品生产经营者是第一责任主体。食品生产经营者重信誉、讲道德，有牢固的安全意识和法律意识，食品安全的系数自然就高，主观故意的食品安全事故就可以避免。反之，食品安全事件发生的概率就会增加。发达国家的历史经验表明，食品生产经营者的道德沦丧是诱发食品安全事件的始作俑者，加强诚信体系建设，建立健全食品生产经营者道德自律机制，促进食品生产经营者尚德守法势在必行。

在食品安全道德治理的过程中，外在的监督监管是食品生产经营者的他律，而食品安全最主要的还是要依托食品生产经营者的道德自律。在一些发达国家，食品生产经营者在其所在地区食品安全监管部门注册登记后，即被列入风险列表。食品生产经营者被要求建立严格的内部检查制度，防范生产经营过程中出现的食品安全风险，并要求定期将自查的结果报告给监管部门。食品生产经营者主动自查，下架和召回问题食品，勇于揭露自身问题的做法，不仅可以促进自身自我道德进步，而且也赢得了消费者的信任。健全的食品安全信用档案，推动了政府监管、社会监督、食品生产经营者自律的良性运行机制，

而这个运行机制的终点就落在了食品生产经营者的自律上，这也是破解食品安全问题，化解食品安全道德危机的根本点。

四、食品安全道德治理需要借助现代信息技术

人类进入 21 世纪，信息技术的发展超过了以往一切时代，人们对信息的运用和驾驭能力越来越娴熟。在一些发达国家，信息技术所覆盖的领域越来越广阔，在社会治理中信息技术发挥了举足轻重的作用。当代食品安全道德治理，离不开信息技术的支持，信息技术能够为食品安全道德治理插上科技的翅膀，降低监管成本，提高监管效能，破解食品安全道德治理中的难题。自 20 世纪 90 年代起，美国、英国、日本等发达国家充分利用信息技术优势，建立并不断完善食品信息追溯体系，从食品生产、销售到消费的全程，生产地、生产者、化肥、农药、饲料、兽药等详尽食品信息都被记录在案。如果食品在流通过程中发现问题，就可以根据信息追踪到问题源头，迅速采取行动化解危机。在很多发达国家，如果食品不可追溯，是不能进入市场的，这些国家也拒绝进口不可追溯的国外食品。发达国家的食品安全风险评估与预警制度同样基于对信息的占有与处理。食品安全风险评估机构通过食品安全信息收集对食品中的危害因素进行分析通报，大大降低了食品对公众造成的侵害。食品安全预警制度通过对不安全食品的信息发布，同时采取措施终止不安全食品的市场流通，阻止了不安全食品危害的蔓延，将不安全食品危害降到最低。

食品安全道德治理的信息化倒逼食品生产经营者尚德守法。在很多发达国家，食品生产经营者的信用信息可以通过官方网站进行查询，这为公众的消费选择提供了极有价值的信息参考。如在英国，食品标

准局建立了较为全面的食品安全信息数据库，全英 50 多万家的食品生产经营者信息，包括食品生产企业、超市、餐馆的信息都可以通过这个数据库在网络上查询得到。全国绝大多数食品生产经营者的信用信息通过这一平台在全国消费者面前被一览无余，食品安全与否，优劣与否皆一目了然。如此一来，食品生产经营者不得不尽全力保证自己生产经营食品的安全性，重视自身的声誉建设，食品生产经营者的声誉与自身的发展息息相关，食品生产经营者一旦出现安全问题声誉受损，等待他的将是穷途末路。

五、食品安全道德治理需要全社会共同参与

公众是安全食品的受益者，不安全食品的受害者。从发达国家食品安全道德黑暗期的情况来看，公众饱受不安全食品的侵害，然而，也正是公众的觉醒和参与，才促使发达国家一步步走出食品安全道德黑暗期的苦难岁月。在发达国家经历的食品安全道德黑暗期，经有良知媒体的报道和揭露，英、美、日等国公众对食品安全的关注度不断提高，食品安全意识也在不断增强，一些恶性的食品安全事件得到了全社会的广泛关注。经历食品安全道德黑暗期阵痛的英、美、日等国公众，如同今天中国公众面对屡屡发生的食品安全道德恶性事件一样，既苦不堪言，又愤怒不已。正是这种群情激奋，不断推动了各国的食品安全立法工作进展和食品安全监管制度改革，深入推进了食品安全的道德治理，促进食品生产经营者回归道德的生产经营方式。

在发达国家早期食品安全道德治理的过程中，学术界发挥了非常重要的作用，特别是食品科学家的作用非常关键。食品科学家作为食品界的专业人士，他们比普通消费者掌握更多的食品安全知识，他们

勇于揭露食品安全问题，分析问题产生的原因，并提出解决问题的办法。如英国的弗雷德里克·阿库姆、约翰·米歇尔，美国的哈韦·威利等都是有良知的科学家，他们站在普通民众的立场上，从专业的角度揭发食品掺杂使假问题，成为促动食品安全立法和监管改革的先驱。媒体在食品安全道德治理的过程中为声讨食品掺杂使假行为提供了重要的舆论阵地，充满社会正义感的记者担负起"黑幕揭发者"和"扒粪者"的角色，激发了广大民众要求食品安全立法和监管改革的巨大公众诉求。民间社会组织，如美国的全国消费者联盟、日本的消费者维权组织等与商业组织一起，亦是食品安全立法、食品安全监管改革和食品安全道德治理的推动力量。

第五章　食品安全道德治理的理念原则

中国正在经历的食品安全道德困难时期与发达国家曾经经历的食品安全道德黑暗期有一定的历史相似性，总结发达国家走出食品安全道德黑暗期的历史经验，能够为我们今天的食品安全道德治理提供启示。但是，今天中国的食品安全道德问题又有其复杂的时代背景和不同的国情基础，因此，进行食品安全道德治理要考虑这些特殊性，扎根中国的实际，立足中国的国情来提供中国方案。如果盲目地来照抄照搬西方的食品安全道德治理模式，必然要发生时代不符和水土不服的情况，无益于食品安全道德困境的解决。对当今中国的食品安全问题进行道德治理，需要明确我们的原则。原则是人们观察问题、分析问题和处理问题所遵循的标准或准则。毛泽东同志指出："理论与实践的统一，是马克思主义的一个最基本的原则。"[1]准确把握食品安全道德治理的核心理念、基本原则和具体原则，是有效实施食品安全道德治理的基础，能够为食品安全道德治理提供基本的遵循。

---

① 《毛泽东文集》第 7 卷，人民出版社 1999 年版，第 89 页。

第一节　核心理念：以人民为中心

习近平总书记在党的十八届五中全会上系统阐述了创新、协调、绿色、开放、共享五大发展理念。党的十九大报告要求要坚定不移地贯彻五大发展理念，同时强调发展必须要坚持以人民为中心，不断促进人的全面发展、全体人民共同富裕。思想是行动的先导，理论是实践的指南，新的发展理念对当代中国的发展具有重要的理论指导意义，关乎发展的成效与成败。习近平总书记提出的共享发展，是对科学发展观的坚持和发展，进一步推进了马克思主义发展观的中国化当代化大众化，使我们对发展规律的认识跃升到新境界。[①]共享发展事关全体中国人民的幸福，需要坚持以人民为中心，突出人民群众利益的至上性。食品安全关系到人民群众的身体健康和生命安全，是最大的民生问题。加强食品安全的道德治理，需要坚持以人民为中心的发展思想，这解决了食品安全道德治理"为谁而治"这一根本问题，有利于切实保障广大人民群众共享食品安全成果。

一、以人民为中心的思想精髓

以人民为中心的发展思想特色鲜明地回答了"依靠谁发展、为了谁发展"这一关乎发展的根本问题和原则问题，彰显了中国共产党始终热爱人民、服务人民，坚持人民至上的立场和感情。

进入中国特色社会主义新时代，需要牢固树立以人民为中心的发展思想。人民是国家和社会的主人，是推动中国特色社会主义道路前

---

① 任理轩：《坚持共享发展——"五大发展理念"解读之五》，《人民日报》2015 年 12 月 24 日。

行的根本动力，我们一切工作的出发点和落脚点就是广大人民群众的根本利益，就是要尽一切努力实现和保障广大人民群众的各项权益，就是要让改革发展的成果为广大人民群众所共享。"必须坚持人民主体地位，坚持立党为公、执政为民，践行全心全意为人民服务的根本宗旨，把党的群众路线贯彻到治国理政全部活动之中，把人民对美好生活的向往作为奋斗目标，依靠人民创造历史伟业。"①

　　以人民为中心的发展思想坚持和继承了唯物主义的历史观。建党90多年以来，中国共产党以历史唯物主义为理论基石，对历史唯物主义始终遵循、一以贯之，始终尊重人民群众的历史主体地位。毛泽东同志深刻指出："人民，只有人民，才是创造历史发展的动力。"②邓小平同志认为："群众是我们力量的源泉，群众路线和群众观点是我们的传家宝。"③江泽民同志和胡锦涛同志对党的执政理念和根本宗旨的认识都进行了与时俱进的深化和发展。江泽民同志指出："我们建设有中国特色社会主义的各项事业，既要着眼于人民现实的物质文化生活需要，同时又要着眼于努力促进人的全面发展。"④胡锦涛同志明确提出以人为本是科学发展观的核心，指出："全党同志要全面把握科学发展观的科学内涵和精神实质，增强贯彻落实科学发展观的自觉性和坚定性。"⑤习近平总书记于2012年11月15日，在十八届中央政治局常委与中外记者见面会时就提出："人民对美好生活的向往，就是我们的奋斗目

---

① 习近平：《决胜全面建成小康社会　夺取新时代中国特色社会主义伟大胜利》，《人民日报》2017年10月28日。

② 《毛泽东选集》第三卷，人民出版社1991年版，第1031页。

③ 《邓小平文选》第二卷，人民出版社1994年版，第368页。

④ 江泽民：《在庆祝中国共产党成立八十周年大会上的讲话》，学习出版社2001年版，第26页。

⑤ 胡锦涛：《高举中国特色社会主义伟大旗帜　为夺取全面建设小康社会新胜利而奋斗》，人民出版社2007年版，第18页。

标。"①2013 年 3 月 17 日，在第十二届全国人民代表大会第一次会议闭幕会上，习近平总书记进一步指出："中国梦归根到底是人民的梦，必须紧紧依靠人民来实现，必须不断为人民造福。"②实现奋斗目标为了人民，奋斗目标实现依靠人民，蕴含了以人民为中心的发展思想的精髓，深刻回答了发展的根本问题和核心问题，坚定了无产阶级政党以人民为中心的政治站位和政治立场，表达了为民服务和人民利益至上的道德操守和高尚情怀。

以人民为中心的发展思想集中体现了党的根本宗旨。中国共产党的根本宗旨是全心全意为人民服务，这是中国共产党的立党之本、执政之基和力量之源，党的一切理论和实践都是以全心全意为人民服务为价值指向，并遵照此展开的。1945 年在党的七大《论联合政府》报告中，毛泽东同志提出："全心全意为人民服务，一刻也不脱离群众；一切从人民利益出发，而不是从个人或小集团的利益出发……这些就是我们的出发点。"③无论是在革命战争年代，还是在和平发展时期，中国共产党始终坚持以人民为中心，为人民谋利益，须臾未曾背离，以人民为中心的发展思想是贯穿于党在各个历史时期和各项工作的一条主线。尤其是在改革开放以来，中国共产党领导人民以经济建设为中心，聚精会神抓建设，凝心聚力促发展，国家实力不断增强，国际地位不断提高，人民生活不断进步，幸福感不断提升，社会主义制度的优越性充分显现，这些都是以人民为中心的发展思想的有力实践。从

---

① 《习近平在十八届中共中央政治局常委同中外记者见面时强调：人民对美好生活的向往就是我们的奋斗目标》，《人民日报》2012 年 11 月 16 日。

② 习近平：《中国梦归根到底是人民的梦　必须紧紧依靠人民来实现》，新华网，2013 年 3 月 17 日，见 http://theory.people.com.cn/n/2013/0317/c49171-20816370.html。

③ 《毛泽东选集》第三卷，人民出版社 1991 年版，第 1096 页。

历史和现实两个维度审视，坚持以人民为中心的发展思想，是中国共产党领导中国革命、建设和改革获得成功，促进中国特色社会主义事业蓬勃兴旺的思想根基。

以人民为中心的发展思想符合时代发展的新要求。以习近平同志为核心的党中央在我国发展转型转折的关键阶段提出的创新、协调、绿色、开放、共享五大发展理念，既是对我国发展历史的经验总结，也是对我国发展现实的新判断，对我国发展未来的新论断，是对新时代发展规律的新揭示。五大发展理念与以人民为中心的发展思想紧密相连，以人民为中心的发展思想是五大发展理念提出的思想基础。正是饱含着为民服务和为民谋利的情怀，中国共产党面对新的发展形势，在新的历史时代，适应新的发展要求和人民群众新的期盼，提出了五大发展理念。当前，我国经济发展的国内国际环境出现了新特点，经济发展面临新挑战和新任务，机遇与压力同在，希望与困难共存，经济转型升级势在必行。其中，发展不平衡不充分的问题日益突出，与人民群众生活密切相关的住房、教育、医疗，包括食品安全在内的一系列民生问题迫切需要解决。五大发展理念正是基于此而提出，这既是破解发展难题、突破发展瓶颈的新发展理念，里面更蕴含了深厚的为民情素，着力于民生热点、难点问题的化解。

二、以人民为中心的食品安全道德治理导向

坚持以人民为中心的发展思想，对于新时代社会突出矛盾问题的解决，特别是涉及广大人民群众切身利益，关乎民众幸福生活的民生问题解决，具有十分重要的意义。毛泽东同志在《关心群众生活，注意工作方法》一文中提出"我们应该深刻地注意群众生活的问题，从土地、

劳动问题，到柴米油盐问题"。① 食品安全是重大的民生问题，食品安全是中国社会主义现代化进程中出现的阶段性问题。进行食品安全道德治理，需要坚持以人民为中心的发展思想，这既是食品安全道德治理得以开展的前提和基础，更是食品安全道德治理的目的和归宿。

（一）以人民为中心的发展思想促进食品安全道德问题的破解

坚持以人民为中心是食品安全道德治理的题中应有之义，是食品安全道德治理的目的性所在。马克思主义认为，人是处于一定社会关系之中的现实人，不是孤立存在的虚幻人。在现实生活当中，由于社会发展阶段和个人生存境遇的差异，会形成不同的思想观念。在不同思想观念的影响下，有人会尊重他人的生命和安全，利以义取；也有人把个人私利看得过重，为了个人的私利而践踏他人的生命和安全，见利忘义。当今在我国食品安全领域出现的道德问题，不仅影响了道德生态环境，更直接损害了人民群众的权益。进行食品安全道德治理，需要回归人、尊重人、关心人，坚持以人民为中心。

食品生产经营者、监管者、消费者、媒体和学术界是食品安全链条上的重要主体，五者互相制约、互相影响，共同守护着食品安全。坚持以人民为中心的发展思想可以树立起对生命尊严的敬畏之心，在经济、政治、社会和文化领域构筑起良好的食品安全道德治理环境，以促进食品安全道德问题的破解。

食品安全道德治理坚持以人民为中心可以促使食品利益相关者树立起对生命尊严的敬畏之心。生命对于每个个体而言，仅有一次，与世间的万事万物相比，生命对于个体来说是至高无上的，生命既有自

---

① 《毛泽东选集》第一卷，人民出版社1991年版，第138页。

为目的的高贵，同时也是其他价值实现的物质载体。"人的生命是有价值的。人的生命的价值来源于人类生命的神圣性。"① 生命是无价的，在生命面前，其他一切事物都黯然失色，任何事物都不可以充当生命的等价物，与生命相媲美。如果失去了生命，世间的一切事物都没有了存在的意义和价值。在人类道德序列的排列中，尊重和保障人的生命具有最高价值，是最基础、最核心的道德。尊重和保障生命，不仅是对个体的道德律令，而且是对社会整体的道德要求，要在社会制度的设计和具体的决策中，体现生命至上，尊重生命。当经济、政治、文化等权利与生命权发生冲突时，除极端特殊的情况外，都要让位于生命权，绝对不可以牺牲生命来换取其他权利的实现。

尊重生命就是要尊重所有人的生命，每个人的生命都是平等的，具有唯一性和不可替代性，没有高低贵贱之分。在食品方面，每个人都享有获得安全食品的权利，以维持个体的生存与发展。这就是食品安全道德治理的以人民为中心。而现实是，一些人为了个人的不正当利益，把他人的生命视同儿戏，坚持以人民为中心成了空洞的口号，唯利是图才是他们真实的目的。在食品安全领域，一些不良的食品生产经营者对消费者的生命置若罔闻，眼中只有赤裸裸的利益，对人的身体健康和生命安全造成了严重的侵害。这是典型的不以人民为中心，因此，以人民为中心的发展思想的确立能够唤醒食品生产经营者对他人生命权的尊重，回归食品的本真目的，而不是沦为食品生产经营者单纯的牟利工具。

坚持以人民为中心可以为食品安全道德治理构筑起有序的经济运

---

① ［法］阿尔贝特·史怀泽：《敬畏生命》，陈泽环译，上海社会科学院出版社1995年版，第258页。

行环境。在社会主义初级阶段，必须要毫不动摇地坚持以经济建设为中心。社会实践证明，在当代中国，发展社会主义生产力，坚持以经济建设为中心，需要引入市场机制，大力发展市场经济，发挥市场在资源配置中的决定性作用。发展社会主义市场经济坚持以人民为中心，既明确了发展的目的性，即发展市场经济是为了实现国家的富强、人民的富裕，也明确了发展的依靠力量，即要注重市场经济参与主体文明素质的提高。如果没有参与主体文明素质的提高，市场经济的发展就难以为继，人民共享发展的财富也就不会成为可能。坚持以人民为中心发展社会主义市场经济，能够营造良好的经济运行空间，食品生产经营者在良好的经济运行空间中进行生产经营，良币能够驱逐和淘汰劣币，让安全放心的食品在市场中站稳脚跟，赢得主动，获得更多的发展机遇。

坚持以人民为中心可以为食品安全道德治理构筑起公正的政治生态环境。以人民为中心体现了中国共产党全心全意为人民服务的根本宗旨，具有很强的政治影响力和渗透力，这也是我们党制定各项政策的根本依据。市场经济的运行，不仅是市场本身这只"无形之手"在发挥作用，还要发挥政府这只"有形之手"的力量。因此，在资源配置中让市场起决定作用，却不能让市场起全部作用，要把政府和市场统一起来，该市场决定的交给市场，该政府管理的却也丝毫不能放松，绝不能把两者对立起来，肯定一方而否定另一方。在食品安全方面，政府要从公正的前提出发，坚持以人民为中心的发展思想，化被动应对为主动治理，进一步明确各部门的监管职责，细化监管责任，加强各监管部门之间的协调配合，综合运用法律、政策、经济、道德等手段调节经济运行，保证广大人民群众的食品安全权益不受任何侵害。

　　坚持以人民为中心可以为食品安全道德治理构筑起良好的社会生活环境。党的十八大以来，以民生为重点的社会建设被摆在了更加突出的位置。特别是党的十九大以来，人民对美好生活的期许愈加的迫切和强烈，这对民生建设提出了更高的要求。民生问题是享受美好生活的基础，广大人民群众最为关心和关注，最为在意和在乎，如果诸如食品安全这样的基本民生问题都保障不了，广大人民群众的美好生活又从何谈起。坚持以人民为中心，以广大人民群众的现实利益需要为着眼点，切实解决民生问题，是深得百姓拥护的民生工程和民心工程。加强以民生为重点的社会建设，仍然是当前和今后党和国家的重点工作，对民生问题的重视及一系列民生问题的解决，有利于为广大人民群众营造起良好的社会生活环境，促进社会和谐，进而有利于食品安全道德治理的实现。

　　坚持以人民为中心可以为食品安全道德治理构筑起健康的文化舆论环境。文化对人的影响是潜移默化、润物无声的，当以人民为中心与文化结合起来，形成以人民为中心的文化氛围，就会产生出强大的感召力，影响到人的思想观念和行为习惯。健康的文化舆论环境是需要塑造的，这需要我们把以人民为中心的文化建设作为一项重要的任务来抓，以此来提高广大人民群众的思想道德素质和科学文化素质。以人民为中心的健康文化舆论环境的塑造需要新闻媒体发挥主动性积极性，坚持以人民为中心可以促进新闻媒体坚持正确的舆论导向，一方面可以形成对食品安全相关事件的正确舆论引导，而不是夸大其词制造食品安全恐慌；另一方面可以监督食品生产经营者的生产经营行为是否符合道德要求，对不道德的食品生产经营者予以揭露批判，对道德的食品生产经营者进行宣传报道。以人民为中心的健康文化舆论环境的塑造，政府可以利用各种媒介，采取多样的方式方法，针对食品利益相关者普及食品安全知识，开展思想道德教育和科学文化教育，这能够为食品安全问题的解决注入内生动力。当食品利益相关者把以人民为中心固化为自身的思想观念时，就不会主动去做不利于食品安全的事情，而是会由内而外自发自觉地去维护食品安全。

（二）以人民为中心的发展思想促进食品安全道德治理理念的创新

坚持以人民为中心促进食品安全道德治理就是要为广大人民群众提供安全放心的食品，把保障广大人民群众的身体健康和生命安全视为食品安全道德治理的根本。做到食品安全道德治理为民、利民、便民、亲民。①历史唯物主义认为，人是处于一定社会关系之中的现实人，任何人都不可能离开社会而存在。现实社会条件的改善，广大人民群众利益的实现，是个人利益得以满足和获得发展的前提。一切人类生存的第一个前提，也就是一切历史的第一个前提，这个前提是：人们为了能够"创造历史"，必须能够生活。但是为了生活，首先就需要吃喝住穿以及其他一些东西。因此第一个历史活动就是生产满足这些需要的资料，即生产物质生活本身，而且，这是人们从几千年前直到今天单是为了维持生活就必须每日每时从事的历史活动，是一切历史的基本条件。②现实生活中，有人将以人民为中心错误地解读为以个人利益为中心，奉行极端个人主义的价值观，把社会利益碎片化为单个人的利益，并把个人利益与社会利益割裂开来，只谈自己的权利，而不顾及他人的权利，以牺牲他人的方式来获得自我欲望的满足。这种价值观是极其有害的，其与以人民为中心的发展思想的精神实质是根本

---

① 徐景和：《创新食品安全治理理念》，《中国食品安全报》2011 年 5 月 23 日。
② 《马克思恩格斯文集》第 1 卷，人民出版社 2009 年版，第 531 页。

背离的。在食品安全领域，这种价值观表现为道德上的极端自私自利，将良心搁置一边，为了获利而损害广大人民群众的生命健康权。

坚持以人民为中心促进食品安全道德治理，有利于引导食品生产经营者树立安全责任意识，摒弃自私自利的道德观，最终实现自身发展和他人发展的协同共进。食品生产经营者要坚持以人民为中心来指导自身的生产经营行为，要以满足广大人民群众的食品安全需要为己任，而不是简单地把消费者视为赚钱牟利的工具和手段，要按卫生、安全、营养的标准来进行生产，使消费者购买到可信任的食品。消费者的信任感增强、信心增加会对消费者产生积极健康的影响，这自然就扩大了以人民为中心的效用范围，形成人人共同维护食品安全、共享食品安全的良好氛围。只有广大人民群众的食品安全利益得到保障，食品生产经营者经济利益才会最终得以实现，达到个人利益与社会利益的共同发展。否则，食品生产经营者背离以人民为中心的发展思想获得的利益只能是虚幻的，可能一时侥幸获得，但也只会是昙花一现，终不会长久。

坚持以人民为中心促进食品安全道德治理，有利于引导监管者在食品安全监管中树立生命关怀意识，以广大人民群众的利益为重，恪守监管职责。保障广大人民群众的食品安全利益是政府监管部门的神圣职责。在社会主义市场经济中，经济利益和公共利益有时是和谐的，有时是对立的。公共利益不是空洞的抽象，而是真切的具体。政府监管就是要实现经济利益和公共利益的和谐统一，提倡和鼓励经济利益和公共利益的共同实现，支持食品生产经营者在法律和道德允许的框架下，通过正常的生产经营活动追求经济利益。但是，如果食品生产经营者一旦突破法律和道德的底线，损害到广大人民群众的利益，政府监管此时就应该毫不手软，站在广大人民群众的立场上，守护广大人民群众的生命健康权，捍卫公共利益，坚决打击违法败德的食品生产经营者。

坚持以人民为中心促进食品安全道德治理，有利于树立全员治理理念，让更多食品利益相关者参与到道德治理中。食品安全维护是全社会共同的责任，一般认为，食品生产经营者要为食品安全负首要责任，政府要为食品安全负总体责任，然而，仅仅依靠食品生产经营者和监管者是不够的，食品安全道德治理还需要其他的食品利益相关者参与进来。食品是每人每天都离不开的生活必需品，是人从事其他一切活动的基础。"人们首先必须吃、喝、住、穿，就是说首先必须劳动，然后才能争取统治，从事政治、宗教和哲学等等。"[①] 就个人而言，不食则不能活；就社会和国家而言，无食则不稳。坚持以人民为中心，开展食品安全道德治理，有利于形成整体的食品安全观，协同食品生产经营者、监管者、消费者、媒体和学术界等各方力量，调动各方的主动性、积极性和创造性，形成食品安全道德治理的立体化网络，防范和及时发现并阻止食品安全领域的违法败德行为，共同维护食品安全。

坚持以人民为中心促进食品安全道德治理，有利于树立全程治理理念，实现食品安全治理的全程控制与源头预防。食品从"农田到餐桌"需要经历种植养殖、生产加工、贮存运输、销售消费等多个环节，这是一个非常复杂的过程，无论在哪一个环节出现问题，都会影响到食品消费的安全。传统的食品安全治理关注重点主要在生产加工环节，然而，现在出现的食品安全问题越来越表明，除生产加工环节外，其

---

① 《马克思恩格斯文集》第 3 卷，人民出版社 2009 年版，第 459 页。

他环节稍有不慎都会波及到食品安全，一个环节出现问题就会导致整个食品安全大厦的崩塌，最终影响到消费者的身体健康，甚至是生命安全。坚持以人民为中心开展食品安全道德治理，向食品生产加工的上游和下游延伸，加强各部门间的分工与协作，有利于形成全程治理理念，使食品安全道德治理覆盖食品全过程的各环节，避免出现治理的真空地带。

坚持以人民为中心促进食品安全道德治理，有利于创新食品文化，为食品安全注入文化保障元素。食品原初的功能是为了满足人类果腹的需要，然而，随着人类文明的推进，食品被赋予了特有的文化意义。中华饮食文化源远流长，博大精深，作为中华传统文化的重要组成部分，是人们在饮食实践中所创造的物质财富和精神财富的总和。中华饮食文化有其独特的特色与优势，如追求"色、香、味、形、器"的和谐统一，寓情于食的"饮德食和、万邦同乐"意蕴，重视礼仪的"夫礼之初，始诸饮食"的伦理源起；但也存在着一些糟粕与不足，如对食品卫生的忽视，以至于形成"眼不见为净""不干不净，吃了没病"等流传久远的俗语，饮食中的奢靡之风、暴殄天物、追新求异等更是催生出人们对食品的虚假需要，这些都给食品安全埋下了隐患，带来了风险，成为诱发食品安全的深层文化因素。坚持以人民为中心，促进食品安全道德治理，有利于革除传统饮食文化中的陋习，传承饮食文化中的精华，促使人们在饮食观念上回归理性平和，重视安全，回归对食品的真实需要，引导人们以一种道德的方式去消费食品、生产食品，形成食品消费与食品生产的良性循环，有机互动，进而提升食品的文化内涵和安全性。

第二节　基本原则：安全与健康

　　安全与健康是食品安全道德治理需要坚持的基本原则。食以安为先，安全是食品的第一属性，离开了安全性，食品就丧失了其本真意义。食品安全是基础，食品安全的目的是为了让人类从食品中摄取必要的营养物质，让人健康地生活下去，以实现个体与社会的存在与发展。科学研究表明，人体生命活动需要能量的供给，碳水化合物、脂肪和蛋白质是人体所需能量的主要来源，被称为"产能营养素"，这三种基本营养素主要是从人们的日常饮食中获得的。在人体健康的诸决定要素中，排除生活方式和外在环境等因素外，遗传因素排在首位，占15%，其次就是食品营养因素，占13%，这远高于医疗因素（占8%）的占比。[①]中国工程院院士钟南山认为，合理膳食、适量运动、戒烟限酒、心理平衡、充足睡眠是保证人体健康的五大基石，而在这五者中，膳食排在了第一位。由此可见，食品与人类健康密切相关，食品安全是健康的基石和保障。

一、安全：食品的第一属性

　　安全性、营养性和享受性是食品的三个基本属性，安全是食品的第一属性，营养和享受是建立于安全之上的，如果没有了安全，也就不存在营养和享受的问题。人类的存在与发展离不开食品，但前提是食品是安全的，如果食品不安全，人类的生存与发展就会受到威胁。

---

　　① 刘静玲：《食品安全与生态风险》，化学工业出版社2003年版，第64页。

（一）食品安全：一项民生基础工程

安全是人类的一项本能欲望。根据字面意思理解，安全就是指安稳、不受威胁、没有危险的一种状态。《现代汉语词典》把安全解释为：一是平安、无危险；二是保护、保全。《安全科学技术词典》把安全解释为没有危险，不受威胁，不出事故，即消除能导致人员伤害，发生疾病或死亡，造成设备或财产破坏、损失，以及危害环境的条件。由此来看，对于个体来讲，安全有两层含义：一是人身安全，二是财产安全。食品作为商品与其他商品的特别之处在于，其他商品不安全带来的主要是消费者财产的损失，造成财产的不安全，而食品不安全带来的却不仅仅是财产的损失，更多地是对人身体的伤害，是对人身安全的侵犯。食品安全中的"安全"与英语中的"Safety"意思相贴近，表示食品是可靠的、可信任的，食用不会对人体造成伤害，食用后是一种无危险和无威胁的状态。

食品安全是人类的一项基本需求。就人的需求而言，无疑是多方面、多层次的，对于人类而言，基本需求意味着不可或缺，在诸多需求中具有基础性意义，一旦缺少，人就难以成其为人。食品安全作为人类的一项基本需求，不仅表现为要吃饱，满足于活着（Survive），而且还要吃好，吃出营养与健康，要活好（Survive Well）。美国著名社会心理学家马斯洛将人的需要分为五个层次，即生理需要（the Physiological Needs）、安全需要（the Safty Needs）、爱的需要（the Love Needs）、尊重需要（the Esteem Needs）和自我实现的需要（the Needs for Self-actualization）。[①] 在马斯洛看来，人是有需要的动物，同时人的

---

① ［美］马斯洛：《人的动机理论》，陈炳权、高文浩译，华夏出版社1987年版，第32页。

需要按照优先程度的差异而言，又存在着层次差别，即人既有"食、色，性也"和保护自身安全这些基本的需要，同时还有爱、尊重、自我实现这些高层次的需要。食品安全，作为满足人基本需要两个基础层次的叠加，是人生存与发展的基础之基础。

食品安全是承载食品其他价值的物质载体。食品原初的价值在于满足人类果腹的需要，随着人类文明的推进及生活水平的提高，人类在满足于果腹需要的基础上，对食品赋予了更多的价值。如中国传统饮食文化追求"色、香、味、形、器"的统一，其中，就蕴含了审美价值——让食品看起来赏心悦目；嗅觉价值——让食品散发出香气，使人垂涎欲滴；味觉价值——让食品激发人的食欲；道德价值——"色、香、味、形、器"的统一就是追求和谐的表现，饮食中的合餐制让人团坐在一起，更是增添了和谐的气氛；文明价值——节日饮食习俗是对文化的传承，饮食过程中的长幼有序则是礼仪文明的体现。随着工业现代化的进程及人类生态文明意识的提高，食品还具有了便利价值——让食品方便食用和便于贮存；生态价值——食品的获取和消费有利于生态保护。然而，无论是哪一种价值，都是基于食品安全基础上的，"皮之不存，毛将焉附"，如果没有了食品安全，其他的价值也就没有了存在的意义。

食品安全表达对生命尊严的敬畏。人的生命具有至高无上的价值，尊重生命是对人的最基本的道德要求，尊重生命不仅是对自我生命的尊重，也包含着对他人生命的尊重。尊重生命具有普遍的道德意义，具有广泛的伦理共识。无论是哪一种文化，只要不是反人类的文化，尊重生命都应该是第一伦理要义。在伦理思想史上，道义论和功利论分属于不同的伦理流派，尽管两者有着各异的道德视野分殊，但在尊重生命这一点上，两者却表现出高度的一致性。在道义论看来，人是一种自为目的的高贵，康德认为，人的目的是一切时候和一切行动的价值准则。"你的行动，要把你自己人身中的人性，和其他人身中的人性，在任何时候都同样看作是目的，永远不能只看作是手段。"①在功利论看来，人的价值与其他万事万物的价值相比，具有排序的优先性，当发生价值矛盾时，可以牺牲其他价值，但一定要保全人的价值。人的生命至上性决定了食品安全的重要性，在一定意义上讲，对待食品的态度即代表了对待生命的态度，食品安全是保证生命安全的重要基石。

食品安全是广大人民群众特别关注的民生工程。民生工程是与人类历史相伴而行的一项事业，特别是到了近现代，随着人民权利意识的增强，对民生问题的关切度日益增加，民生问题受到了各国政府的普遍关注。从社会层面看，民生是广大人民群众的日常生活事项，是民众的生存和生活状态，衣、食、住、行、教育、医疗、就业等都是基本的民生问题，这些问题与广大人民群众的发展能力、发展机会及发展权益都息息相关。对于广大人民群众而言，民生问题是他们感受最直观、最现实、最深切的。民生问题解决的好与坏，直接关乎到广大人民群众的幸福感、获得感和安全感，也关系到党的执政基础稳固与否。因此，加强和改善民生在我国历来受到党和政府的高度重视。食品安全是影响人们生活质量的重要因子，对安全食品的需要是广大人民群众在食品问题上的最低限度要求。重视和解决食品安全问题，是一项民生工程，更是一项民心工程。不安全食品一直扣动着广大人

---

① ［德］伊曼纽尔·康德：《道德形而上学原理》，苗力田译，上海人民出版社2002年版，第47页。

民群众的心弦，广大人民群众对食品安全的重视，是党和政府加强食品安全治理的动力源泉。

（二）食品安全：一项人民基本权利

食品需要是人类生存与发展的一项基本需要，食品安全权是保障人类满足食品需要不受侵犯的基本权利。食品安全权最早附属于生命权和健康权当中，后来该项权利逐步从生命权和健康权中剥离出来，成长为一项独立的权利主张。在我国，伴随着《食品安全法》的出台，党和政府对广大人民群众食品安全权的重视程度空前，保障力度前所未有。

人类对食品安全权的重视起始于食物权。在20世纪中叶，《世界人权宣言》就关注到了食物权，1948年12月10日，联合国大会第217A（II）号决议通过的《世界人权宣言》第25条指出："人人有权享受为维持他本人和家属的健康和福利所需生活水准，包括食物、衣着、住房、医疗和必要的社会服务；在遭到失业、疾病、残废、守寡、衰老或在其他不能控制的情况下丧失谋生能力时有权享受保障。"1966年12月，联合国大会第21届会议通过《经济、社会及文化权利国际公约》，其中，第11条规定："人人有权为他自己和家庭获得相当的生活水准，包括足够的食物、衣着和住房，并能不断改进生活条件。""人人享有免于饥饿的基本权利……"此时的食品安全权是在人的生命权和健康权的框架下言说和证明的，主要是以食物权的面貌出现的，是在保护人的生命和健康权利时被提及到的一个方面，并没有成为一项独立的权利。作为一项间接性权利，此时食物权强调的重点是食品数量安全，是从消极意义上强调人享有获得充足食物，以免除饥饿的权利。

食品安全权作为一项独立的权利得到国际共识是在20世纪80年代。

《美洲人权公约附加议定书》第 13 条在 1988 年就开始关注到食品安全权："食物权是人人有得到保证其可能享受最高水平的身体、心理和智力发展所需要的足够营养的权利。"虽然在名称上仍然冠以食物权，但是在内容上已经有了食品安全权的蕴含。1992 年 12 月，联合国粮食及农业组织和世界卫生组织发布的《世界营养宣言及行动方案》指出："享有营养充足并且安全的食物是每个个体的权利。"2002 年 2 月联合国大会关于第三委员会报告的决议《食物权》，其正文第 2 条规定："同样重申每个人获取安全和营养的食物的权利，与适当的食物权和每个人的免于饥饿的基本权利相一致，使得能够充分地发展和保持他们体力和脑力。"2003 年，联合国粮农组织和世界卫生组织将食品安全定义为："食品安全是指所有那些危害，无论是慢性的还是急性的，这些危害会使食物有害于消费者健康。"综合以上可以看出，在 21 世纪初，食品安全权已经作为一项单独的直接权利被提出来，而不是和其他权利交织在一起，附着于生命权和健康权之下，作为一项子权利和间接权利被提及。食品安全的内涵也变得更加丰满，即不仅仅强调食物的充足性、数量安全，而且强调食品的质量安全，过渡到数量安全与质量安全并重的时代。此时的食品安全权至少集中表达了四重含义：一要食品数量充足，二要食品营养丰富，三要食品安全无害，四要食品安全人人享有，如此一来，就形成了综合的食品安全权理念。

在我国，食品安全权的提出和维护也经历了一个过程。我国《宪法》中并没有明确提及食品安全权，在《民法通则》和《侵权责任法》中虽然提及到了健康权，但是并没有提出健康权里含有食品安全权的内容。在《消费者权益保护法》中对消费者安全权的强调，可以视为对消费者食品安全权保护的早期法律依据，该法第 7 条对消费者的安全权进行了明晰的规定："消费者在购买、使用商品和接受服务时享有人身、财产安全不受损害的权利。消费者有权要求经营者提供的商品和服务，符合保障人身、财产安全的要求。"消费者在商品交易中享有安全权，是《宪法》《刑法》《民法通则》等保护公民享有人身权、财产权在消费领域的具体展开。消费者在购买和使用消费品的过程中，最关心的莫过于安全权，相较于财产安全，人身安全是关心的重中之重。因为财产损失属于外在之痛，是较容易弥补和愈合的，而人身受到损害却是内在之痛，轻则造成疾病，重则造成残疾，甚至是死亡，一旦遭受破坏，很多时候是难以修复的。消费者在消费时有维护自身人身安全不受侵犯的权利，自然就有权要求生产经营者提供符合安全标准的商品或服务。这包括两方面含义：一是要求生产经营者提供的商品和服务符合国家或行业的现有强制性标准；二是如果商品和服务尚无国家或行业标准，那就必须符合公众普遍认可的卫生、安全要求，不得公然违背已有的卫生、安全常识。

21世纪初，国内接连上演的恶性食品安全事件，迫切呼吁国家对广大人民群众食品安全权的维护，食品安全权的形成迫在眉睫。在食品安全领域，为维护广大人民群众的食品安全权，我国食品安全专门立法经历了从《食品卫生法》到《食品安全法》，再到新《食品安全法》的过程。我国第一部食品安全领域的专门立法是1995年颁布实施的《食品卫生法》，该法第一条开宗明义，指出立法的目的是"为保证食品卫生，防止食品污染和有害因素对人体的危害，保障人民身体健康，增强人民体质"。《食品卫生法》对广大人民群众身体健康的维护发挥了重要作用，但随着形势的发展变化，该法也暴露出一些问题，如食品标准的科学性不够、对不安全食品制造者的惩罚力度不够、食品安全监管职责不清晰、食品安全信息发布不规范、对食品安全链条前端重视不够等，特别是三鹿奶粉事件的爆发，放大了《食品卫生法》的不足，加快了《食品安全法》的立法进程。国务院法制办于 2004 年 7 月起草《食品安全法》，历经 5 年，2009 年该法正式颁布。《食品安全法》是在《食品卫生法》的基础上完成的，该法更新了原来的监管理念，着眼于整个食品安全链条的重视，对我国广大人民群众食品安全权利的维护具有里程碑意义。2015 年，国家对《食品安全法》进行了修订，称为"史上最严"，旨在形成"最严格的全过程管理"，重点在四个方面寻求完善：一是完善追溯制度，覆盖产销全过程；二是加大处罚力度，实施对监管者的问责；三是完善风险分析框架，重在预防；四是构建食品安全共治格局，实施多元治理。所有的改变，都指向于更好地维护广大人民群众的食品安全权，在当前我国食品安全领域，任何组织和个人不得以任何形式和名义剥夺广大人民群众的食品安全权。

二、健康：食品安全道德治理的价值旨归

健康是个体生存与发展的基础，是实现自我人生价值、追求个人幸福的基本前提，是个体关心的重要利益，是社会关注的重要指标。尤其是现代社会，健康的影响因素日益复杂且有不断增多的趋势，导致人们对健康的重视程度前所未有。离开健康，尽管不会立刻对人的生命构成威胁，但从长远来看，终将缩短人的生命进程，影响人的生活质量，对个体和社会的发展形成阻碍。

（一）健康：自为目的宝贵

健康原初是一个医学概念，伴随着医学的进步和人类社会的发展，人类对健康的理解也走向多元。关于健康，有四种比较有代表性的观

点。一是认为健康是个体生理机能的完满，即身体的健康。二是认为健康是个体生理机能完满与心理状态正常的并存，即身体与心理健康的统一。三是认为健康不仅包含个体的身体和心理因素，还包括个体处于社会中的和谐状态，即在社会中拥有和谐的人际关系，能够融入社会之中，达到身体、心理与社会的融合。20 世纪 40 年代，世界卫生组织对健康的界定就遵循了身体、心理和社会相统一的理念，认为："健康不仅是没有疾病和病痛，而且是个体在身体上、精神上、社会上完满的状态。"我国《辞海》对健康的解释是："人体各器官系统发育良好，功能正常，体质健壮，精力充沛，并具有健全的身心和社会适应能力的状态。"[①] 四是认为健康是身体、心理、社会和道德健康的合一。2006 年，世界卫生组织提出，一个人"只有做到身体健康、心理健康、社会适应良好和道德健康"才算是健康的。这一界定把道德健康收入进来，认为个体不仅承担自我健康的责任，而且还对社会和他人健康负有责任。这四种理解无疑意味着人类对健康的认识日益超出医学的范畴，逐步走向深入，从单一的身体健康观，走向了身体、心理、社会和道德协调的综合立体的健康观。马克思指出，人的存在首先是生命个体的生存，这些个人的肉体组织以及由此产生的个人与其他自然的关系。[②] 身体健康始终是健康的核心要素，身体健康也是心理健康、社会健康和道德健康的物质载体和基本前提，需要让身体保持一种健康的状态。

健康是生命的内在价值，对于个体而言至关重要。事物的价值与事物的目的性之间存在着紧密的联系，事物的目的性指客观事物的

---

① 《辞海》，上海辞书出版社 1999 年版，第 722 页。
② 《马克思恩格斯选集》第一卷，人民出版社 1995 年版，第 67 页。

一种指向，事物的运动、变化和发展及其行为活动都以这种指向为方向，以达到指向的要求，实现其价值。事物的目的性蕴含着事物的价值，事物存在的目的就是事物的内在价值，或者称为固有价值。如今，当人们对物质生活狂热追逐的热度开始逐渐减退之后，人类开始冷静思考自我的真实需要，找寻自我身体和灵魂的安宁，健康内蕴的深刻价值日益受到重视和追捧，人们开始普遍追求健康生活，认为健康生活就是好生活，健康是个体幸福的重要组成部件，健康生活才是有意义的，这种意义首先就来自于健康本身的宝贵，作为一种自为目的的宝贵。

健康是促进人的价值实现的重要前提。人的价值实现指人在社会中能够充分发挥自己的能力，在创造物质财富和精神财富的过程中，使个体的能力得到体现，促进自我的完善和发展，以达到社会和个体的共同进步。价值实现是个体作为社会人的终极价值追求，按照马斯洛的需要层次理论，是人的最高层次需要。价值实现是一个过程，社会实践是人的价值实现的场域，在这一场域中，主体需要保持健康的体魄。对于个体，如果没有了健康，其精神状态的好坏，参与社会活动的多少，享受教育和其他发展成果的程度都会受到非常大的影响，这种影响很少能够通过其他途径来化解，失去健康往往意味着价值实现的底座被摧毁。虽然也有身残志坚者贡献卓著，创造出巨大的社会价值，实现自我的人生价值，但这并非常态。对于绝大多数人，在正常状态下，健康的体魄是人从事社会实践活动，实现人生价值的基础。

健康具有实现其他价值的价值。人类发展所追求的目标不是片面单一的，而是多样复杂的，在社会各领域、各方面都有人类追求的目标，都镌刻着人类追寻的痕迹。然而，这些目标的选择和实现都离不开健康体魄的支持，拥有健康虽然不能代表拥有一切，但是没有健康，现在拥有的一切都会变得黯然失色，没有了健康，事业、钱财、地位、荣誉都将化为乌有。古希腊人很早就提出了朴素的真理，认为"健康的精神寓于健康的躯体之中"。在柏拉图看来，健康是人的第一财富，美丽是第二财富，而许多人十分看重的财产被视为是第三财富。健康是第一财富，是获得其他财富和成功的资本，一个人有没有能力去享受生活，实现自我，达成追求，都有赖于健康的体魄。

健康是促进经济社会发展的重要因素。健康对个体的重要价值必然传导到经济社会各个领域，影响到经济社会的发展。诺尔斯（Knowles）和欧文（Owen）在20世纪90年代，提出了健康人力资本的概念，通过研究发现，健康对经济增长的影响指数比教育还要高，健康是促进经济增长的重要因素，当全民健康水平提高时，会提升经济发展速度，当全民出现健康问题时，经济增长速度就会放缓，甚至是负增长。福格尔（Fogel）在对欧洲经济史的研究中特别关注了健康和营养因素对经济的贡献度，他指出，英国从1780年至1979年200年间人均收入年增长率为1.15%，其中，健康和营养水平的贡献度达到了20%—30%。[1] 近年来，有人在对中国经济奇迹的研究中，也关注到了健康和营养因素的作用，通过研究发现，个人健康是影响个体和家庭收入的重要影响因子，健康与经济社会发展呈明显的正相关关系。

健康是人类发展的目的之一，每个国家，每个社会都在把健康当成一项事业，努力促使其国民的健康。20世纪90年代，诺贝尔经济学奖得主阿玛蒂亚·森（Amartya Sen）从经济学的视角对健康进行了另

---

① 王曲、刘民权：《健康的价值及若干决定因素：文献综述》，《经济学》2005年第1期。

辟蹊径的解读，把对健康的认识提升到了一个新层次，认为健康是人类的一种可行能力，是人类的一种基本自由，是发展的目的之一，而经济则是促进发展的手段，并非发展的真实目的。联合国发展署把长寿且健康的生活列为人类发展所要扩展的三大关键选择之一，另外的两个关键选择为获得教育、拥有体面生活所需资源。由此可见，促进国民健康已经成为世界各国的共识。

在我国，党和政府非常重视广大人民群众的健康。在 2016 年 8 月 19 日至 20 日召开的全国卫生与健康大会上，习近平总书记指出，要把人民健康放在优先发展的战略地位，将健康融入所有政策。[①] 这次会议的一项重大决定是确定了"健康中国"战略。2016 年 10 月 25 日，我国发布了《"健康中国 2030"规划纲要》，这是在健康方面，我国自新中国成立以来提出的首个国家层面规划，是推动健康中国建设的行动纲领，是推动全民健康的重要举措，这对全面建成小康社会，实现中华民族的伟大复兴具有非常重大的战略意义。《"健康中国 2030"规划纲要》第十五章对加强食品安全监管，保障食品安全，为广大人民群众的健康奠定食品安全基石作出了专门论述。

（二）食品安全：健康的重要基石

健康具有重要的价值，为了获得和保持健康，人们必须每天从食品中摄取足够的营养。"生命是人作为自然存在的首要目的，而健康是食品之于生命的最大之善。"[②] 现在人们对食品与健康的关系越来越

---

① 习近平：《把人民健康放在优先发展战略地位》，新华网，2016 年 8 月 20 日，见 http://big5.xinhuanet.com/gate/big5/www.xinhuanet.com/2016-08/20/c_1119425802.htm。

② E. Schmid, "Food Ethics: New Religion or Commonsense",T.Potthast and S. Meisch (Eds.),*Climate Change and Sustainable Development:Ethical Perspectives on Land Use and Food Production*,Wageningen:Wageningen Academic Publishers,2012,p.373.

重视，通过合理膳食、平衡饮食来提供身体所需能量以促进健康。第二次世界大战后，健康权作为一项基本人权日渐受到关注，在许多国际公约中，都有关于健康权的规定。如《世界人权宣言》就明确规定健康权是一项基本人权，人人享有并且应该得到法律保障。《经济、社会及文化权利国际公约》对健康权的界定是"人人有权享有能达到的最高的体质和心理健康的标准"。世界各国对健康权的重视程度不断提高，智利在 1925 年将国民健康权写入宪法，成为全球首个将健康权入宪的国家，到今天，全球已经有 100 多个国家将健康权写入宪法，世界上大多数国家都已经把促进国民健康作为一项重要的社会性目标予以追求。

健康权与生命权的关系十分密切，生命是健康的载体，没有生命就没有健康，拥有健康是为了维护生命。健康权与生命权又有所区别，人的生命一旦终结是无法挽回的，而人的健康出现了问题，是可以得到修复重新回到健康状态的。生命权更多地表现为一种自然权利，而健康权更多地表现为一种社会性权利。作为自然权利的生命权是人与生俱来的，人人平等享有的，人人有权追求的，而作为社会性权利的健康权，其内容和标准会随着时代发生更新，国家会根据更新不断地进行政策、法律、法规的调整，以改进和加强对健康权的维护，保证国民的健康权不受伤害。在我国《刑法》和《民法通则》等多项法律中都规定了公民享有生命健康权的内容。在《食品安全法》中则专门就食品安全问题，进一步明确了食品生产经营者对消费者健康权负有责任，该法第三条规定，食品生产经营者要对社会和公众负责，需要以法律、法规和相关标准为依据进行食品生产经营活动。按照相关法律法规规定，食品生产经营者提供安全放心食品是其义务，而消费者享用安全健康食品则是其权利，一旦这项权利受到损害，消费者是有权要求获得赔偿的。

　　食品安全与否直接影响人体健康。伯吉特·托贝斯（Birgit Trollbeads）在《国际法上作为人权的健康权》一书中指出，健康权的核心有两方面：一是关于保健：母婴保健，包括计划生育；对主要传染病的免疫；对普通伤病的适当治疗；基本药物的提供。二是关于健康的基本前提条件：关于普遍健康问题及其预防和控制方法的教育；食物供应和适当营养的促进；安全用水和基本卫生设备的充足供应。[①] 由此来看，健康权的内容是十分丰富的，其中包含了以食品安全促进健康的内容。食品安全对健康的影响主要体现在三个方面：一是是否有足够数量的食品以保证人们的饮食需要。据联合国贸易和发展会议 2016 年发布的《发展与全球化：事实与数据》报告显示，全球仍有 8 亿多人生活在极端贫困中，这些人的食品供应明显不足，"吃不饱"造成的营养不良对他们的健康造成了非常大的威胁。二是膳食不均衡造成的超重和肥胖者数量增加，对人体健康造成非常大的侵害。与"吃不饱"形成鲜明对比的是"吃太多"，一部分人因进食量增加，营养过剩而导致超重和肥胖，据英国著名医学杂志《柳叶刀》2016 年发布的全球成年人体重调查报告显示，中国肥胖人口数量为 8960 万，肥胖人数世界第一。肥胖已经成为诸多慢性病的"万恶之源"，高血压、高血糖、高血脂等疾病在肥胖人群中的发病率很高，严重影响了人类的健康。三是食品质量不安全对健康造成的损害。一些假冒伪劣食品不仅不能对食用者提供任何的营养支持，反而让食品变成了毒品，给人体健康造成了巨大的危害。

---

　　① 国际人权法教程项目组：《国家人权法教程》第一卷，中国政法大学出版社 2002 年版，第 342 页。

这些质量不安全食品既有来源于种植养殖过程中，农兽药的滥用，生态环境破坏等因素造成的食品源头污染，也有运输过程中出现的二次污染，更有在生产过程中的掺杂使假，这些存在严重安全隐患的食品，给消费者的健康带来了风险。

食品安全得到保证，人体健康才会有所保障。安全是食品的题中应有之义，但并非表明食品的安全是与生俱来的，安全不是食品的固有属性，安全不安全要看对人体健康是起促进作用，还是起阻碍作用。食品是否安全的试金石是消费者，只有消费者食用后不会对身体健康造成危害的食品才是健康的食品。现代生物科学研究表明，水、蛋白质、无机盐、维生素、糖和脂肪是人体所必需的六大营养物质，在这六大营养物质中，起决定作用的是蛋白质。早在19世纪末，恩格斯在《反杜林论》中就指出："生命是蛋白体的存在方式，这种存在方式本质上就在于这些蛋白体的化学成分的不断的自我更新。"[①]蛋白质是构成人体细胞的基本物质，是构成人体生命物质的基础，是构成人体诸要素的主导因素。包括蛋白质在内的人体所需的六大营养物质，均需要从食品中摄取，食品是这六大营养物质转化的来源。从这一意义上讲，人的生命存在、健康生存都需要安全食品的持续供应，安全食品是构成健康个体的基础。食品安全能够使人身体健康，促进人的生命延长。

食品的本真价值在于对人类健康的促进。保障食品安全，促进身体健康是食品链条上各行为主体需要遵循的基本道德原则。食品生产经营者在种植养殖、生产加工、存贮运输、包装销售的各个环节，都要恪守安全与健康原则，防止有毒有害物质进入到食品中，莫让食品

---

① 《马克思恩格斯选集》第一卷，人民出版社1995年版，第422页。

成了毒品，危害到消费者的身体健康。安全食品既是"产"出来的，也是"管"出来的，政府在食品安全的法律、法规和标准制定方面，在具体的监管过程中，要以安全与健康为指向，科学严谨地制定法律、法规和标准，并以此为准绳实施严格监管。其他食品利益相关者，消费者、媒体和学术界在各自的领域和范围内都要秉持安全与健康原则，努力构筑良好的食品安全生态。

第三节　具体原则：尊重、诚信、责任

食品安全道德治理关涉人民幸福、社会和谐和国家安定。要有效、深入而持续地开展治理活动，需要结合食品行业特点，以具体的道德治理原则为依据，对食品利益相关者的行为进行规范和引导，让尊重、诚信和责任成为食品利益相关者行为的基本遵循。

一、尊重：食品安全道德治理的基本前提

尊重是现代伦理生活的重要德性，表达了个体的道德素养，承载着人们共同的道德诉求，尤其在价值多元的时代，尊重显得尤为重要。"伦理社会所贵者，一言以蔽之：尊重对方。""……所谓伦理者无他义，就是要人认清楚人生相关系之理，而于彼此相关系中，互以对方为重而已。"①

（一）尊重的含义

尊重极富道德色彩，它既有渊远的思想源头，又散发着时代的道

----

① 梁漱溟：《中国文化要义》，学林出版社 1987 年版，第 89 页。

德气息，渴望尊重是个体的一项基本需要，尊重自我和尊重他人则表现为良好的道德品质。中国古代思想家孔子提倡的"己所不欲，勿施于人"①"夫仁者，己欲立而立人，己欲达而达人"②就体现了尊重的思想。这两句话意指，自己不愿意做的事，也不要勉强他人去做；自己想要达到的事情，也要让别人达到。而在西方，与"己所不欲，勿施于人"意思相近的《圣经·马太福音》第7章第12节中"你们愿意人怎样待你们，你们也要怎样待人"被西方人奉为道德圭臬，也被称为道德黄金律，实则表达的就是人际尊重的思想。康德的"人是目的"则把尊重从道德规范上升为道德原则，他认为，尊重（Ethics of Respect）是最重要的道德义务。尊重原则的确立对现代伦理生活产生了广泛而深刻的影响，他人不再是单纯地达到自我利益的手段，而其本身就是目的，尊重他人如同尊重自己一样，是一项不可背离的律令。在尊重的天平上，人与人的彼此尊重是相互的，也是必需的，只有把他人当成目的，他人才会把你当成目的，否则，一味地把他人作为实现自我利益的手段，而不尊重他人的人格，不考虑他人的利益需要，自己的利益也是不会实现的。

尊重已经成为世界各国的道德共识。在人际交往和国家交往的过程中，彼此尊重是交往的前提。试想，如果彼此之间互不尊重，又何谈交往呢？因此，在一定意义上讲，尊重是人际交往和国家交往的底线道德，是最基础的道德要求，是不同人群、不同民族、不同国家都能接受的道德原则。1993年8月至9月期间在美国召开的世界宗教会议，最终通过了《全球伦理宣言》，以"己所不欲，勿施于人"和"你

---

① 《论语·颜渊》。
② 《论语·雍也》。

们愿意人怎样待你们，你们也要怎样待人"为理论支持，从世界各国宗教和道德文化中汲取道德智慧，形成道德共识，并提出很多道德要求，而其中的核心要义就是"尊重"，在《全球伦理宣言》中，"尊重""敬重"出现了 13 次。"我们承诺敬重生命与尊严、敬重独特性与多样性，以使每一个人都得到符合人性的对待，毫无例外。""每一个人，不论其年龄、性别、种族、肤色、生理或心理能力、语言、宗教、政治观点、民族或社会背景如何，都拥有不可让渡的和不可侵犯的尊严。因此每一个人以及每一个国家都有义务尊重这种尊严并保护这种尊严。"①

尊重的内涵是丰富的，尊重他人是尊重的重要维度。"对于尊重作为德性的一个主要限定在于这样一点，它必然有一个对象，而这个对象是不取决于人类的兴趣的，也不被认为是纯粹的文化产物。"②对自己、对他人、对社会和对自然我们都要心怀尊重。尊重自己和尊重他人是评判一个人是否道德的重要标尺，如果一个人能够做到自尊和尊他，就是有道德的，如果做不到自尊和尊他，就是不道德的。一个人的道德品质是有高低之分的，但最基础的道德品质是尊重自己和尊重别人。③在社会生活中，尊重他人比尊重自己具有更高的道德价值，尊重他人是彼此往来的基础。现代社会，人际交往的频率日益增加，每天我们都在与不同的人发生往来，如果在彼此交往活动中不能以尊重他人为基本前提，整个交往活动就会遇到阻碍而无法持续有效进行，社会秩序也会出现混乱。

尊重他人的核心是把他人视为平等的个体对待。尊重的对象是平

---

①　［德］孔汉思：《世界伦理手册》，邓建华、廖恒译，三联书店 2012 年版，第 130—156 页。

②　Paul Woodruff, *Reverence:Renewing a Forgotten Virtue*, Oxford University Press,2001,p.68.

③　许启贤：《尊重——全球底线伦理原则》，《云南民族学院学报》2003 年第 2 期。

等的，不存在高低贵贱之分。在社会交往中，对他人尊重不是因为他人高贵，自我渺小，更不是站在道德的制高点上对他人给予的恩赐，而是他人作为一个个体有获得尊重的权利，同时尊重发出者也承担着尊重他人的道德义务。尊重他人包括对他人生命、人格、生活习惯和经济利益等各项利益的肯定，不得为了个人利益去损伤他人的正当利益。尊重他人也意味着对自我利益实现的正确引导，追求自我利益是人的本能，但如果不把这一本能束缚在正确的轨道上，不以尊重他人为前提，不保持在人际和谐的框架下，人对自我利益的追逐，就会演变成打开的潘多拉魔盒，吞噬掉整个世界。"作为一种德性，尊重是对自我主张（Self-Assertion）和自我贬低（Self-Abasement）之冲动的道德控制。"①

尊重他人的结果是人己共赢。物理学里面有力的相互作用原理，在社会交往中，尊重他人也会达到互惠的效果。"敬人者人恒敬之"是人际交往的定理，尊重他人，会给尊重发生者带来积极的结果，受到尊重者必然会"投之以桃、报之以李"。相反，不尊重他人，就会产生消极的结果，造成人际间的猜疑与疏远，最终只能是"无缘对面不相识"。

（二）食品安全道德治理中尊重的基本要求

食品利益相关者在食品链条上需要遵守尊重原则。尊重食品科学知识、尊重消费者的食品安全权益和尊重消费者的自由选择构成了食品安全道德治理中尊重的基本要求。尊重食品科学知识，让食品科学为食品安全保驾护航，是确保食品安全，促进人类健康的知识性因素；

---

① William Kelley Wright , "On Certain Aspects of the Religious Sentiment" , *The Journal of Religion*, Vol.4, No.5（sep.,1924）, pp.449-463.

尊重消费者的食品安全权益和尊重消费者的自由选择，是食品安全道德治理活动中，始终把人放在首位，坚持以人民为中心的发展思想的具体体现，是确保食品安全，促进人类健康的情感性因素。

食品科学为食品安全奠定知识基础。食品科学知识非常丰富，具有高度的综合性，很强的应用性，涉及的学科众多，多学科交叉的特质明显，不仅包括食品科学与工程及其相关分支学科，还包括医学、化学、农学、生物学、物理学、材料科学与工程等相关学科，主要研究食品营养与健康，食品安全与质量保障，食品生产加工和贮藏保鲜的理论与方法。影响食品安全的因素是复杂的，食品科学知识的匮乏，在食品行业中对科学知识的不当运用都会诱发食品安全问题。食品从种植养殖，生产加工，到存贮运输，销售消费的整个链条都离不开食品科学知识的指引。特别是随着现代食品工业的发展，食品科学知识对食品安全影响的程度日益加深。

尊重食品科学应从四个方面护航食品安全。首先，食品科学是生产安全食品的前提。在漫长的食品供应链条上，始终都离不开科学的陪伴。在农产品的种植养殖过程中，由于缺少科学的支持，对化肥、农药和兽药的不科学使用，造成了食品中有毒有害物质的沉积，成为危害人体健康的源头，同时也污染了环境，对食品的可持续安全生产构成了威胁。在生产加工环节，由于生产者的规模和能力参差不齐，一些小生产者，甚至是知名品牌企业对科学忽视，盲目的生产加工造成了很多食品安全隐患。其次，食品科学是食品安全标准制定的依据。在食品生产加工者食品科学知识不足，对食品科学重视程度不够的情况下，一方面要普及食品安全知识；另一方面，食品安全监管部门要制定相关标准，设定食品生产加工者的准入门槛，以外在的强制力促进食品科学的落地。再次，食品科学是食品安全检测的基础。当食品生产加工者绕过食品安全标准把不符合食品科学知识的食品投入到市场中，或者是在贮存和运输环节造成二次污染的食品溜入到市场中，都会影响到消费者的健康。这样，食品安全检测就势在必行，不可或缺。依托食品安全知识的食品安全检测能够对食品安全风险和威胁进行监测和预防，以减少食品安全事故的发生。最后，食品科学是消费者选择安全食品的依靠。食品在经过漫长的供应链条后，到达的目的地是消费者的餐桌，消费者在食品选择上是有发言权的。尽管消费者与生产者和监管者相比，处于信息不对称的地位，需要借助生产者的自律和监管者的他律来保证食品安全，但是，拥有一定食品科学知识的消费者在安全食品的选择上明显要好于缺乏食品科学知识的消费者，这将有利于降低消费者遭遇不安全食品侵害发生的风险。

消费者的食品安全权益是消费者在进行食品消费的过程中所享有的权利和利益的总和。消费者的食品安全权益是消费者权益在食品安全领域的具体体现。在我国，消费者权益有广义和狭义之分，从广义上看，消费者权益是由《消费者权益保护法》《产品质量法》《民法》《侵权责任法》《计量法》《反不正当竞争法》和《食品安全法》等法律规定的消费者所享有的权利；从狭义上看，就是指在《消费者权益保护法》中第七条至第十五条规定的消费者所享有的9项权利。消费者在遭遇食品安全侵害时，可以依据上述法律主张维护自己的权益。当然，食品利益相关者也要尊重消费者的食品安全权益，并主动去维护。具体而言，消费者的食品安全权益主要由安全权、知悉权、求偿权和监督权组成。

尊重消费者的食品安全权益主要表现在四个方面。首先，要尊重消费者的安全权。食品消费的根本目的在于维护消费者的生命与健康，这也是食品作为商品与其他商品的根本不同之处。食品出现问题，受侵害的远不止财产，轻则健康受到影响，重则损害到生命安全。生命的不可逆性，健康的重要性，让我们必须保持对生命的敬畏，对健康的珍视，以安全食品守护消费者的生命健康。其次，要尊重消费者的知悉权。知悉权是消费者有权知晓其购买消费的食品真实情况的权利，以避免因不知道食品信息，盲目购买消费遭遇到侵害。食品生产经营者隐匿食品安全信息，造成了对消费者权益的侵害。食品生产经营者要向消费者提供真实的食品信息，包括食品的成分、性能、食用方法、生产厂家、产地、执行标准、规格、批号或者代号、保质期、重量等等，同时，消费者有权根据实际需要向食品生产经营者进一步获取其想要了解的相关食品信息。再次，要尊重消费者的求偿权。求偿权是消费者遭遇到不安全食品侵害后，有权依据法律规定，视危害程度获得赔偿的权利，求偿的内容包括对人身损害和财产损害的赔偿。求偿权是消费者遭遇侵害时的必要经济补偿，无论食品生产经营者造成的侵害是蓄意为之，还是无心之过，对消费者的求偿都要给予尊重，并进行配合和支持。而法律则要对食品生产经营者的侵害行为进行追究和惩罚，以避免类似侵害行为的再次发生。最后，要尊重消费者的监督权。监督权是消费者有权对食品生产经营者提供的食品产品及服务和政府提供的权益保护进行监督。这是上述三项权利的必然延伸，也是尊重消费者权益，使消费者由被动走向主动的体现。

　　消费者在食品消费的过程中可以依据主体需要作出自由选择，食品利益相关者对此应该予以尊重。食品利益相关者不仅需要尊重科学，尊重消费者的食品安全权益，确保食品安全，提供放心食品，而且还要考虑文化差异、个体因素，在食品选择上尊重消费者的自主性。

尊重消费者的自由选择首先表现为对消费者饮食文化的尊重。不同国家、不同民族在长期的历史积淀中，由于所处的地理区域不同，生活方式和价值观念不同，因此，形成了不同的宗教信仰和饮食文化。对于不同宗教和不同民族的饮食禁忌，需要重视和尊重，不尊重他们的饮食禁忌，会给他们带来焦虑、恐惧，甚至是愤怒，如果事态严重，则会影响到民族团结、国家与社会的稳定和谐。尊重消费者的自由选择其次表现为对消费者个体差异的尊重。消费者在食品消费方面存在个体差异，造成个体差异的原因是复杂的，有遗传因素、社会因素、环境因素、年龄因素、性别因素和体质因素，等等。这些因素造成消费者在进行食品消费时既需要遵循一般的膳食原则，也需要视个体情况不同而有所区别。食品生产经营者在进行食品供应时需要考虑消费者的个体差异，为消费者提供安全放心的差异化食品，以保证消费者有自由选择的空间。

二、诚信：食品利益相关者的道德底线

诚信是全人类共同信奉的道德原则，在中西伦理思想史上有着深厚的历史根源。在当代中国，诚信作为社会主义核心价值观的重要内容，是广大人民群众在社会生活中立身行事的起码要求和价值遵循。"人无信不立，业无信不兴，国无信不宁"，诚信是食品利益相关者的道德底线。

（一）诚信的内涵

诚信在中国古代最初是分开使用的，但却意思相近，都强调真实、实在，说到做到。《说文解字》中，对"诚"和"信"的解释分别是："诚，

信也，从言成声。""信，诚也，从人言。"

"诚"这一概念，最早出现在《尚书》，其曰："神无常享，享于克诚。"此处，诚是指对天、地和鬼、神的恭敬和虔诚。《周易·乾》认为："修辞立其诚，所以居业也。"君子说话、立论都应该诚实、真诚，才能建功立业，安居乐业。考察整个中国伦理思想史，"诚"大体上有三种含义。一是哲学本体论意义上的"诚"。"诚者，天之道也；思诚者，人之道也。至诚而不动者，未之有也；不诚，未有能动者也。"①"诚"是与天道和人道相通相融的根本，"诚"体现了对世界本原、道德本原的形而上的阐发。"诚也者，实也，实有之，固有之也。无所待而然，无不然者以相杂，尽其所可致，而莫之能御也。"②"诚"是世界万物和人类社会所普遍固有的实有，真实无伪、实有不虚。二是个体德性修养意义上的"诚"。"诚者，真实无妄之谓，天理之本然也。"③"诚者何？不自欺、不妄之谓也。"④"诚"是一种君子人格，是人之为人应该具有的品性，是个体在人际交往与个体品性修养中应该具备的一种德性，是个体需要追求和向往的一种道德境界。三是治世之"诚"。在荀子看来，"诚"不仅是对个体的要求，而且整个国家和社会的治理都离不开"诚"这一规范，在国家和社会治理中，"诚"发挥了非常关键的作用。"天地为大矣，不诚则不能化万物；圣人为知矣，不诚则不能化万民；父子为亲矣，不诚则疏；君上为尊矣，不诚则卑。夫诚者，君子之所守也，而政事之本也。"⑤

---

① 《孟子·离娄上》。
② 《尚书引义》。
③ 《四书章句集注·中庸》。
④ 《朱子语类·卷九》。
⑤ 《荀子·不苟》。

"信"这一概念，亦始见于《尚书》，商汤征讨夏桀时说"尔无不信，朕不食言"。"信"与"诚"有着很深的渊源，在春秋以前，"信"多指对鬼神的敬畏和信奉。在春秋百家争鸣的涤荡中，"信"逐渐摆脱了宗教色彩，人们把对鬼神讲"信"的方式运用到对他人讲"信"上，进而发展成为一种道德规范。"信"在春秋时成为了高频词汇，《论语》中"信"出现 38 次，《左传》中"信"出现 217 次。对"信"的理解主要有三个方面。一是指诚实无欺，对他人坦诚之"信"。如，曾子所讲的三省吾身："吾日三省吾身：为人谋而不忠乎？与朋友交而不信乎？传不习乎？"[①]孟子所述"五伦"中的"朋友有信"就是在这个层面上讲"信"的。二是指对他人相信、信任之"信"。如，子张问仁于孔子。孔子曰："能行五者于天下为仁矣。""请问之。"曰："恭、宽、信、敏、惠。恭则不侮，宽则得众，信则人任焉，敏则有功，惠则足以使人。"[②]子曰："始吾于人也，听其言而信其行；今吾于人也，听其言而观其行。"[③]三是指对他人讲信用，取信于他人之"信"。"人而无信，不知其可也。"[④]"志不强者智不达，言不信者行不果。"[⑤]同时，"信"与"诚"一样，也有治理国家之义。"君子信而后劳其民，未信，则以为厉己也；信而后谏，未信，则以为谤己也。"[⑥]

"诚"和"信"合用始于管仲。"先王贵诚信。诚信者，天下之结业。"[⑦]总体而言，"诚"和"信"都有真诚待人，诚实守信的意思。但是，细

---

① 《论语·学而》。
② 《论语·阳货》。
③ 《论语·公冶长》。
④ 《论语·为政》。
⑤ 《墨子·修身》。
⑥ 《论语·子张》。
⑦ 《管子·枢言》。

究起来，两者在侧重点上还是有所区别的："诚"侧重于内，内诚于心，"信"侧重于外，外信于人，"信"是"诚"的外化，是对"诚"的践履；"诚"更多的是指向自己，是对道德主体的单向要求，"信"更多的是指向他人，是对道德主体与他人相交往时提出的道德要求。当然，这种区分不具有绝对意义，"诚"与"信"相互融通、互为表里，"诚"是"信"的依据和根基，"信"是"诚"的外在体现。①

在西方伦理思想史上，也有着非常丰富的诚信思想，西方诚信观念一是始于基督教文化。在基督教中，"信、望、爱"被认为是三主德，其中的"信"有信仰与信任的双重含义。马丁·路德对"信"非常重视，认为只有因信才会生义，内心的信是通达社会公正的起点。诚信思想通过基督教在欧洲大陆扩散蔓延开来，在古罗马，与古罗马法交相成趣，使古罗马法中的契约思想进一步强化，欧洲人的契约精神进一步增强。

西方诚信观念的另一个思想源头始于契约伦理。古希腊先贤柏拉图把诚信视为商业行为的重要尺度，他认为货物交换要实行等价原则，不能掺假、售假，不可以赊欠，否则就是违背诚信，就是欺骗。在古罗马时期，诚信在经济领域的运用和发展已经较为成熟，古罗马法规定，要进行诚信诉讼，商业行为要遵守诚信契约。古罗马法的三条伦理精神：一是做诚实的人，二是不伤害他人，三是每人得到其所应得。1907年，瑞士民法典中明确规定了现代商品经济的诚信原则，法律要求所有人都要奉行诚信，这既是一项权利更是一项义务。这一原则的确立，为许多国家所认同，他们纷纷效仿和采用，诚信原则逐

---

① 夏澍耘:《中国古代诚信源流考》,《光明日报》2002 年 4 月 9 日。

渐成为现代市场经济国家处理商品交易的"帝王条款"，得到了普遍认同和遵守。

在当代中国，"诚"和"信"已经融合为一，是自律与他律的结合，"诚故信，无私故威"①，诚信既是一种道德规范，也指人在长期践行诚信过程中形成的道德品质。诚信作为一条道德原则，是对道德主体做人做事，乃至人之为人需要终身恪守的道德律令。不论身处何时何地，面对任何问题，都应该秉持这一原则规范。随着社会的日益发展和进步，诚信的道德要求依然不可违背，在食品安全道德治理中，食品利益相关者需要坚持诚信原则，做到不欺人、不自欺，"有所许诺，纤毫必偿；有所期约，时刻不易"②。

（二）食品安全道德治理中诚信的重要价值

诚信是食品安全的重要保障。保证食品安全，质量是根本，而诚信是食品质量的防护屏障。如果缺少诚信的生产经营，就没有食品的安全。当前，我国食品安全领域出现的道德问题与食品生产经营者的诚信缺失有直接的关联。这些失信行为的出现，已经侵蚀了食品市场的正常发展。如，中国奶制品污染事件的曝光，让中国奶制品行业陷入到风雨飘摇的境地，国内的乳制品市场一度陷入混乱，民众的消费信心受到了严重挫伤，人心惶惶，内地厂家生产的奶粉销量急剧下降，购买洋奶粉成为很多人的消费选择。恢复广大人民群众的食品安全消费信心，需要以诚信建设为重要突破口，为食品安全注入诚信力量，塑造食品品牌。

诚信是食品市场健康运行必须遵守的法则。诚信是维护正常市场

① 《张载集·正蒙·天道》。
② 《袁氏世范（卷二）·处己》。

秩序的基础，是加快完善社会主义市场经济体制和坚持社会主义市场经济改革方向的客观要求。如果没有了诚信，市场经济的运行就会陷入混乱，受到伤害的恐怕不仅仅是消费者，食品生产经营者最终因失信而必将走向覆亡，政府也将会因诚信环境塑造不利而遭受到质疑，甚至有影响到政权稳定的风险。马克思主义经典作家认为，诚信是经济运行主体必须遵守的道德原则，诚信是现代经济运行的必然规律。恩格斯在《英国工人阶级状况》的序言中指出："现代政治经济学的规律之一就是：资本主义生产愈发展，它就愈不能采用作为它早期阶段的特征的那些琐细的哄骗和欺诈手段……的确，这些狡猾手腕在大市场上已经不合算了，那里时间就是金钱，那里商业道德必然发展到一定的水平，其所以如此，并不是出于伦理的狂热，而纯粹是为了不白费时间和劳动。"[①] 在这里，诚信表现为经济健康运行所必需，诚信选择首先是出于资本家自利的打算，其次才表现为一种道德规约。但无论经济运行主体是出于主观的道德意愿，还是出于精于计算的自利动机，在结果上，诚信已经成为经济运行的一部分，良好的经济运行需要诚信的支持。食品消费是人类最基本的消费，食品市场作为最基本最重要的消费品市场，必须要遵守诚信原则，以维持食品市场的健康运行。

诚信带来的是食品利益相关者多方的互惠互利。市场交易双方在发生经济行为的过程中，除需要彼此订立契约，依靠契约维护交易双方的权益外，还有一些内容是属于契约之外的，这些内容的维护往往是依靠双方的诚信来实现的。因此，从某种意义上讲，市场交易双方

---

① 《马克思恩格斯全集》第 25 卷，人民出版社 1986 年版，第 368 页。

表面上看是彼此商品与货币的交换，一方获得商品的使用价值，另一方获得商品的价值，而实质上是彼此间的诚信互换。当一方出现践踏诚信的行为，另一方必然要吞下他人失信酿成的恶果。食品市场失信行为的增加，掺杂使假行为的增多，从短期来看，失信的食品生产经营者是获利的一方，政府睁一只眼闭一只眼的放行也可以从中牟利，受伤的只有消费者；但从长远来看，食品生产经营者也是消费者，其可以不食用自己生产的掺杂使假食品，但是却可能成为其他掺杂使假食品的受害者，而政府工作人员亦不可能逃离到不安全食品的侵害之外。如此一来，食品生产经营中的失信行为带来的后果必然是多方利益受损。相反，如果交易双方践诺守信，必然会简化交易程序，减少交易成本，增加双方的获益，同时，政府也可以从良好的食品经济秩序中获益，这样，实现的结果是多方的互利。

诚信是食品利益相关者必备的道德素质。诚信是对食品利益相关者的道德性约束。经济运行主体作为市场经济中的一分子，在整个市场的框架下，会对其他个体的行为进行模仿和学习。根据破窗理论（进化博弈论），如果不诚信的食品生产经营行为不能得到及时的约束和惩罚，就会造成其他经济运行主体的效尤，不诚信的行为在市场中就会增多，因为"人们服从规范的程度取决于对不服从规范所支付的代价，与使用最有效惩罚手段所支付的代价进行比较"。[1]当不诚信受到的惩罚不足以引起戒惧，而失信行为又能够带来巨大利益时，失信行为就会大面积涌现，整个食品市场运行就会陷于瘫痪。因此，诚信对于整个食品市场，对于参与食品市场的每个个体都是必要的，如果没有诚

---

[1]　邱建新：《信任文化的断裂》，社会科学文献出版社 2005 年版，第 338 页。

信的约束，就不会有规范有序可信的食品市场，诚信是食品利益相关者必备的道德素质。食品市场作为全球最庞大的消费市场之一，是各国食品生产经营者角力的重要舞台。随着全球化的推进，食品市场的争夺会日趋激烈，食品信誉度则是抢占食品市场的重要武器，享有良好信誉的食品会越来越得到各国消费者的认可。

诚信是食品生产经营者最富贵的财富。获利是食品生产经营者产销食品的直接目的，然而，摒弃诚信赚取财富的致富之路只能是越走越窄。如果其失信行为曝光于天下，置于广大人民群众的众目睽睽之下，该食品生产经营者也就失去了生存空间，走向了穷途末路。市场经济是竞争经济，在竞争中获得经济效益是食品生产经营者的重要诉求，诚信是食品生产经营者在竞争中获胜的重要筹码。一些食品生产经营者为失信行为付出的惨痛代价已经留下了前车之鉴，一些食品生产经营者因诚信而铸就的老字号、大品牌则树立了良好的行业标杆。诚信是食品生产经营者的生命线，食品生产经营者最富贵的财富莫过于诚信，诚信的食品生产经营者才能创出品牌，才会拥有越来越多的客户。诚信是食品生产经营者的生存之道和生财之道，食品生产经营者唯有以诚信才能赢得信任，才能赢得市场，谋得长久而稳定的经济效益。

三、责任：食品利益相关者的道德信条

责任有着深刻的道德蕴含，古罗马著名哲学家西塞罗指出："任何一种生活，无论是公共的还是私人的，事业的还是家庭的，所作所为只关系到个人的还是牵涉他人的，都不可能没有其道德责任。因为生活中一切有德之事均由履行这种道德责任而出，而一切无德之事皆因

忽视这种道德所致。"① 食品利益相关者对食品安全负有共同而有区别的责任，只有各食品利益相关者奉行道德责任信条，以责任为己任，才能保证食品安全。

（一）责任的道德蕴含

责任源于一个人或一个群体的资格而产生，这个资格与特定的角色或职业直接相关，在特定的框架和轨迹内从事活动，完成资格所要求的分内之事即为履行责任，没有完成分内之事即要承担相应的后果，为没能尽应尽之事而负责。责任是社会个体（群体）之间关系得以产生并得以维系的重要纽带，彼此之间履行责任，关系就会得以维系，相反，当履行责任不利时，关系就会出现松动甚至是解体。在中西伦理思想中都有关于责任的阐述："责任是伦理生活和伦理评价的核心。"② 最早提出责任伦理这一概念的是马克斯·韦伯，这一概念原初是作为政治伦理话语提出的。后来随着研究的深入，20 世纪 60 年代责任伦理的研究呈现快速发展之势，其内涵日益丰富，所关注的对象也日益增多，除政府责任外，企业责任、学术责任、技术责任、媒体责任等都被纳入到责任伦理的研究视域。责任伦理是道德主体的主观行为准则，以行为及结果之善为价值指向，重点关注个体（群体）在担当某一角色或职业时所应承担的责任。

中国古代伦理思想中有着强烈的责任意识。呈现在经典文本中的道德箴言可以从国家、社会、个体三个维度来理解中国古代思想家对责任的探讨。在国家层面上，把"大同社会"奉为理想的社会形态，

---

① ［古罗马］西塞罗：《西塞罗三论：论老年 论友谊 论责任》，徐奕春译，商务印书馆1998 年版，第 91 页。

② Gary Watson, "Two Faces of Responsibility", *Philosophical Topics*, 1996（24），pp.227–248.

成为无数仁人志士孜孜以求的目标："大道之行也，天下为公"①"先天下之忧而忧，后天下之乐而乐"②"苟利国家生死以，岂因祸福避趋之"③成为无数仁人志士追求的人生信条，他们置国家的利益于个人的利益之上，不以个人之得失为好恶，把个人与国家紧密相连，为了国家利益不惜牺牲个人的生命，体现了忧国忧民的责任意识。在社会层面上，以家庭为原点，在强调对家人承担责任的基础上衍生出对他人承担的责任，如"五伦"中的"三伦"在强调对家庭成员的责任："父子有亲""夫妇有别""长幼有序"，另外"两伦"在强调对他人承担的责任："君臣有义""朋友有信"。而荀子构建的以"礼"为核心的道德规范体系，在规范道德主体自我行为的同时，实际上也明确了对他者的道德责任。"老吾老，以及人之老；幼吾幼，以及人之幼"④"勿以恶小而为之，勿以善小而不为"⑤则体现了在社会中对他者承担责任的要求。在个人层面，中国古代强调个体的修身立德："修身、齐家、治国、平天下"成为无数儒者的精神向往。个体修身不仅仅是承担对自我的责任，更重要的是延伸出对家庭、对社会、对国家、对天下的责任，责任的延展，浓烈的家国情怀，培育出从"小我"到"大我"的责任伦理。

在西方，早在古希腊时期，思想家们就开始了对责任问题的研究。亚里士多德被认为是西方最早研究责任的思想家。他提出了责任实现的两大要件，认为人作为理性的存在者，知识与自由是个体履行责任的前提。西塞罗把人的责任分为四个层次，按照优先性排序，分别要

---

①　《礼记·礼运》。

②　范仲淹：《岳阳楼记》。

③　林则徐：《赴戍登程口占示家人》。

④　《孟子·梁惠王上》。

⑤　《三国志·蜀书·先主传》。

对诸神、对国家、对父母和对其他对象负责。他认为，每一个人都要承担责任，这种责任是人之为人与生俱来的。古希腊思想家对责任的关注重心在于人对外在他者负责，而到了现代社会，思想家们对责任的关注转向人类自身。康德义务论的责任观认为，责任是要求一个人必须要做的事情，个人必须要履行责任，只有出于责任（义务）的行为才有道德价值，一个出于责任的行为，其道德价值不取决于它所要实现的目的，而取决于它所被规定的准则。责任是尊重道德法则的必然行为。①功利主义的责任观认为，履行责任的动机在于出于功利，而不是出于个体的德性，功利所追求的目的可以是积极的，如增加快乐、财富、权力等等，也可以是消极的，如减少痛苦、避免责罚、逃脱制裁等等。对于责任冲突的处理，功利主义奉行"普遍幸福"准则，责任行为的选择就是看是否能实现"普遍幸福"。②20 世纪以来，随着马克斯·韦伯责任伦理概念的提出，西方社会关于道德责任的理论与实证探究越发深入，责任伦理成为了当代应用伦理学的重要论题。

责任是当代社会的主流价值取向，个体和群体要对自己的行为负责，要以履责为己任。马克思主义认为，人们的行为虽然受到客观必然性和社会历史条件的制约，但是人又具有主观能动性，有辨别是非、善恶的能力，对自己的行为具有一定的选择自由，必然承担相应的道德责任。③在当代社会，对责任的理解可以从四个维度入手：一是责任主体，责任的主体既包括社会上的个体，也包括组织和团体；二是主体行为，责任主体要根据自己的角色或者职业做好属于自己的分内之

---

① ［德］伊曼纽尔·康德：《道德形而上学原理》，苗力田译，上海人民出版社 2002 年版，第 12—17 页。

② ［英］约翰·斯图亚特·穆勒：《功利主义》，叶建新译，九州出版社 2007 年版，第 41 页。

③ 朱赌庭主编：《伦理学大辞典》，上海辞书出版社 2002 年版，第 6 页。

事，做好了分内之事就是尽责，未做好分内之事就是失责，能否尽责取决于责任主体对自我角色的认知和对自我行为的把控；三是行为后果，责任主体要对自己的履责情况进行评价，社会也要对责任主体的履责情况进行评价，通过自我和社会评价来对行为后果进行判定；四是行为奖惩，责任主体对自我责任履行的好坏，要依靠社会力量进行强化，对履责好的个体或群体给予褒奖，对履责不好的个体或群体进行惩罚。在社会生活中，履责是社会对个体或群体的一项基本要求，无论主体自愿与否，主体都必须履责，这是人际间相互信任、社会稳定与和谐的基本要求。

食品安全道德治理中提出责任原则，是对广大人民群众利益的尊重和肯定。在纵向上，责任原则需要贯穿于食品种植养殖、生产加工、销售消费、监管传播、研究研发等各个环节；在横向上，责任原则需要得到生产经营者、监管者、媒体、学术界和消费者的共同信奉。对于生产经营者和监管者，责任原则尤为重要，只有两者将责任原则贯彻到底，在生产经营和监管的过程中树立起责任高于一切的理念，做到主动负责、敢于担责、绝不避责，才能够付诸道德的生产经营和监管行动，达到保障食品安全的目的。

（二）食品安全道德治理中责任的具体体现

责任是守护食品安全的重要道德防线。食品安全与食品利益相关者的责任意识密切相关。对于拥有很强责任感的人，即使对相关法律的了解不足，但是因为心存对责任的敬畏，强烈的责任感驱使其做一个好的角色扮演者和职业担当者，在主观上不会作出违法乱纪的事情。而对于一个缺少责任感的人，不仅不会做好自身的角色扮演和职业担当，而且容易受到不良信息的滋扰，受到不当得利的引诱，不能很好地规范自己的行为，在利益的诱惑下，甚至会作出钻法律空子，干出有损他人和社会利益的行为。食品利益相关者的责任意识是保证各相关主体遵守道德规范和法律法规，维护食品安全的思想前提。

生产经营者尽责是维护食品安全的源头保障。"食品从出现到消亡的这些流程中提供食品的主体和消费食品的主体的行为以及他们之间的关系就构成了整个食品行业的内容。"[①] 生产经营者是食品的提供者，在食品供应链条上，要在源头上杜绝食品安全隐患，关键在于生产经营者要负起责任。在种植养殖环节，使用什么种子、化肥、农药、饲料和兽药，农产品有没有受到污染，农户是最清楚的；在生产加工环节，使用什么原材料、有没有运用非法添加物、生产是否符合相关标准、在多长时间内食用是安全的等信息，生产者是最清楚的。如果生产者守责任、讲道德、遵法纪，食品的安全度无疑会大大提高。相反，如果生产者不负责任，置道德与法纪于不顾，故意隐瞒食品安全信息，食品安全问题就会让人防不胜防。同时，食品在市场流通过程中经历的漫长旅途，也让其面临着无数的风险，经营者如果在这一过程中隐藏信息，故作手脚，也会造成食品的不安全，这就需要经营者的责任意识来保障。

监管者履责是保障食品安全的重要环节。食品作为商品在市场运行的过程中，会遭遇到市场失灵的情况，仅靠市场这只"无形之手"恐怕难以治愈市场本身的弊病，这就需要政府的介入，发挥"有形之手"的力量。生产经营者为食品安全负首要责任，政府为食品安全负监管责任，生产经营者的生产和经营行为要接受政府的管理和监督。食品

---

① ［美］菲利普·费尔南德斯·阿莫斯图：《食物的历史》，何舒平译，中信出版社2005年版，第231页。

生产经营者在不履行责任，利用信息不对称对消费者造成伤害的时候，消费者就需要向政府寻求支援，政府监管是在食品生产经营者失责后，消费者重要的信任寄托。政府是广大人民群众食品安全利益的守护者，只要政府承担起食品安全治理的责任，就能够把消费者从不安全食品的旋涡中解救出来。当消费者对不诚信的食品生产经营者失去信任，对食品安全失去信心时，政府对食品安全的有效治理，可以增添消费者的食品安全信心。

媒体当责是塑造健康食品安全环境的重要内容。食品安全与广大人民群众的生活息息相关，燃点低，热度高，一点就着，媒体报道和解读稍有不慎，就有可能引起轩然大波。面对食品安全问题，媒体的作用越来越重要，责任越来越重大。媒体是广大人民群众知晓食品安全事件的窗口，在食品安全事件中，媒体要勇于揭露批判，及时跟踪报道，客观理性地向广大人民群众传送事件的进展，消解广大人民群众的紧张情绪。媒体不应该把食品安全事件作为吸引公众眼球的"摇钱树"，有意夸大和过度渲染食品安全事件，造成广大人民群众的恐慌。这种夸大和渲染也会给其他食品利益相关者带来伤害，就拿食品生产经营者来讲，一个不实的报道，很可能让食品生产经营者身陷谣言，跌落深渊，从此一蹶不振。媒体当责还表现为以人民的立场，公正、真实的态度传播食品安全知识，开展食品安全风险交流，打造干净、清朗的食品安全环境。

学术界负责可以为有效防控食品安全风险提供科技保障。随着科学技术的发展进步，一些新技术、新原料应用在食品中，新的食品产品不断出现，食品安全的风险因素也日益增多。这样，原有的食品安全标准和检测技术与方法就会有相对滞后的情况出现，新的潜在的安全风险很可能游离于监管之外，让消费者很难提防。食品新技术、新原料给食品安全带来的风险要求学术界承担起在食品研究研发中的责任。"掌握科学的人在解决日益重大的问题时所肩负的责任越来越沉重，他们发现强大的力量失去了道德的指南，所以今天的科学家比任何时候都更加需要伦理道德的指导。"① 学术界需要时刻保持对科学的崇敬，以增进人类的利益，促进人类的进步，以责任保证安全，以责任赢利信任，以责任助力发展。

消费者职责是保证食品安全的必要条件。消费者是食品的购买、使用或接受相关服务的主体。在食品安全事件中，消费者是不安全食品的受害者，往往以弱者的形象存在于食品供应链条的末端。消费者有自由消费食品的权利，从某种意义上讲，没有食品消费就没有食品生产，在市场经济条件下，消费者的消费是推动食品科学技术进步、食品新产品开发乃至整个生产力发展的原动力。"在受到消费者主权原则约束的市场经济活动中，生产什么东西是由作为消费者的个人或家庭按照他们的爱好所作出的集体决策来决定的。"② 在不违背市场交易原则，合法合规的条件下，消费者为满足自我需要有选择"吃什么，怎么吃"的权利。但是，从道德视角审视，消费者选择食品，存在一个满足需要，抑或是满足欲望的问题，食品消费一旦超越真实需要而坠入到欲壑难填的消费主义泥沼中，就会引发食品安全问题。因此，在食品安全面前，消费者要认识到自身的责任，回归食品消费的真实需要，在食品消费中做到自觉、自省、自节、自励，为食品安全道德治理添砖加瓦。

---

① ［英］贝尔纳：《科学的社会功能》，陈体芳译，商务印书馆1982年版，第37页。
② ［美］丹尼尔·贝尔：《资本主义文化矛盾》，赵一凡译，三联书店1989年版，第270页。

第六章　食品安全道德治理的路径选择

食品安全道德治理研究既是时代的呼唤，也是伦理学实践性品格的具体彰显。食品安全道德治理研究，根本目的在于从道德视角，探寻新时代解决我国食品安全问题的有效路径，为保证食品安全提供伦理保障。任何"一门科学或理论，既教我们去认识事物，也教给我们行动的艺术，……在我们发现了原理或规律以后，我们就应用它们，把这些原理或规律付诸实践，制订出一些必须遵守的规则，以达到某些目的"。① 食品安全道德治理，需要就食品安全道德薄弱环节，采取切实有力措施，多管齐下，多措并举，找准治理路径，以守护广大人民群众"舌尖上的安全"。

第一节　完善食品安全道德制度

在社会转型时期，市场经济的狂飙猛进，使人们对利益最大化的追求得到了充分的激发。对利益的过度追逐甚至遮蔽了人的善良心性，道德风险肆意蔓延，在食品安全如此重要的人命关天领域亦未能幸免。

① ［美］弗兰克·梯利：《伦理学概论》，何意译，中国人民大学出版社 1987 年版，第 14—15 页。

诺贝尔经济学奖获得者道格拉斯·诺斯认为："制度是一系列被制定出来的规则、守法程序和行为的道德伦理规范，它旨在约束追求主体福利或效用最大化利益的个人行为。"[①] 食品安全道德制度创设在于能够通过一种制度安排，使人们对食品市场的道德期许转化为现实的道德要求，并把这些道德要求固化下来，对食品利益相关者行为作出必要限制，以此提供导向，进而维护公正的食品市场秩序。

一、构建食品安全诚信体系

食品安全诚信具体体现在食品生产经营者在种植养殖、生产加工、存贮运输、食品销售及售后服务的过程中，遵守食品安全法律法规，履行食品安全承诺和契约，并承担相应的社会责任。当前中国食品安全道德治理的首要任务在于构建食品安全诚信体系，重建消费者对食品安全的信心，扩展消费者获知食品安全信息的渠道，增进食品利益相关者之间的信任。

（一）食品安全诚信体系建设的重要意义

现代市场经济是诚信经济已经成为社会各界的共识。食品的"食"上面一个"人"，下面一个"良"，食品行业是用良心撑起的行业。诚信是食品生产经营者的核心竞争力和树立良好食品生产经营者形象的重要内容，对于食品生产经营者来讲，诚信是一种可以不断增值的无形资产。加强食品安全诚信体系建设，让诚信理念融入到食品生产经营者的血液中，贯穿于生产经营行为的始终，是关乎食品生产经营者自身发展、保障食品安全的客观需要和长效机制，对于保护广大人民

---

① ［美］道格拉斯·C.诺斯：《经济史中的结构与变迁》，陈郁等译，上海人民出版社1994年版，第225—226页。

群众食品安全权益具有非常重要且深远的意义。

　　构建食品安全诚信体系，关乎政府食品安全监管水平的提升。当市场失灵，食品生产经营者的诚信出现问题时，消费者对政府的食品安全监管寄予厚望，希望政府加强监管，规范和约束食品生产经营者的行为，食品安全诚信体系建设势在必行。在食品市场上，消费者购买的是看得见、摸得着的食品成品或者是食用农产品，对于食品背后的信息，如食品是否受到污染、是否有掺杂使假等，有些时候单纯依靠消费者的感官鉴别，乃至于食用后在短期内恐怕都无法发现。这就需要政府和第三方评价机构提供食品安全信息，加强食品安全信息收集和发布传递，实现食品利益相关者之间的信息共享，特别是在不同监管部门间实现信息互通，能够加强部门协作，避免出现监管盲区。

　　构建食品安全诚信体系，关乎食品生产经营者自身的发展。市场经济是法制经济，也是诚信经济，缺少法制，市场经济无法运行，缺少诚信，市场经济就无法高效的运行。社会主义市场经济越发展，各市场构成要素的联系就越紧密，市场经济活动就越需要诚信来维护。社会主义市场经济需要构建诚信体系，食品安全诚信体系是社会主义市场经济诚信体系的重要组成部分。在社会主义市场经济中，诚信是食品生产经营者长久生存之道，诚信造就品牌，诚信赢得信任，诚信的食品生产经营者的才能厚积薄发，获得永久的生存发展动力，才有竞争力。相反，诚信缺失造成的损失不仅在于不诚信的始作俑者，让其作茧自缚，而且也会危害到整个行业。这种危害往往是深远的，不仅影响到国内市场，而且还会影响到国际声誉。

　　构建食品安全诚信体系，关乎食品安全风险的源头防控。维护食品安全既是食品生产经营者的责任，也是食品生产经营者诚信的标志。

造成我国食品安全问题多发的原因是复杂的，既有客观原因，也有主观原因。从主观上看，食品生产经营者的诚信意识缺失、责任意识淡漠为食品安全问题的爆发埋下了非常大的隐患。加强食品安全道德治理，构建食品安全诚信体系建设是一项重要举措，有利于从生产经营的源头消除隐患，防止食品安全事故的发生，进而提高全社会的食品安全整体水平。

构建食品安全诚信体系，需要全体食品利益相关者的共同参与。政府是食品安全的监管者，承担着制定食品安全标准、处置食品安全事件、发布食品安全信息等职责，在食品安全诚信体系建设的过程中，政府是主导者和推动者。食品生产经营者是食品安全的亲历者、食品安全诚信体系建设的规约对象，在食品安全诚信体系建设的过程中，食品生产经营者是直接责任主体，只有食品生产经营者的积极参与和支持配合，诚信体系才能有效运行。媒体和学术界在食品安全诚信体系建设方面分别承担着不同的责任，媒体是发布食品安全信息的重要平台，媒体自身诚信非常重要，媒体要精准揭露和报道不诚信的食品生产经营者，宣传和树立诚信的食品生产经营者典型，营造"失信为耻，诚信为荣"的社会舆论环境氛围；学术界诚信是保证食品研究研发符合人民利益的重要导向，食品安全诚信体系严密科学的构建，食品安全道德治理的持续有效开展，既离不开学术界的智慧，更需要学术界的诚信。食品安全诚信体系建设需要消费者的主动参与，消费者要勇于批驳负面信息，不信谣、不造谣、不传谣，成为不诚信食品生产经营者的监督和举报力量，积极为诚信体系建设贡献力量。

（二）食品安全诚信体系建设的发展历程

食品安全诚信体系建设方面，近年来，在我国政府大力推动和全社会积极参与下，取得了阶段性成效。自改革开放以来，伴随着计划经济向市场经济的转轨，不诚信的现象令社会各界痛心疾首，假冒伪劣商品严重挫伤了广大人民群众的消费信心，加快诚信体系建设日益迫切且受到全社会的高度重视，相关的实践探索和理论研究都取得了长足的进步。

21 世纪初，中国食品安全事件的大面积涌现，加快了食品安全诚信体系建设的脚步，国家出台了一系列政策措施。2004 年 4 月 7 日，国家食品药品监督管理总局会同公安部、农业部、商务部、卫生部、国家工商行政管理总局、国家质量监督检验检疫总局、海关总署等八部门联合印发了《关于加快食品安全信用体系建设的若干指导意见》（国食药监察〔2004〕99 号）（以下简称《意见》），《意见》指出，食品安全信用体系建设是在政府推动下全社会参与的一项系统工程，是保障食品安全的长效机制和治本之策。《意见》阐述了我国食品安全信用体系建设的重要意义、指导思想、基本原则、主要目标、主要内容和保障措施。同年 4 月 8 日，国家食品药品监督管理总局印发了《食品安全信用体系建设试点工作方案》（国食药监察〔2004〕90 号），（以下简称《方案》），《方案》就我国食品安全信用体系建设试点工作的指导思想、目的和原则、基本条件、主要内容、具体步骤等作出了规定，并选取了五个城市、三个行业作为试点。《意见》和《方案》的出台，标志着我国食品安全诚信体系建设工作全面展开。

2009 年，我国食品安全诚信体系建设步入快车道。2009 年 2 月，国务院办公厅印发《食品安全整顿工作方案》（国办发〔2009〕8 号），同年 5 月，国务院印发《轻工业调整和振兴规划》（国发〔2009〕15号），两个文件明确提出要加快食品安全诚信体系建设，做到食品安全诚信效果有评价、诚信奖惩有制度。同年6月和7月，国家先后颁布《中华人民共和国食品安全法》和《中华人民共和国食品安全法实施条例》，强调要推动食品安全诚信体系建设，促进食品行业健康发展。为贯彻落实上述法律和文件要求，同年12月18日，工业和信息化部会同国家发展和改革委员会、监察部、农业部、商务部、卫生部、中国人民银行、国家工商行政管理总局、国家质量监督检验检疫总局和国家食品药品监督管理总局等十部门共同制定了《食品工业企业诚信体系建设工作指导意见》（工信部联消费［2009］701号），（以下简称《指导意见》）《指导意见》指出了加快推进食品工业企业诚信体系建设的重要意义，明确了食品工业企业诚信体系建设的指导思想、主要目标、基本原则和主要任务，提出了食品工业企业诚信体系建设的保障措施。《指导意见》要求建立相对完善的食品工业企业诚信管理体系、诚信信息征集和披露体系、诚信评价体系和运行机制。

2010年，我国食品安全诚信体系建设向纵深发展。10月，工业和信息化部印发《食品工业企业诚信体系建设工作实施方案（2010年—2012年）》（工信部消费［2010］549号），提出了食品工业企业诚信体系建设八个方面的重点任务，并列出了具体的工作安排，划定了食品工业企业诚信体系三年建设期的任务图和时间表。同年，工业和信息化部发布了《食品工业企业诚信管理体系建立及实施通用要求》和《食品工业企业诚信评价准则》。食品工业企业诚信体系建设选取人们关注度高的乳制品、肉类食品为试点，试点工作首先在部分省份展开，逐步向其他食品行业和其他省份铺开。食品工业企业诚信体系建设工作由点及面、蹄疾步稳的进行，为营造良好的食品安全诚信氛围，形成食品生产经营者诚信履责的长效机制，提升我国食品安全诚信的整体水平积累了经验，作出了贡献。

2011 年后，在国家制定的与食品安全相关的规划性文件中，食品安全诚信体系建设始终是一个重点。如，2011 年 12 月国家发展和改革委员会与工业和信息化部印发的《食品工业"十二五"发展规划》（发改产业［2011］3229 号）中，2012 年 7 月国务院办公厅印发的《国家食品安全监管体系"十二五"规划》（国办发［2012］36 号）中，2017 年 2 月国务院印发的《"十三五"国家食品安全规划》（国发［2017］12 号）中，都把食品安全诚信体系建设作为一项主要任务来抓。文件强调要强化食品生产经营者的诚信意识，引导食品生产经营者树立诚信意识，把与食品生产经营者相关的信息纳入到生产经营者的诚信档案，通过搭建全国性的诚信信息共享平台和信用信息公示系统，开展联合的诚信激励和失信惩戒，并鼓励社会资源向诚信的食品生产经营者倾斜，对诚信的食品生产经营者给予资源优先安排和重点支持。

我国食品安全诚信体系建设正在稳步推进。但与发达国家相比，与广大人民群众的期待相比，我国食品安全诚信体系建设还需要进一步加强。当前，一些食品生产经营者对诚信体系建设的紧迫性和重要性却认识不足，参与的积极性不高。从诚信的历史传统来看，我国诚信文化生成的土壤是封建社会，诚信的维系主要依靠个体的自省自律，这与生成于商业社会的诚信有所不同，商业社会的诚信主要依靠的是契约精神，而在从传统熟人社会向现代陌生人社会转换的过程中，我国传统诚信观的约束力式微，富有契约精神的诚信建设滞后，这在一定程度上也影响了食品安全诚信体系建设的进展。当代中国食品安全诚信体系建设，要从社会主义市场经济的现实情况出发，以食品安全诚信体系建设为保障，进一步推进食品安全质量提升。

（三）食品安全诚信体系建设的关键环节

构建食品安全诚信体系，要在政府指导和推动下，以食品生产经营者诚信建设为核心，重点做好诚信信息的征集、评价和运用，不断督促食品生产经营者由被动诚信转向主动诚信，让诚信成为诚信者的"道德银行"，增加诚信行为所带来的经济收益，形成诚信产销的自觉性。食品安全诚信体系构建要重点把握好以下四个关键环节。

构建食品安全诚信体系，需要做好食品安全信息的征集、发布与共享工作。依照依法、客观、公正的原则，做好食品安全信息的征集工作，是食品安全诚信体系有效运行的基础。①食品安全诚信信息取自食品生产经营者、政府和社会第三方，信息既有静态信息，也需要对相应信息进行实时更新。食品生产经营者掌握食品安全信息的第一手资料，是诚信信息的输出方，食品生产经营者有责任做好信息记录，保证信息的全面真实可靠，并依法向社会公开食品安全信息。当然，食品生产经营者可能存在藏匿真实信息行为，政府和社会第三方的监督和查证就是必需和必要的。政府信息一方面包括及时向社会公开食品安全的法律、法规、政策和标准，这既可以让食品生产经营者产销有标准，也可以让媒体和消费者监督有依据；另一方面来源于对食品生产经营者的监管，取自于对食品生产经营者信息的收集整理，这既可以对食品生产经营者提供的信息进行真假鉴别，也可以为消费者的消费选择提供依据，保障消费者的知情权。社会第三方的信息来源非常广泛，包括消费者的投诉举报信息，媒体的舆论监督信息，认证机构的认证信息，调研机构的调查报告，等等。总体而言，

---

① 朱步楼：《食品安全伦理建构》，江苏凤凰科学技术出版社 2016 年版，第 154 页。

政府是食品安全信息的权威发布机构。多方信息来源往往让公众不好甄选，因此，政府需要对食品安全信息进行整理、甄别，按统一口径进行存储、发布和共享。准确的食品安全信息在政府监管部门间实现共享，可以让监管者及时掌握食品生产经营者的真实情况，为有效监管提供信息实录，为消费者的消费选择提供信息参考。

构建食品安全诚信体系，需要对食品生产经营者的诚信状况作出评价。对食品生产经营者的诚信状况作出评价，是对诚信食品生产经营者的一种肯定和褒奖，亦是对不诚信食品生产经营者的一种否定和惩戒，诚信评价可以让诚信成为无形资本注入到食品生产经营者的资本中，为诚信食品生产经营者带来有形利益。诚信评价是考量诚信层次的重要工具，可对食品生产经营者的好坏优劣进行区分，是诚信激励和失信惩戒得以实现的基础。食品安全诚信评价应该尽量做到全面、公平、细致、严密，符合实际情况，科学设计评价指标，避免与现实脱节，确保评价结果真实有效，防止评价走过场。评价指标的设计可以由点到面，采取定性与定量相结合的方式，注意可操作性，分别设计一级、二级和三级指标，以客观的方式对食品生产经营者的诚信状况进行度量、打分。

构建食品安全诚信体系，需要建立食品安全诚信"红黑榜"，对守信的食品生产经营者进行激励，对失信的食品生产经营者进行惩戒。守信激励和失信惩戒是对食品安全诚信评价的具体运用，如果没有奖惩，诚信评价就形同虚设，无法落地，诚信信息的征集也就失去了意义，没有了用武之地。为鼓励食品生产经营者不断提高信用水平，可结合社会信用等级建设情况，将食品安全信用从高到低划分等级，进行分级管理。[①] 对诚信评价层级高、食品安全质量有保证的食品生产经营者，政府或者第三方评价机构可以颁发证书给予认可，并进行广泛宣传，扩大影响力，让诚信评价成为品牌宣传的有力支撑；同时，对诚信评价层级高的食品生产经营者，政府在政策和资金上都要给予倾斜，使高诚信获得溢价效应，得到较高的经济效益。对诚信评价层级低、食品安全质量缺乏保障的食品生产经营者，政府要责令其进行整改，并增加检查的频次，对整改不利的可以作出淘汰出局的处罚。对于涉及违法的食品生产经营者不仅要依法追究责任，而且要实行行业禁入，使其付出高昂的代价。食品安全诚信评价结果要与行业准入、融资信贷、税收、用地审批等和食品生产经营者实实在在的利益结合起来，形成联合奖惩机制，产生联动效应，让"守信受益、失信受阻"成为现实的导向。信立于世，食品安全诚信"红黑榜"的建立，能够为消费者选择安全食品，为食品生产经营者选择可靠合作伙伴提供平台和信息支持。

构建食品安全诚信体系，需要引导食品生产经营者做好自身诚信建设，保证食品安全诚信信息的真实性、诚信行为践履的主动性。政府引导建立食品安全诚信体系在于以一种外力推进食品生产经营者的诚信，食品生产经营者是诚信信息的提供者，对于提供信息的真实与否，食品生产经营者自身是最有数的。因此，政府在推动建立食品安全诚信体系的同时，也要督促食品生产经营者加强自身诚信文化培育，在企业文化塑造中积极融入诚信文化，树立和强化诚信意识，把诚信作为资源和美德予以精心培育和呵护。有条件的食品生产经营者甚至

---

① 朱步楼：《食品安全伦理建构》，江苏凤凰科学技术出版社 2016 年版，第 155 页。

可以建立自身的信用管理体系，制定诚信方针、目标、指标和管理方案，对自己的诚信状况和食品安全状况作出自我评价，促使自我不断追求卓越。只有食品生产经营者将诚信要求转化为诚信自愿，将诚信承诺转变为诚信行为，食品安全才能得到有效保证。

二、建立食品安全道德评价机制

道德评价是"人们依据一定社会或阶级的道德标准对他人或自己的行为进行善恶、荣辱、正当与不正当等道德价值的判断或评论，表明肯定或否定、赞成或反对的倾向性态度"。[①] 道德评价普遍存在，处于社会生活中的每一个人，都在有意无意中对他人和自己的行为作出道德评价，以表达自己认同与否的倾向性态度。当然，一个人在对他人进行道德评价的同时，自己也常常处于他人的道德评价之下。道德评价能够对人的行为和品质进行矫正，以引导人们作出符合道德的行为，成为有道德的人。作为道德评价的一个特殊领域，食品安全道德评价是人们对食品生产经营者及其行为作出的评价，评价的依据既有普遍性的道德要求，也有食品行业需要遵循的特殊的道德要求。开展食品安全道德治理，离不开食品安全道德评价机制的建立，以此来矫正食品生产经营者的行为。

（一）食品安全道德评价机制建立的必要性

建立食品安全道德评价机制有利于鞭策食品生产经营者重视道德建设，减少食品安全不道德行为的发生。食品是人类赖以生存的必需品，每人每天都需要安全、健康、营养的食品。为广大人民群众提供

---

① 朱贻庭主编：《伦理学大辞典》，上海辞书出版社 2002 年版，第 37 页。

安全、健康、营养的食品是食品生产经营者义不容辞的责任，这也是食品行业的基本使命，更是食品生产经营者道德的基本表征。当前，食品生产经营者的不道德行为，给消费者和社会都带来了非常大的危害，严重的食品安全事件甚至直接威胁到消费者的生命，给消费者的肉体和精神都造成了巨大的伤害。针对食品生产经营者的行为，建立食品安全道德评价机制，做好食品生产经营者的道德层次评价工作，能够让广大人民群众对食品生产经营者的道德状况有更加直观的了解。道德评价结果会成为消费者消费行为选择的重要影响因子，这对食品生产经营者无疑是一种有力的鞭策，促使食品生产经营者减少不道德行为的发生。

建立食品安全道德评价机制有利于帮助食品生产经营者树立良好形象，提高食品行业道德声誉。行业形象和声誉体现了整个行业及服务在消费者当中的影响力和信任度，良好的形象和声誉对于整个行业来说是一笔宝贵的无形资产。比较而言，人们愿意选择形象好、声誉高的行业产品，而形象差、声誉低的行业产品自然就会遭到遗弃，整个行业的营利能力都会下跌。近年来，我国食品行业出现的不道德行为，让整个食品行业的形象和声誉受损，在一些食品安全的重灾区，如乳制品行业，甚至于挫伤了广大人民群众对国产食品的消费信心，陷入到信任危机的旋涡，掀起了抢购海外食品的浪潮。建立食品安全道德评价机制，有利于食品行业正视和重视自身的道德建设，重建食品行业的形象和声誉，恢复广大人民群众对国产食品的信任和信心。

（二）食品安全道德评价机制的发生机理

食品安全道德评价由社会对食品生产经营者的外在道德评价和食品生产经营者内在的自我道德评价构成。建立食品安全道德评价机制，将着重从社会维度，以"旁观者"的角度，对食品生产经营者的行为道德与否展开客观评价，通过外部"道德法庭"的评判，作出善恶判断和表达褒贬态度，以规范和监督食品生产经营者的行为，形成食品安全领域良好的道德风尚。

食品安全道德评价机制建立的主体主要由政府部门、食品生产经营者、媒体、学术界、社会公众和有关组织等食品利益相关者共同构成，上述人员可以组成"食品安全道德委员会"，把食品安全领域道德突出问题作为整治重点。食品安全道德评价的对象是针对食品生产经营者及其行为（包括食品企业及其从业人员的道德行为与不道德行为）作出道德评价，有益于他人和社会的行为就是道德的行为，有损于他人和社会的行为就是不道德的行为。食品安全道德评价的目的是通过表明褒贬态度来扬善抑恶，以维护食品行业的整体发展和广大人民群众的食品安全利益。

食品安全道德评价的依据是社会生活中占主导地位的社会道德标准和食品行业特殊的道德标准。食品行业道德原则与规范是评价食品生产经营者善恶、优劣的具体标准和依据，凡是符合食品行业道德原则与规范的生产经营行为就是正当的，否则，就是不正当的。安全与健康是食品安全道德评价依据的核心标准，保证食品安全，促进身体健康是食品生产经营者产销食品必须坚守的原则，食品生产经营者的一切产销行为都要以此为准则。食品安全道德评价的基本内容包括制度和行为两个层面，在对食品生产经营者道德建设开展情况进行制度层面评价的同时，重点对食品生产经营者遵守社会道德和行业道德情况进行"合其志功而观焉"的评价。

食品安全道德评价会对食品生产经营者的行为产生直接而深刻的

影响。在现代社会，互联网的方便快捷和新闻媒体的迅速崛起，可以使之成为开展食品安全道德评价的依托平台和发布食品安全道德评价结果的重要渠道。食品安全道德评价积聚而成的强大舆论场，生成为食品安全道德评价的"大气候"，会以社会舆论的方式对食品生产经营企业及其个人行为爆发出扬善抑恶的能量，产生出强大的舆论引导力和约束力，鼓励食品生产经营者从事道德的生产经营行为，抑制食品生产经营者发生不道德的生产经营行为。

（三）食品安全道德评价机制的科学运行

食品安全道德评价要发挥应有的作用，需要建立科学运行的评价机制。如果没有评价机制的科学运行作为保障，食品安全道德评价就会流于空谈，沦为形式。食品安全道德评价机制的科学运行能够促进食品安全道德治理持久而深入的进行。保证食品安全道德评价机制的科学运行，需要明确食品安全道德评价的内容，重点考察食品生产经营者的道德状况。食品行业道德建设评价主要集中在食品行业道德建设的领导、建设的措施、建设的效果等方面。[①]

开展食品安全道德评价，要对食品生产经营者对食品安全道德的重视程度进行评价，看其是否形成了对食品安全道德建设的有力领导。食品安全道德建设的有力领导是保证食品安全道德建设成效的关键因素。一要看在食品生产经营者的发展规划中，领导者是否重视道德建设，是否把道德建设列入规划，规划的目标是否明确、内容是否具体、措施是否得力。二要看食品生产经营者是否有计划、有组织、有步骤地开展食品安全道德建设，食品安全道德建设是否有延续性，能否做

---

① 赵士辉等：《食品行业伦理与道德建设》，中国政法大学出版社 2012 年版，第 186 页。

到一以贯之、持之以恒，而不是搞一阵风式的形式主义。三要看食品生产经营者的食品安全道德建设是否切实解决了食品安全领域的突出道德问题，主动纠正不道德行为，并且不断巩固食品安全道德建设成果，把道德建设引向更高的层次。四要看食品生产经营者是否畅通了接受广大人民群众道德监督和道德评议的渠道，能否让广大人民群众表达意见和建议，并且把合理的意见建议转化为实际的道德行动。

开展食品安全道德评价，要对食品生产经营者的道德制度化工作进行评价。一要看食品生产经营者是否制定了职业道德规范。食品生产经营者要根据社会主义社会的道德要求，结合食品行业的自身特点，制定食品行业职业道德规范，职业道德规范要简明、易记且富有操作性。二要看食品生产经营者道德建设与制度建设的结合程度。食品生产经营者的道德建设不能是为道德而道德，做道德的表面文章，而是要在道德的规约下进行正当的生产经营，这就要求食品生产经营者以提供优质安全的服务为指向构建自身的制度体系。如此一来，可以避免道德要求与生产经营实际"两张皮"的情况，防止道德要求被"悬空"。三要看食品生产经营者道德制度资源的累积情况。在食品安全道德建设中，食品生产经营者要注意把道德建设中的好经验、好做法上升到制度层面，同时，要博采众家之长，借鉴和吸收他山之石的经验，来完善自身的制度。

开展食品安全道德评价，要对食品生产经营者组织和接受道德教育的情况进行评价。道德教育是提升道德素质的重要途径，食品生产经营者要开展行之有效的道德教育，以提升从业人员的道德素质。一要看是否组织了专门的食品安全道德教育或培训，从业人员是否清晰知晓本行业的职业道德要求，是否清楚食品安全道德建设的重要意义。二要看是否组织了丰富多样的食品安全道德教育活动，座谈会、讨论会、宣讲会、知识竞赛等都可以成为食品安全道德教育的有效形式。三要看是否组织了专门的食品安全知识教育或培训，掌握专业的食品安全知识是食品生产经营者不产销问题食品的前提，如果缺少专业知识，很可能出现无意识的食品安全事件。尽管在动机上不好对无意识的食品安全事件进行道德评价，但是从结果上看，显然会带有不道德的色彩。

开展食品安全道德评价，要重点考察食品生产经营者的道德行为和道德品质，这是食品生产经营者道德状况优劣的有力佐证。对食品生产经营者进行道德评价，领导重视、制度完善、教育到位是非常重要的评价指标，然而，如果食品生产经营者的道德行为和道德品质没有提高，甚至出现了食品安全事故，那么，上述三项即使做得再好恐怕也是徒劳。因此，进行食品安全道德评价，重中之重还是要落实到对效果的评价上来。一要看食品生产经营者产销的食品是否安全，产销的食品是否符合食品安全标准和操作规范。二要看食品生产经营者的道德觉悟，看其是否能够自觉遵守职业道德规范和相关法律规章，能否做到忠于职守，竭诚服务。三要看食品生产经营者的道德建设对食品行业发展是否有促进作用，是否推进了食品行业整体道德素质的提高。

开展食品安全道德评价，要向食品生产经营者及时反馈评价结果，促使食品生产经营者及时调适自身的行为。为了促使食品安全道德评价机制的科学、有序运行，取得好的评价效果，在食品安全道德评价的运行中，反馈沟通是非常必要的。评价的目的并不仅仅要对食品生产经营者的道德状况进行评定等级，更重要的是要运用评价结果，使评价工作成为推动食品安全道德进步的动力。通过反馈沟通，可以让评价对象对自己的道德状况有清晰的了解，知晓自己道德状况与道德要求的达成度，找到自身道德行为与优秀的食品生产经营者道德行为的差距，从而剖析自我，查找不足，解决道德薄弱环节，促进自身道德水平的提升。特别是对道德状况较差的食品生产经营者，通过道德评价不失为一种警示，以促进其实现道德转变，防止其滑向违法犯罪的深渊。

开展食品安全道德评价，要对评价机制本身的运行情况进行评价，以促进评价机制自身的动态调整和不断优化，确保评价机制的流转顺畅。一轮评价工作的完成，并不意味着整个评价工作的结束。食品安全道德评价机制的建立不可能一劳永逸，在经历由建立到实践后，还要经历由实践到修正完善的过程。在食品安全道德评价机制运行的过程中，要对评价机制的运行进行认真的考察分析，对评价机制的优缺点进行梳理总结，使食品安全道德评价成为真实检验和反映食品安全道德状况的试金石。食品安全道德评价机制的不断优化，可以促使评价结果更加客观公正，进而让食品生产经营者更加信服、让广大人民群众更加信任、让其他的食品利益相关者更加信赖。

三、健全食品安全监管制度

食品安全监管制度对食品安全具有全局性和长远性影响，加强食品安全道德治理，保障广大人民群众生命安全与身体健康，健全食品安全监管制度是非常必要的。食品安全道德制度既指将食品安全道德要求上升为制度层面，增加道德规范对食品生产经营者的约束力和引导力；也指在食品安全监管制度的设计与运行过程中，增添道德因素的考量与注入，通过制度健全来减少不道德行为的发生几率。食品安全监管涉及的工作繁杂琐碎，只有不断健全食品安全监管制度，使其日益科学和完善，构筑严密的制度之网，才能让食品利益相关者的行为有据可依，沿着道德的轨迹前行。

（一）理顺食品安全监管体制

理顺食品安全监管体制，提高食品安全的保障能力。我国食品安全监管体制随着不同时期食品安全形势的变化不断作出调整，已历经数次变革，2013年，按照十二届全国人大一次会议审议通过的《国务院机构改革和职能转变方案》要求，按照"精简、统一、效能"的原则，逐渐形成了食品安全统一监管的体制。食品药品监督管理部门对食品生产经营活动实施统一的监督管理，农业部门、卫生行政部门、质量监督检验检疫部门和公安部门在食品安全监管中均负有不同责任。就工业食品、餐饮食品和食用农产品而言，具体的监管可以采取分类监管的形式，中央和地方在监管中的定位要重点有别。工业食品的生产经营由食品药品监督管理部门负责，国家食品药品监督管理总局负责统一监管，同时向地方派驻直属机构进行监管，直属机构的设立可以摆脱地方政府的干涉，实现垂直管理，提高效能；餐饮食品的经营亦由食品药品监督管理部门负责，但管理的重点应以地方为主，国家食品药品监督管理总局负责政策、规范的制定，餐饮食品以地方监管为主，原因主要在于餐饮食品主要是地方上的问题，地方监管更熟悉情况，更有成效；食用农产品在种植、养殖的过程中，以及畜禽屠宰的监管工作都由农业部门负责。食品安全标准制定工作由卫生行政部门和食品药品监督管理部门共同负责。食品安全风险监测和评估工作由卫生行政部门负责。食品相关产品生产、进出口食品的监督管理由质量监督检验检疫部门负责。食品安全犯罪侦查工作由公安部门负责。2018 年，第十三届全国人民代表大会第一次会议审议通过新的国务院机构改革方案，新组建的国家市场监督管理总局将承担起国家食品安全监管的主要职能，对于我国食品安全监管体制的完善迈出了非常重要的一步。

理性定位食品安全监管职责，创新食品安全监管理念。长期以来，在我国食品安全监管中，部分监管者形成了利益本位意识，认为食品安全是自己的"领地"，不能让自己的"领地"出问题，自己监管的区域出了问题不是勇于揭短，而是采取护短的行为。我国的食品安全监管部门必须摆脱"保姆式"的监管理念，绝不能认为企业是自己管理的，自己就有兜底的义务。[1] 同时，食品安全监管还遗留下了浓厚的计划经济色彩，"重审批、轻监管""重产品、轻源头""运动式整治食品安全问题"是比较普遍的食品安全治理方式，食品安全往往疏于长效治理。伴随着食品安全监管体制的进一步完善，监管者也要重新定位自己的监管职责，坚持以人民为中心的监管理念，一方面为食品生产经营者创造良好的发展环境，提供优质的管理和服务，维护食品市场的公平正义；另一方面要与食品生产经营者划清界限，对其实施严格监管，绝不姑息食品生产经营者的违法犯罪行为，净化食品市场的空气。创新食品安全监管理念，要把食品安全监管的重心向前后两端延伸，减少事前审批手续和流程，而不是片面关注食品终端产品。重视食品安全的过程监管和源头治理，实施长效监督检查和执法，严控食品安全风险，对食品安全苗头性问题及时打击，加大食品安全监督检查力度，

---

[1]　朱明春：《食品安全治理探究》，机械工业出版社 2016 年版，第 218 页。

落实好食品安全监管职责。

加强食品安全监管力量建设，严密布防食品安全监管网络。食品安全监管与一般的市场监管有别，特别需要一支专业化、技术化、高素质的监管队伍。从公共管理的要求来看，食品安全监管体制自上而下应该形成金字塔型。我国目前的食品安全监管队伍专业人才相对不足，特别是基层监管队伍，面临着十分繁重的食品安全监管任务，监管力量不足，专业人才匮乏较为普遍，食品安全监管之基还不够稳固。"工欲善其事，必先利其器。"改革食品安全监管体制，需要将食品安全监管的重心下移，关口前移，形成"纵向到底，横向到边"的食品安全监管网络体系。在不断完善食品安全监管体制的过程中，需要补给技术与德行兼具的专业化监管队伍，对食品安全基层监管力量做重点补强，以提升监管的整体效果。

（二）实施食品安全监管行政问责制

实施食品安全监管行政问责制是在制度上规约监管者履职尽责的有效方式。行政问责制起源于西方，一些西方国家专门设立了行政责任法。问责的实质在于追究责任。政府作为公民利益的代表，行使公共权力要有边界限定和责任担当，对于政府及其官员的越界和失职行为，公民可以通过法律途径对其失职行为及其产生的不良后果进行责任追究，要求其负直接或间接责任。政府的强力监管是食品安全保障的重要依靠。当前食品安全不道德事件的屡屡出现，既与食品生产经营者道德缺失有直接关系，也与部分监管者的履职不力、玩忽职守、职业道德滑坡有很大关系。要确保监管者履职尽责，既要依靠监管者的自省自律，更要通过完善责任制度来对其权力和行为进行约束和监督，把权力关进制度的笼子。2015年版《中华人民共和国食品安全法》，强调要综合运用民事、行政、刑事等手段，对食品生产经营者的违法行为实施最严厉的处罚，对监管者的履职不力行为实施最严肃的问责。问责处罚包括警告、记过、记大过、降级、撤职、开除，直至引咎辞职，并列举了涉及问责的情形。

实施食品安全监管行政问责制是提升监管者职业道德水准的重要方式。权责不一致、权力缺少制约是影响监管者职业道德水准提升的重要原因。实施食品安全监管行政问责制就是在理顺食品安全监管体制的前提下，进一步明确监管部门和监管工作人员的具体职责，做到权责清晰，各负其责，明确"问谁责、问什么、怎么问、如何罚"等四个方面的实践和操作问题，以避免问责流于形式，责任追究不严。一是要明确承担责任的主体。这个主体是集体还是个人需要明确，对直接负责的主管人员、其他直接责任人员和相关责任人员的责任要进行区分。二是要明确承担责任的内容。对于在行政审批、监督检查、食品安全信息通报、食品安全事件处置中未依法履行岗位职责的行为，都要进行问责，并根据事件造成的危害情况区分承担责任的等级。三是要明确问责的程序。对问责的具体程序、各实施环节、审批权限和时限、问责对象的申诉渠道等都要作出规定，要保证问责过程符合程序正义原则。四是要明确处罚的方式方法。对于存在过错的监管者，要进行严肃的问责，根据过错程度，对于承担责任的集体可以处以检查、通报、改组的处罚，对于个人可以采取通报、诫勉、警告、记过、记大过、降级、撤职、开除、引咎辞职的处罚，而且要终身问责，利剑高悬。实施食品安全监管行政问责制的目标是促进监管者的道德水平提升，在监管中履职尽责，因此，一方面要对失职失责者依法问责，严惩不贷；另一方面要对恪尽职守的监管者进行嘉奖，作为政绩考核和职务升迁的重要依据。

（三）提高食品安全标准

我国食品安全标准化工作起始于新中国成立之初，经过近 70 年的发展，经历了从无到有、从分散到系统、从无序到有序的过程。自 2009 年《食品安全法》实施以来，我国食品安全标准的清理、整合、修订、出新工作加速进行，初步形成了门类相对齐全，结构相对合理，覆盖食品链全过程、各环节，基本完整的食品安全标准体系。但与现实复杂的食品安全形势相比，我国的食品安全标准，无论在数量上，还是在质量上，与经济发达国家相比都有较大的差距，既满足不了公众对食品安全标准的日益提高的期待，还需要适应日益复杂的监管需要。[①] 当前，一些群众选择信赖进口食品，在很大程度上可以视为对国外食品安全标准信任的一个缩影，在这些群众看来，国外食品安全标准比国内标准更严格，食品安全更有保障。因此，保障食品安全，加强食品安全道德治理，提高食品安全标准是当前的一项重要任务。提高食品安全标准，需要重点做好以下四个方面工作。

一是进一步清理、整合、修订现行标准，加快新标准的制定工作。我国食品安全标准总体水平依然偏低，标准间交叉重复、相互矛盾的情况依然存在，部分标准修订滞后、一些重要标准缺失的情况依然没有彻底改变。因此，对这些不合时宜的标准需要加快清理、整合和修订的步伐，以做到标准统一、时效及时。而对于标准设置偏低和缺失的标准，要做好标准的前期基础研究工作，抓紧制定新标准。

二是进一步加快与国际标准的对接，把国际和国外先进标准有效

---

① 朱明春：《食品安全治理探究》，机械工业出版社 2016 年版，第 220 页。

转化为国内标准。我国食品安全标准与发达国家先进标准尚存在较大差距，对国际标准的采标率偏低。因此，我们要对接国际和国外先进标准，加快对先进标准的采用和转化，基于我国国情，把代表国际先进水平的标准转化为国内标准，提升我国食品安全标准水平。同时，我国也要加强自主食品安全标准的制定，争取把我国的标准上升为国际标准，甚至于引领国际食品安全标准，以增强我国食品的国际影响力和竞争力。食品安全标准的制定应该体现从严、拔高的要求，而不是以保护我国食品安全产业为名，故意降低食品安全标准。

三是进一步加快食品安全检验检测标准的制定。我国食品安全标准多属于产品质量标准，与产品质量标准相配套的检验检测标准建设一直以来是一块短板和弱项。食品安全链条前移的食用农产品中的农药兽药残留、生物激素、重金属含量等检测指标设置不全，检测技术也没有跟上，有些甚至根本没有制定标准，导致标准的缺失和空白，让监管难以达成。因此，对缺失的食品安全检验检测标准要抓紧制定，加强对食用农产品安全的检验检测。

四是进一步加强与食品安全标准有关的风险交流。食品安全标准的制定和使用主要是食品安全的监管者和食品生产经营者，但是，因为食品安全标准影响着整个食品行业，致使食品安全标准与社会各界的利益都存在着千丝万缕的联系，直接和消费者的生命安全和身体健康紧密相连。食品安全标准数量众多，需要很强的专业知识，政府对食品安全标准的制定和管理都需要进一步规范程序，改进工作方式方法，向所有食品利益相关者做好食品安全标准的宣传、解读和交流。同时，政府在食品安全标准制定的过程中，对执行标准所需要的经济成本、执行标准所需要的监管投入、对行业发展所造成的可能影响等因素都要进行充分考虑和分析，并向所有食品利益相关者公开相关信息，征集意见，让更多的食品利益相关者参与到食品安全标准的制定工作中，以保证标准的科学性和完整性。

第二节 健全科技与法律支撑体系

食品安全道德治理作为食品安全治理的重要组成部分，需要契合新时代的发展变化和社会变革的价值诉求。针对食品安全面临的新形势和新挑战，需要创新治理的方式和手段，为食品安全道德治理融入科技元素，推动治理技术创新。加强食品安全道德治理的法律呵护，以法彰德，科学推进食品安全道德治理的精准施行和有效运行。

一、强化食品安全道德治理科技防护体系

近年来，我国食品安全治理成效初显，食品安全状况总体趋于平稳。然而，由于我国食品产业基础相对薄弱、食品安全监管能力相对滞后、食品安全保障体系相对不足、食品利益相关者的道德意识相对缺乏等主客观原因的存在，导致我国食品安全事件依然没有销声匿迹。上述四重因素叠加为信息不对称留下了生存空间，成为食品安全道德治理的最大难点，随着科技的进步，特别是网络和信息技术的突飞猛进，利用信息不对称制造食品安全事件的风险加大，让食品安全风险空前加剧。科技是一把双刃剑，科技进步给食品安全带来风险的同时，也提供了机遇，因此，加强食品安全道德治理，需要运用科技手段。

（一）运用大数据实现食品安全道德治理精准化

当今时代是数据爆炸的时代，大数据浪潮席卷整个世界，给人们

的生产和生活带来了巨大的影响。对大数据的应用不仅带来的是一场技术革命，更是一场深刻的社会革命。大数据时代，对个人或家庭而言数据意味着良机，对厂商而言数据意味着商机，对国家而言数据意味着发展契机。[①] 人们对海量信息的选择和甄别，打破了信息的垄断，为冲破信息不对称的樊篱提供了技术可能，人们的生活方式、思想方式、思维方式在大数据的冲击下都发生了明显的变化。对数据的采集、分析、处理和运用，有利于加强管理，改善公共服务；信息记录和跟踪给人们提供了事实的参考，有利于未雨绸缪，提前作出预判，防止不道德事件的发生和不道德行为的侵害。

大数据应用可以给食品生产经营者以道德警示。当食品生产经营者的行为留下数据轨迹，让监管者和消费者踪迹可觅的时候，其思想会受到非常大的影响而有所触动，行为会受到非常大的制约而有所收敛，不敢轻易跨越道德边界从事不道德的产销行为。因为在数据之网下，其行为都会被记录在案，一次不道德的行为无异于一次冒险，而冒险被发现的可能性在大数据时代是极易暴露的。大数据对食品生产经营者行为的跟踪记录，表面来看是对食品生产经营者行为事实的确认，但却具有很强的道德价值，它会带给食品生产经营者以警示和教育，告诫其远离不道德的生产经营行为。大数据可以为消除食品生产经营者的行为提供道德警示，但却不能够彻底消除食品生产经营者的不道德行为。因此，需要在食品安全监管中运用大数据以织就更加严密的监管网络，以防控食品生产经营者不道德行为的发生。

大数据应用可以促进食品安全监管的业务协同。食品安全问题非

[①] 方湖柳、李圣军：《大数据时代食品安全智能化监管机制》，《杭州师范大学学报（社会科学版）》2014 年第 6 期。

常复杂，从"农田到餐桌"每个环节都存在着安全风险，如果食品生产经营者避开监管利用信息优势欺骗消费者就会造成安全问题。利用信息技术，通过大数据，可以把食品供应链条的关键数据聚集整理成数据库，从这些数据中可以分析整理出有效、及时、有价值的信息，以避免无效信息的干扰，为全过程监管提供信息支持。全国食品安全数据库同构或异构的海量信息在不同的时空中传递，政府各监管部门可以基于此实现信息的互联互通、公开透明和共建共享，进而加强业务协同，提高了信息的利用效率，节约了信息获取成本，实现了食品安全监管的无缝对接。这能够避免食品安全各监管部门之间条块分割、信息分散、沟通不畅的问题，避免信息真空和监管真空的存在。

　　大数据应用可以实现食品安全问题的预先防范。在大数据时代，关于食品安全的信息无疑是海量的，基于云计算的数据挖掘可以在海量的食品安全信息中提取到有价值信息，并对这些数据信息进行计算，发现潜在的数据关系，精准计算到食品生产经营者在生产经营中可能存在的食品安全问题，这是人工计算无法比拟的。通过大数据计算模型助力监管，发现食品安全问题于未然状态，可以提前实施监管，能够提高监管决策的科学性和监管的针对性及监管效率。在食品安全事件发生后，应用大数据可以提高事件处置能力，追踪事件发展态势，协调各监管部门采取应急措施，通过智能感知、识别技术，对食品的来源和食品的流向做到准确把握，为食品追溯和食品召回提供数据帮助。毫无疑问，运用大数据把原来由人脑解决的繁琐数据交给电脑，不仅增强了科学性，提高了实效性，而且可以在一定程度上破解食品安全监管对象众多、监管人员短缺、监管力量不足的现实难题。

　　大数据应用可以促进食品安全监管的分类施策。大数据应用获取的食品安全精准信息，为食品安全监管分类施策提供了可能。监管部门可以根据食品生产经营者的食品安全状况和道德状况等信息，给食品生产经营者打分并进行分类。基于对企业数据的采集和监控，依据风险管理原理，通过现代智能化计算机的海量数据分析能力和数据挖掘技术，根据每一家企业的实际情况，为企业"私人定制"监管模式，让监管更加精细化，监管效率达到最大化。[①] 对不同类别的食品生产经营者，抽检重点、抽检频率、抽检范围都要有所区别。对于食品安全状况和道德状况较差的生产经营者作为抽检重点，要加大抽检频率，扩大抽检范围；对于食品安全状况和道德状况较好的生产经营者可以适当减少抽检频率，缩小抽检范围；对于食品安全状况和道德状况非常好的生产经营者可以作出免检的规定。免检的食品生产经营者不仅相对减轻了工作负担，而且提高了品牌信誉。依托大数据开展的食品安全监管分类施策，可以提高监管精准度，简化工作程序，节约监管成本，获得更好监管效果，同时也会给食品生产经营者以导向，鼓励其向善向好，努力追求成为免检者。

　　大数据应用可以促进食品利益相关者行为道德化。大数据时代是人人共享数据信息的时代，大数据是社会化数据和个人化数据的高度结合，食品安全大数据同样如此。大数据扩大了食品安全治理的参与广度，不仅食品生产经营者、监管者、媒体的数据信息成为食品安全大数据的组成部分，学术界和消费者汇聚而成的信息洪流对食品生产经营和监管都会产生影响。学术界借助数据便利向消费者权威解读食品安全知识，能够帮助消费者消除食品安全困惑，解除食品安全疑虑。

---

① 吴松江、杨一帆：《大数据时代食品监管模式创新性研究》,《现代食品》2016 年第 18 期。

消费者利用数据便利及时主动发布食品安全信息，可以为其他消费者提供信息参考，并形成信息逆流，倒逼食品生产经营者和监管者更加重视食品安全。当然，大数据的数据记录，也会让消费者谨慎和规范自己的言行，不能在自己不明真相的情况下情绪化的信谣、造谣、传谣，搅乱食品安全环境。

运用大数据加强食品安全道德治理，需要加强食品安全信息化体系建设。信息化是提升食品安全监管能力和水平的战略举措，是大势所趋。食品安全信息化需要加强顶层设计，统筹规划、分级建设，加强食品安全信息资源整合、共享和应用。一是要加强食品安全信息化基础设施建设，加强网络服务能力。二是要建立统一的食品数据库。大数据应用的核心在于数据，数据收集是基础，因此要对食品供应链条的所有数据进行采集，纳入到数据库中。将食品的种植、生产、经营、销售各个环节的信息纳入数据库中，建立"从农田到餐桌"的全过程监控系统。[①] 三是要加强监管数据模型研究和数据标准制定，促进食品安全监管信息化提档升级。四是要建立食品标签管理体系，坚持食品安全信息的公开透明。五是要建立食品安全信息应用标准，对食品安全信息规范管理和使用。六是要重视数据深度开发与应用，建立食品安全监控、预警和快速反应系统。

（二）加强食品安全风险监测体系　建设防控道德风险

我国《食品安全法》明确规定，要建立食品安全风险监测制度，并于2011年10月成立了直属于国家卫计委的国家食品安全风险评估中心。目前，我国食品安全风险监测体系已经覆盖国家、省、市、县"四

---

① 吴松江、杨一帆：《大数据时代食品监管模式创新性研究》，《现代食品》2016年第18期。

级"。食品安全风险监测在横向上涉及农、兽药残留，食品添加剂含量，是否含有非法添加物，是否受到污染，是否含有致病菌等百余项指标；在纵向上涵盖了种植养殖、生产加工、贮藏运输、销售等各个环节，包括食用农产品、食品及其接触产品等。通过食品安全风险监测体系，国家每年可以获得庞大的监测数据，这对把握食品安全客观形势，评估食品安全发展态势，加强食品安全监管，制定食品安全标准提供了重要依据，对开展食品安全风险交流，打击食品安全不道德行为提供了技术支持。

我国食品安全风险监测体系在硬件和软件建设上依然存在不足，在一定程度上影响了食品安全风险监测体系作用的发挥。目前，我国虽已初步形成食品安全检验检测体系，但总体上还不够健全，不能保障食品安全的需要。[①] 在多数地区，食品安全检验检测机构设备和技术普遍落后，专业技术人员严重不足，特别是经济欠发达地区，经常会出现2—3个专业技术检验人员面对老化的设备难以开展有效食品安全检验检测的情况。如此一来，食品安全检验检测只能是县级做不成的，就送到市级，市级做不成的就送到省级，省级做不成的就送到国家，风险监测质量下降和监测成本上升成为突出矛盾，严重影响了监测效果。同时，食品安全风险监测数据的共享性差，数据占有各部门、各地区各自为政，碎片化比较严重，甚至会出现同一产品不同部门的检测结果大相径庭的现象，影响了对监测数据的进一步分析，监测结果也缺少权威性。

加强食品安全风险监测体系建设，提高技术是关键。政府在食品

---

① 朱步楼：《食品安全伦理建构》，江苏凤凰科学技术出版社 2016 年版，第 162 页。

安全监测体系建设上要加大财政投入，加强硬件和软件的同步建设。一是要让食品安全风险监测网络的覆盖范围进一步向基层延伸，提升基层检测能力。这样，可以让食品安全风险监测的覆盖面更广，形成立体化的监测体系，乡镇和社区的食品安全监测会让监测工作更加细致，更有针对性。二是要让食品安全风险监测链条贯通食品安全的全过程。把监测和信息收集工作纵贯"从田间到餐桌"的每一个细节，对高风险食品及其相关产品密切关注，做到监测不留死角，防控有的放矢。三是要加强食品安全风险监测基础投入，提高检测技术条件。食品安全监测基础投入要重点向城乡基层和经济欠发达地区倾斜，更新设备设施，整体提升监测装备。加强食品检验检测技术研究，为食品安全风险监测提供先进技术和科学方法。同时，要加强对监测人才的培养，制订人才培养培训计划，培养一支业务精通，有职业道德操守的监测队伍。四是要加强食品安全风险监测信息的整合利用。食品安全风险监测涉及的部门间要加强协调和沟通，打破部门壁垒，按照标准化食品安全监测程序和操作规程进行采样和检验，促进信息互换与共享，逐步建立统一高效的食品安全风险监测体系。五是要加强食品安全风险监测数据的运用，提升其社会价值。要做好食品安全风险监测数据的解读，查找监测中发现的问题，进行风险交流和安全预警，要利用媒体做好宣传引导，提高公众的风险认知能力。

（三）创新驱动食品产业转型升级　树立良好品牌形象

创新驱动食品产业转型升级是适应当代中国经济转型发展的需要，有助于提高食品产业集中度，促进食品企业规模化、规范化、专业化和集约化发展，有利于在较短时间内较快提高食品安全整体水平，树立起良好的品牌形象。加快推进转型升级，提高食品产业发展水平，是保障食品质量安全的根本之策。① 尤其在我国食品安全监管资源和监管能力相对不足的情况下，食品产业转型升级对提高监管效能有很强的促进作用。当前，我国食品产业基础弱、规模小、数量多、条件差、难管理的情况依然存在，比照食品产业的当前发展态势，在未来 10 年，食品产业仍将处于高速发展时期，提高食品行业准入门槛，促进食品产业做大做强非常必要。尽管不能说大企业的食品安全完全有保障，但是，食品安全与食品产业集中度的高相关性表明，集中度高的大企业安全控制力要明显好于集中度低的小微企业和小作坊。在 2011 年至 2012 年，我国对人们高度关注的乳制品行业和生猪屠宰行业进行了审核、清理，淘汰了当时 40% 的乳制品企业，关停了 22.5% 的屠宰企业。② 革新的结果是，这两类行业的食品安全保障能力得到了明显的改善和提升，部分企业发展成为全球技术领先的典型，人们的食品安全信心也逐步地得到了恢复。

创新驱动食品产业转型升级有利于推进食品安全新标准落地实行，有利于在食品行业推动食品质量管理体系（ISO9000 系列）、食品安全管理体系（ISO2200）、食品企业良好作业规范（GMP）和危害分析与关键控制点（HACCP）等先进管理制度的实施。新标准和先进管理制度对于食品生产经营者改善经营管理，提高科技创新能力，提升尚德守法意识，加强诚信自律，保障食品安全具有很强的促进作用。2017 年6 月，在国务院办公厅印发的《国民营养计划（2017—2030 年）》中明确提出，要坚持创新融合原则，以改革创新驱动营养型农业、食品加工业和餐饮业转型升级，丰富营养健康产品的供给，促进营养健康与

---

① 朱步楼：《食品安全伦理建构》，江苏凤凰科学技术出版社 2016 年版，第 161 页。
② 朱明春：《食品安全治理探究》，机械工业出版社 2016 年版，第 226 页。

产业发展相融合。该计划在深化供给侧结构性改革的大背景下，超越食品安全层面，从食品营养的高度，明确了食品生产经营者的发展方向，要求食品生产经营者要不断加强自主创新能力建设，加快食品产业转型升级。中国经济发展进入新常态，经济增长逐步放缓，民生领域是经济增长的重要生长点，中小企业联合合拢向大企业转变是重要的发展趋势。今后，国家要对食品行业准入进行高标准设定，实施食品生产经营者的规模化发展战略，对食品产业兼并重组、转型升级都要给予资金和政策支持。

创新驱动食品产业转型升级要重点做好四方面工作：一是要从大力发展农业企业做起。要以安全、生态、优质、营养、高产为要求，推进农业现代化和产业化，构建现代农业经营体系，大力发展农民专业合作组织。在财政税收、科技服务、农超对接等方面给予农民专业合作组织以政策支持，重点发展拥有较强市场竞争力和较高产业关联度的农业企业。二是要加快食品连锁经营、物流配送、电子商务等现代商业业态的发展。要加快生鲜食品加工配送中心、主副食品中央厨房和农产品产地、交易地与销售市场信息网络系统建设，建立起符合消费者需要，有利于食用农产品安全保障的鲜活农产品安全流通体系。三是要提高食品生产加工工艺，创新食品生产加工链条。要加大研发投入，从基础设施建设、生产设备、生产线、技术参数和贮运条件等方面进行全方位改进，加强前沿性、基础性和关键性技术研究，不断实现食品技术新突破，建立避免产生有毒有害物质的科技支撑体系。四是要通过信息化管理，实现食品源头可追、流向可知、过程可控的生产经营全流程管理。借助互联网创新成果，运用大数据、云计算、网络平台等先进技术和媒介，全程监控食品动态变化，推动食品产业技术进步和转型升级，形成食品产业发展新动能。

创新驱动食品产业转型升级要注意大中小食品企业的协同发展。由于我国特殊的国情，在当前和今后较长一段时期内，分散的小农户、小作坊、小运输户、小摊贩、小经营店仍将长期存在，在短期内很难有根本性的改变。因此，我们要建设和淘汰并行，一方面鼓励和支持大中企业做大做强，实现产业转型升级；另一方面也要基于实际国情，采取渐进式改革，做好小食品生产经营者的结构性调整和差异化管理工作，引导小食品生产经营者以保证安全为基础，做优、做特、做精，避免一刀切造成产业秩序混乱和影响社会稳定。通过渐进式改革，以施行基本安全条件为底线，设定安全技术操作规范，限制小食品生产经营者的生产经营范围和活动区域，逐步提高小食品生产经营者的准入门槛和生产经营条件，可以给小食品生产经营者一个过渡期和缓冲期。迫使卫生条件差、技术水平低、安全保障能力弱的小食品生产经营者逐渐退出和分流，这有利于不断提高食品安全整体水平，增强对消费者的保护能力。

二、强化食品安全道德治理法律保护体系

"法立于上则俗成于下。"党的十八届三中全会作出《中共中央关于全面深化改革若干重大问题的决定》，提出"推进法治中国建设"，十八届四中全会作出《关于全面推进依法治国若干重大问题的决定》，提出"建设中国特色社会主义法治体系，建设社会主义法治国家"的目标。党的十九大报告提出新时代坚持和发展中国特色社会主义的十四大基本方略，"坚持全面依法治国"是其中之一。加强食品安全道德治理，需要法治提供有力保障，以严刑峻法促使食品生产经营者守住道

德底线。"法律的真正目的是诱导那些受法律支配的人求得他们自己的德行。"近年来，中国食品安全法律法规的立法层次不断提高，内容不断完善，执法司法工作不断取得进步，对维护广大人民群众的生命安全和身体健康起到了很好的促进作用。实践证明，只有不断强化食品安全道德治理的法律保障，加大对危害食品安全的不道德行径施以严惩，才能加速净化食品安全道德空气。

（一）健全食品安全法律法规体系

当前，我国涉及食品安全的法律法规（包括地方规章、司法解释和各类规范性文件）有 900 多部，这些法律法规既有综合性规范，也有单行性规范；既有民事法律规范，也有刑事法律规范；出于对消费者食品安全权益的保护，既有对食品生产经营者义务的规定，也有对监管者职责的规定和对其他食品利益相关者的要求，数量庞多的法律法规编织了一张全方位的食品安全保障网。但是，由于这些法律法规的制定是在不同时期且由不同部门完成的，因此，有些法律法规的时效性会显得有些滞后，可能会出现"计划赶不上变化"的情况，同时，部门之间分段立法，缺少衔接造成协调性不足，法律法规间有时会出现相互矛盾的情况。这就要求，一方面，要适应形势的发展变化，与时俱进地完善食品安全法律法规，包括增加新的立法；另一方面，在此基础上，要着力解决食品安全法律法规相互间不协调的问题，对现有的食品安全法律法规进行排查清理，修订完善，克服和避免食品安全法律法规之间的矛盾，保证法律法规的统一性和协调性。

提升食品安全法律法规的可操作性，要以食品安全法律为依据，促进食品安全法规的细化。法律对食品安全的规定是较为宏观和原则性的，使得其贯彻和执行往往需要依靠后续出台的相关配套法规。比如，在一些法律法规中有"具体管理办法由国务院规定""具体管理办法由省、自治区、直辖市人大常委会依法制定"等规定和要求。要使法律落地，富有操作性，配套法规显得非常重要。因此，一方面要对食品安全法律进行完善，另一方面要从增强可操作性和执行性的角度，对食品安全法规进行补充、细化，从微观层面入手，出台具体管理办法、实施细则和相关规定，构建层次立体、条理清晰，覆盖所有食品类别，衔接食品链条各环节的食品安全法律法规体系，确保食品生产经营者和监管者的行为有明确的法律法规遵循。

将食品安全道德规范性要求纳入食品安全法律法规体系之中。法律是守护道德的有效利器，离开法律，道德守护就会缺少一道屏障，缺德之事由于缺少禁忌难免会蠢蠢欲动，甚至会愈演愈烈。在近现代文明国家中，重要的道德价值观念成为法律法规的道义基础，许多道德规范都被吸纳到法律法规之中，成为重要的法律条文被人们普遍遵守和信奉。如，不可偷盗、不可奸淫、不可贪污，应当人人平等、诚实守信、乐于助人等道德要求都被写入到法律法规中。在一定程度上讲，一个国家法律法规所吸纳的道德规范越多，标志着这个国家的法制就越健全，文明程度就越高。一个国家的法制是否完善和健全，主要取决于道德规则被纳入法律规则的数量。从某种意义上讲，在一个法制完善和健全的国家中，法律几乎已成了一部道德规则的汇编。①一个国家法制的完善程度在很大程度上影响着这个国家的道德走势，法制完善程度越高，道德状况就越好；反之，法制建设越薄弱造成的结果只能是道德状况越糟糕，随着传统熟人社会向现代陌生人社会的转变，

①　王一多：《道德建设的基本途径》，《哲学研究》1997 年第 1 期。

这种对比结果就越加明显。因为，在现代陌生人社会，人口流动性的增加，让传统熟人圈道德权威和道德舆论的影响力骤然下降，如果没有法律法规的守护和发挥作用，道德者得不到褒奖，不道德者得不到惩罚，就很难形成良好的道德状况和道德风气。爱尔维修曾经指出："当人们处于从恶能得到好处的制度之下，要劝人从善是徒劳的。"[①] 当代中国食品安全道德状况存在的一些问题，也从反面印证了我国食品安全法制的不完善。因此，加强食品安全道德治理，需要把人们对食品安全的道德期许作为食品安全法律法规建设的价值导向，把对食品安全的道德规范性要求通过法律法规的形式确定下来，把对食品利益相关者的道德软规约变成法律硬要求。

（二）严惩食品安全败德行为

"猛药去疴，重典治乱。"治理食品安全道德乱象，需要重拳出击，严密布防，加大对食品安全败德行为的惩处力度，使其败德风险增加。当食品生产经营者的败德收益高于败德成本，就不利于遏制食品生产经营者的逐利败德冲动，法律的威慑力就会疲软。只有当败德成本远远高于败德收益，让败德者一旦失德难以翻身，望而却步，才能对潜在的败德者形成有效威慑。发达国家对食品安全败德行为的惩处力度非常大，这让潜伏的有败德想法的食品生产经营者不敢跨越雷池半步。美国法律规定，只要在食品生产经营活动中掺杂使假，就构成犯罪，即便金额不大，也要处罚 25 万以上、100 万以下美元的罚款，同时处以 5 年以上监禁，这足以让败德者倾家荡产且面临牢狱之灾。对不道德行为的严厉惩处能够减少类似不道德行为的发生，在我国也可以找

---

① ［美］萨拜因：《政治学说史》，盛葵明、崔妙因译，商务印书馆 1986 年版，第 63 页。

到例证。2011 年 5 月 1 日，"醉驾入刑"在我国正式实施，这一严厉新规的出台，使酒后驾驶行为明显减少。在我国，对食品安全败德者的惩处相对较轻，处罚力度轻，让一部分败德者有恃无恐，不利于遏制败德者的见利忘义冲动，惩处不力甚至会助长被惩处者的嚣张气焰，被惩处者狂言要卷土重来。我国公安机关在 2010 年查处了一起"问题奶粉"，违法的生产经营者扬言："最多判我三年就出来了。"同年另一起"窝案"中，超过 20% 的涉案人员属于再犯。[①]

"徒法不足以自行"，要使对食品安全败德行为的严惩重处成为常态。2015 年新《食品安全法》被称为"史上最严"的食品安全法，该法对食品安全败德行为的行政、刑事惩处力度加大。"食品生产经营者在一年内累计三次因违反本法规定受到责令停产停业、吊销许可证以外处罚的，由食品药品监督管理部门责令停产停业，直至吊销许可证。""因食品安全犯罪被判处有期徒刑以上刑罚的，终身不得从事食品生产经营管理工作，也不得担任食品生产经营企业食品安全管理人员。"[②] 对于食品生产经营者从业资格的限制以及对于肇事者的严惩，可以根除产生败德行为的侥幸心理，回归保证食品安全的道德良知。然而，从当前的情况看，对败德行为的惩处不力，仍然是很多人诟病食品安全道德状况不良的一个痛点。因此，下一步对食品安全败德行为的惩处要继续加大力度，扎紧笼子，严格行政执法与司法的有效衔接，明确对食品安全败德行为的惩处，刑事处罚要优先于行政处罚。降低食品安全败德行为的入罪门槛，提高法定刑幅度和量刑标准，把对败德结果的惩戒向前推移，改为对败德行为的惩戒，即对败德行为无论

---

① 朱春明：《食品安全治理探究》，机械工业出版社 2016 年版，第 210 页。
② 《中华人民共和国食品安全法》，人民出版社 2015 年版，第 58 页。

是否造成了危害，都要给予严厉惩戒。

对食品安全败德行为要严惩重处，绝不可让败德行为的"帮助者"逍遥法外。目前，我国食品安全行政处罚由食品安全监管执法部门负责，刑事处罚由司法部门负责。我国食品安全败德行为多发，在一定程度上与监管执法部门执法不严有关，一些监管者出于部门和个人利益作祟，与不良商家狼狈为奸，置广大人民群众的生命安全与身体健康于不顾。监管执法部门以罚代管、以罚代刑、罚过放行的情况，甚至于"养鱼执法"的情况在一定范围内存在。监管执法部门把"罚"当成了目的，把"管"当成了手段，食品生产经营者则把接受行政处罚当成了"保护伞"，企图通过行政处罚规避刑事处罚，认为交了罚款就可以万事大吉，继续为所欲为。这就要求，一方面，对食品生产经营者的败德行为，构成犯罪的，监管执法部门要依法移送到司法机关，监管执法部门绝不可任性使用权力，越俎代庖，随意降低处罚力度，包庇败德行为；另一方面，对于滥用权力的食品监管执法部门和监管者也要加大惩处力度，加大对给予败德食品生产经营以"帮助行为"的惩治，对于监管者的失职渎职、徇私舞弊行为，要对食品监管执法部门及其责任人进行严厉的责任追究，涉嫌违法的依法移送至司法机关。食品安全监管执法部门和司法部门要即时将处罚结果向社会公开，让广大人民群众及时了解相关信息，"用脚投票"来选择食品，以充分发挥市场的优胜劣汰作用。

（三）畅通食品消费者维权渠道

食品消费者维权成本高，维权之路艰难，维权成功率低成为了食品生产经营者败德行为的减压阀，在某种程度上纵容了食品生产经营者的败德行为。维权成本是食品消费者在遭遇到不安全食品侵害后，为维护自己的合法权益所花费的时间、精力和财力的总和。根据《消费者权益保护法》规定，消费者维权可以通过与生产经营者协商、经消费者协会协调、仲裁机构仲裁、向监管执法部门申诉、向人民法院提起诉讼等途径解决。然而，这看似通途的维权之路却并不平坦，走起来更是十分的艰辛。食品消费者在维权的过程中经常碰壁，食品生产经营者对自己该负的法律责任推诿扯皮，消费者协会协调乏力，仲裁机构难以发挥作用，监管执法部门由于职责不清踢皮球，法院起诉费用高昂、程序复杂，举证困难，胜诉还好，如若败诉是赔了夫人又折兵。维权之路艰难迫使我国食品消费者在遭遇到食品败德行为侵害时，往往选择忍气吞声，有苦无处诉，有冤无处申。

保护食品消费者的合法权益，既需要消费者提高自身的维权意识和维权能力，更重要的是要降低维权难度，畅通受害食品消费者寻求法律救济的渠道，保障消费者的索赔权，让消费者能够顺畅地完成维权行为。消费者在问题食品侵害事件中处于弱势地位，收集证据困难，对自身伤害与食品生产经营者是否存在过错及过错的大小很难找到有力的佐证。基于此，出于对消费者权利的保护，可以实行举证责任倒置，由食品生产经营者提供受害者诉求的主要证据，以证明自己与损害结果之间没有关系或者不承担过错。这样在立法层面就降低了食品消费者的维权难度，克服了维权人举证难的问题。此外，为降低维权成本，提高维权效率，法院可以开通食品安全权益维护"绿色通道"。在现实生活中，食品安全纠纷多数时候案情相对比较简单，案件金额相对较小，如果按照现在的民事法律程序按部就班地操作，就存在诉讼成本高、耗时耗力耗费的问题。开通食品安全权益维护"绿色通道"，在法律咨询、立案、审理、执行过程中为消费者提供方便、快捷的诉讼程序，速裁速决，可以提升消费者的维权意愿，给消费者以更好的法律保护。

保护食品消费者的合法权益，支持检察机关和消费者协会等社会团体对食品安全危害行为提起公益诉讼。在我国食品安全败德行为侵害中，往往是受害者众多，但是对于每个受害者而言，受到的损失往往金额较小，这样私益诉讼的成本就相对较高，受害者提起私益诉讼的意愿不强，如此一来，败德者就会变本加厉地施加侵害。食品生产经营者是面向不特定多数的消费者，危害食品安全的行为侵害的不是个别消费者的利益，而是消费者的集体利益。①2012 年修订的《民事诉讼法》中新增了民事公益诉讼的规定，为"量大额小"的食品安全问题诉讼提供了新的思路，为食品安全提供了新的防护。在食品安全败德行为侵害中，原告不再局限于个体受害者，消费者协会等社会团体可以对食品安全败德行为提起公益诉讼。遭受侵害的个体利益整合为公共利益，通过相关组织表达共同意愿，伸张正义，可以让食品安全败德者绳之以法，促使问题的有效解决。2016 年 11 月 1 日，全国首例食品安全公益诉讼在吉林长春开庭，由吉林省消费者协会提出诉讼请求，检察机关支持起诉，法院一审判决被告人销售不符合安全标准的食品罪，判处有期徒刑并处罚金。

建立惩罚性赔偿制度，鼓励消费者在遭遇食品安全败德行为侵害后积极维权。在国外，惩罚性赔偿制度有力地保障了消费者的食品安全权益，积累了成功的经验。在国内，建立惩罚性赔偿制度，一方面，可以增强消费者维权的信心，促使消费者主动对食品安全败德行为进

---

① 朱步楼：《食品安全伦理建构》，江苏凤凰科学技术出版社 2016 年版，第 190 页。

行监督和举报；另一方面，也可以调动律师提起食品安全公益诉讼的积极性，共同参与食品安全败德行为的监督。

第三节　加强食品安全道德教育

道德教育是"对受教育者有目的地施以道德影响的活动。是社会教育的重要组成部分。是使一定社会或阶级的道德意识转化为人们道德品质的关键性活动。内容包括提高道德意识、陶冶道德情感、锻炼道德意志、树立道德信念和养成道德行为习惯等环节"。[①] 开展食品安全道德治理，需要加强食品安全道德教育。食品安全道德教育主要是针对食品生产经营者有目的、有计划、有组织地实施道德影响，以提高其道德品质的活动和过程。监管部门、行业组织、学校、优秀的食品生产经营者以及培训部门，都是食品安全道德教育的组织者和实施者。

一、德润人心：为食品生产经营者注入道德血液

食品安全道德教育是一个长期累积的过程，对于踏入食品专业的学生就要开启职业道德教育模式，而且，在其正式从业前和从业后，即在其整个职业生涯过程中，要将职业道德教育贯穿始终。

（一）一以贯之：食品安全道德教育三个阶段

食品安全道德教育的第一阶段在食品专业类学生中开展。当前，我国食品生产经营者的学历层次普遍不高，职业道德意识相对薄弱是实然生态，作为在校的食品专业类学生，是今后保障我国食品安全可

---

① 朱贻庭主编：《伦理学大辞典》，上海辞书出版社 2002 年版，第 40 页。

靠，促进食品行业健康发展的后备军。他们的道德素质在很大程度上代表和决定着我国食品行业未来道德状况的走向和趋势。因此，食品安全道德教育要从源头抓起，做好食品专业类学生的道德教育工作。如果在学生时代，就为其打下深深的道德烙印，那么，在未来的职业生涯中，良好的道德素质会让其终身受益，更会让广大人民群众从食品安全中获益。我国食品专业类学生目前存在着重视专业教育，轻视道德教育的倾向，道德教育往往是说起来重要、做起来次要，道德教育边缘化情况比较普遍。而且，现有的道德教育多数是在思想政治理论课和就业指导课的框架下进行的，这样的道德教育虽然也取得了一定的效果，但是，道德教育总感觉游离于专业教育之外，和针对性、专门性更强的职业道德教育相比，缺少对食品行业特殊性的考量，导致毕业后的学生职业道德责任感不强。因此，基于食品职业的特殊性，食品专业课教师要把立德树人放在第一位，要为学生树立起道德标杆，有必要在专业课教学中融入职业道德教育的内容，在教学目标的设定上、教学内容的选取上、教学方法的运用上、教学态度的表达上体现出职业道德的重要性和必要性，从而有的放矢地提高食品专业类学生的职业道德素质。

食品专业类学生职业道德教育在教学目标设定上，要牢牢把握立德树人的根本任务。教学目标是教师教学行为指南，在一定程度上决定着教学质量和人才培养效果。现有食品专业类学生在专业课的教学目标设定上突出专业技能目标，对德育目标鲜有涉及。因此，要克服"重技能、轻德育"的情况，首先在教学目标设定上要对德育重视起来，把德育作为教学目标之一。在教学内容上，要把"爱岗敬业、诚实守信、办事公道、服务群众、奉献社会"等职业道德要求有意识地穿插到专业课程讲授中，让学生逐步树立起对生命尊严的敬畏，形成尚德守法的意识。在教学方法上，为增强学生的职业道德意识，可采用情感体验法，组织学生到农场、工厂和商场进行社会实践，通过体验，既可以使学生对专业知识有更深刻的理解和领会，也可以促使学生增强对职业的认同和对职业道德的尊重。在教学态度上，"身教重于言教"，专业教师要表现出认真负责的态度，表现出对食品行业的忠诚度，表现出对食品安全败德行为的憎恶，通过自身的一言一行、一举一动来影响学生，向学生播撒正能量。

食品安全道德教育的第二阶段在食品生产经营者正式从业之前开展。要严把食品从业人员的准入关，食品生产经营者在正式从事食品行业之前，需要进行岗前培训，要把职业道德培训作为重要的培训内容。在我国，从事食品生产经营活动人员并不都是经过专业食品知识学习的，有很大一部分人的学历层次较低，让这部分人接受岗前培训非常必要。岗前培训由政府部门或行业协会来组织，集中培训的内容除掌握必要的食品安全知识外，还要重点进行食品安全意识教育和职业道德教育，通过讲授讲解、案例分析、实践教学、讨论辩论等丰富多彩的教育形式和方法，目的在于增加准从业者的食品知识、增强食品安全意识、提升道德素质。岗前培训要紧密结合接受培训人员的知识水平，深入浅出，避免"做样子""走过场"，力求实效。岗前培训结束后，参训者要接受政府部门的考核，考核合格者发放从业资格证，方可持证上岗，对于不合格者，则不允许从业。岗前培训是提高食品行业从业门槛的需要，可以把食品相关知识缺乏、安全意识薄弱、道德素质较低的一部分人阻挡在食品行业的大门外，但通过这一门槛并不意味着可以一劳永逸，食品生产经营者在从业后，还要持续地接受职业道德教育。行业道德的岗前培训只是使从业人员初步地认识行业道德的基本要求、形成某种行业道德观念，因此，岗前培训只属于实施行业道德教育的初步阶段，不要认为进行完岗前培训行业道德教育的任务就完成了，还需要进一步加强"职后"阶段的行业道德教育。[①] 持续开展职业道德教育的原因基于两个方面：一是食品生产经营者的道德是有层次差异的，持续的职业道德教育能够促使食品生产经营者向更高层次的道德迈进，从而从整体上提高食品行业道德水平；二是食品生产经营者的道德会发生变化，变化的方向可能"由坏向好"，也可能"由好向坏"，持续的职业道德教育能够防止"向坏"转向，引导"向好"转向。

食品安全道德教育的第三阶段在食品生产经营者正式从业之后开展。食品生产经营者正式从业之后道德教育以刚柔相济的方式进行。通过建立健全食品安全道德制度，让食品生产经营者在产销行为中遵守制度，以制度规约来引导食品生产经营者理解和感悟道德的重要性，以外在的他律促使食品生产经营者的自律，把外在的道德要求转化为内在的道德自觉。与此同时，要通过集中培训等形式持续加强食品安全道德教育，强化食品生产经营者的道德责任意识。我国新《食品安全法》明确作出了食品生产经营者要接受食品安全知识培训的规定。培训的内容包括学习食品安全法律、法规、规章、标准以及食品安全知识。通过培训无疑有利于增强食品生产经营者的责任意识。《"十三五"国家食品安全规划》中明确提出把加强职业道德培训、提高食品生产经营者道德素质作为一项重要的任务，并规定食品生产经营者每年要

---

① 赵士辉等：《食品行业伦理与道德建设》，中国政法大学出版社 2012 年版，第 121 页。

接受不少于 40 小时的集中培训，培训的内容包括食品科学知识、食品安全法律法规和职业道德。行业协会和食品企业要认真组织培训，政府监管部门要加强对培训的指导，大专院校、第三方机构要积极提供培训资源。当培训成为一种常态，食品生产经营者必然能够从中受益，道德认识必然会有所提高。政府部门依据诚信档案和道德评价作出的奖惩，也是对食品生产经营者进行道德教育的有效形式，对道德诚信者进行奖励，对败德失信者进行惩罚，这会形成一种导向，告诫食品生产经营者什么样的行为是应当做的、可以得到奖励的，什么样的行为是不应当做的、会得到惩罚的，从而以一种现实的获得感来巩固教育成效，达到提升食品生产经营者道德素质的目的。

（二）躬行践履：食品安全道德行为养成

食品安全道德教育是一个长期复杂的过程，绝非一朝一夕就能完成的。食品生产经营者在激烈的市场竞争和多元的社会环境氛围中，面对现实经济利益的诱惑，道德底线有可能会失守。因此，要在尊重道德教育规律的前提下，面向食品生产经营者持之以恒地开展道德教育，促使食品安全道德由外到内，再由内向外的转化。在这一过程中，促进食品生产经营者的道德认识不断提高，道德情感得到陶冶，道德意志更加坚定，道德行为逐渐养成。

"知者行之始"，食品安全道德认识是食品安全道德行为的始点，是食品生产经营者道德心理活动的开端。食品安全道德认识是以食品安全领域的道德现象和道德要求为对象形成的。食品安全道德认识分为感性道德认识和理性道德认识。感性道德认识是食品生产经营者在产销食品中形成的对道德现象和道德要求的初步感受和体验，主要是一些简单的道德常识和道德经验积累。从当前我国食品从业者的知识水平来看，文化水平整体偏低，基于这一现实情况，感性道德认识教育是对多数从业者进行教育的重点，生动具体的道德形象、简单起码的道德常识会给食品生产经营者以直观感受，帮助其作出是非善恶的基本道德判断。然而，感性道德认识尚处于认识的表面，未能触及到道德现象的内部，虽然直观，但是还不够深刻，因此，有必要将感性道德认识上升为理性道德认识。在感性道德认识教育的基础上，逐步推进和加强理性道德认识教育。对复杂的道德现象和高标准的道德要求，需要通过一系列的道德概念、判断和推理来进行深度把握和理解。身处于复杂的食品安全道德情境中，感性道德认识尽管可能葆有朴素的向善追求，但是理性道德认识却能够在多种道德路径中找寻到优化的道德方案，以达成道德的最优局面。特别是在重大的食品安全行为选择上，诸如食品新产品的科技研发方面，理性道德认识会帮助食品生产经营者作出正确的道德判断。

　　食品生产经营者强烈的道德情感是促使其道德行为的强大动力。苏联著名教育家凯洛夫认为："感情有着极大的鼓舞力量，因此，它是一切道德行为的重要前提。"食品安全道德认识为食品生产经营者选择道德行为提供了思想认识条件，但是，一些食品生产经营者"明知故犯"的败德现象表明，单纯依靠道德认识还不能生成道德行为，还必须要有强烈的道德情感驱动。食品生产经营者的道德情感在一定程度上"左右"和"操纵"着其道德行为选择。道德情感会表现出两极对立的情况，如对食品生产经营中的义利关系，道德者认同利以义取，对败德行为表现出憎恶情感；而不道德者却唯利是图，对败德行为表现出无动于衷，甚至是喜爱的情感。食品安全道德情感教育，就是要引导食品生产经营者确立积极正面的道德情感，排除消极负面的道德情感，并促使道德情感由弱到强，在层级上不断提升。食品生产经营者道德情感的初级阶段表现为对食品安全领域某些道德现象和道德行为的直接情绪，通过持续道德教育，会促使这种直接情绪逐步稳定，进而形成稳定的情感状态，以责任感和荣誉感等情感状态表现出来，最终坚定地和道德行为有机结合起来。

食品生产经营者坚定的道德意志能够帮助其抵挡各种利益诱惑，坚守自我认定的道德方式，战胜不道德动机，促使道德认识和道德情感转化为道德行为。道德意志能够使行为主体面对现实道德情境，排除各种困难，形成道德习惯，保证道德行为的一贯性和稳定性。道德认识和道德情感是奠定食品生产经营者道德行为的基础心理要素，道德意志则是道德行为养成的关键要素，是对道德的笃信和坚守，面对复杂的环境，如果没有坚定的道德意志，很可能会出现在认识上"知而不行"或者在情感上"感而不发"的情况。道德意志磨炼是一个艰难困苦、玉汝于成的过程，尤其是在当代社会，食品生产经营者面临着多种的利益诱惑，如果能够坚守住道德意志的堡垒确实是十分不易的。在砥砺道德意志方面，政府和社会公众要对有良知的食品生产经营者以认同和鼓励，让他们的诚信和良知得到现实的物质利益回报，增强他们坚守道德意志的信心。食品行业企业要经常通过行业道德实践，利用各种机会和创造条件来对从业者进行道德教育，培养和磨炼他们的道德意志。

食品生产经营者践履道德行为是食品安全道德教育的最终落脚点。食品生产经营者的道德行为就是其在自我道德意识支配下，即在道德认识、道德情感、道德意志的共同作用下，自觉作出的有利于消费者和社会的具有道德价值的行为。影响食品生产经营者道德行为的因素，既包括个体内在因素，也包括外在因素。处于社会关系中的个体，不可能是抽象的个体，其行为必然要受到社会环境的影响，食品生产经营者的行为选择亦是如此。从效果论来审视，食品生产经营者行为是否道德，主要看其产销行为是否有利于消费者和社会。食品生产经营者作为理性的存在者，当其尚未树立起坚定的道德信仰时，精于计算的经济人特性促使其在进行行为选择时，往往要进行成本与收益的比较，选择收益大于成本的行为。因此，如果一个社会不能够给予守道德者以褒奖，或者换而言之，守道德者在社会上屡屡吃亏，那么，其道德的积极性就会大打折扣，甚至会放弃曾经坚守的道德律。所以，食品生产经营者道德行为的养成，一方面要通过道德意识教育，由道德意识生发出道德行为；另一方面也要通过良好的社会教育，引导其道德行为的养成。

（三）循循善诱：食品安全道德教育方式方法

食品生产经营者道德行为的养成一般遵循着"知、情、意、行"的发展规律，道德教育一般也遵照这一顺序展开，教育者把循序渐进的道德教育归纳为"晓之以理、动之以情、持之以恒、导之以行"。然而，道德认识、道德情感、道德意志和道德行为作为一个有机整体，彼此之间不是割裂开来的，开展道德教育也不可能对各环节完全的分而教之。在具体的道德教育实践中，具有多种开端，"知、情、意、行"每个环节都可以作为教育的端口，进而对其他环节形成教育影响，以达到受教育者整体道德素质的提升。开展食品安全道德教育，要根据当前我国的食品安全道德状况和受教育者的实际情况进行，采用丰富多彩的道德教育方式方法，把各种教育方式方法结合起来，以实现好的教育效果。

食品安全道德教育需要坚持正面引导与批评疏导相结合。食品安全道德教育正面引导就是对食品生产经营者进行正面的道德教育，通过正面教育，积极引导，使食品生产经营者对职业道德要求有具体、明确的理解与认知，以促进食品生产经营者身上积极道德因素的生长，克服消极道德因素的侵蚀，进而从整体上提高食品生产经营者的道德意识，增强食品生产经营者践行道德行为的主动性和自觉性。正面引导是食品安全道德教育的主导方式。在纷繁复杂的社会，社会意识多元激荡，食品生产经营者作为社会成员，也难免要受到不良社会习气的滋扰，甚至会随波逐流，染上不良思想，坑蒙拐骗消费者以牟利。这就需要通过职业道德教育，以理服人、循循善诱的正面引导，给食品生产经营者摆事实、讲道理、树标杆，鼓励其发扬道德优点，克服道德不足，分辨是非善恶，坚定道德操守。对于食品生产经营者中缺斤少两、以次充好等尚未构成违法犯罪的不道德行为，则以批评教育、说服劝诫为主，坚持耐心的说服教育，而不是简单粗暴地进行禁止和强制，要防微杜渐，帮助不道德者及时醒悟悔过，防止这种不道德行为肆意发展成为严重的影响消费者身体健康和生命安全的败德行为。

食品安全道德教育需要坚持典型示范与普遍要求相结合。在我国，食品生产经营者众多，道德状况优者与劣者并存，在优者与劣者中间还存在着广阔的中间地带。结合这一实际情况，开展食品安全道德教育可以抓优者与劣者"两头"，以带动"中间"多数，促进食品生产经营者整体道德状况的提升。食品生产经营者中的道德典型，其典型事迹具有很强的影响力和说服力，对广大食品生产经营者具有很强的引导和激励作用。第四届全国道德模范李国武、刘洪安就是食品行业的道德典型。李国武从食品小店做起，二十几年来用良心守护食品安全，他对掺杂使假行为极其痛恨，主动拒绝不道德行为可能带来的潜在收益600多万元，捐助500多万元帮助贫困人口4000多人次。坚守诚信，带给李国武的不止是精神奖励，他先后荣获全国"五一"劳动奖章、农村青年致富带头人等180多项荣誉，同时也有物质回报，他的食品小店由创办之初不足20人的酱菜厂，发展为颇具规模的"十三村食品有限公司"。刘洪安被人们称为"油条哥"，他用心做良心早餐，因用一级大豆色拉油炸制油条、每天更换新油，主动接受群众监督而闻名。李国武、刘洪安是众多食品生产经营者当中的普通人，出身草根，但是，由于他们对道德良知的守望，使他们成为了食品生产经营者群体中的道德榜样，他们的道德行为可敬、可信、可学，犹如一股清风，高扬起食品生产经营领域的道德风向标，传递着食品安全正能量。食品安全道德教育采用典型引导，既包括正面典型，也包括负面典型，负面典型是在食品生产经营活动中出现严重败德行径的人和事。运用负面典型可以对其他食品生产经营者产生警示。食品安全道德教育抓"两头"的目的，是以关键少数来带动"中间"的多数，通过典型引导把对普通食品生产经营者的道德教育引向深入，不留下食品安全道德教育的盲区。道德典型生动具体，会给受教育者强烈的直观感受，增强对食品安全道德的体悟。抓好正面和负面典型的"两头"教育，带动"中间"的教育，能够促进食品行业道德教育向广泛和深入方面发展，事实证明这是一种行之有效的开展职业道德教育的方法。[①]普通食品生产经营者把自身的行为与道德典型进行比较，会明确差距与不

---

① 赵士辉等：《食品行业伦理与道德建设》，中国政法大学出版社2012年版，第125页。

足，找准需要努力的方向。让普通食品生产经营者遵守道德要求，履行道德责任，保证食品安全，警示所有的食品生产经营者，任何人都不可以游离到食品安全道德约束之外。

食品安全道德教育需要坚持理论讲授与实践体验相结合。食品安全道德教育理论讲授，主要是通过讲述、讲解、讲演的方式，把食品生产经营者需要遵守的道德要求，有目的、有计划、有组织地传递给食品生产经营者，让食品生产经营者对食品安全道德形成完整深刻的认识，深知食品生产经营道德行为的重要性和必要性。对于道德主体而言，道德观念和道德品质的形成不是先天就有的，需要通过一定的道德教育来促成，如果没有外在的道德灌输，就不会有道德教育的存在，也就无所谓个体道德的生成。有些人认为，当代中国食品安全道德乱象与其说是道德问题，不如说是法律问题，道德的力量是绵软无力的，因此，解决食品安全道德乱象只需要严刑峻法足以。这种观点显然是有失偏颇的，道德作为一种柔性力量，一旦浸润进食品生产经营者的心田，就会形成由内而外的自觉力量以保证食品生产经营者行为的道德性。运用讲授法对食品生产经营者进行道德教育，要紧密贴近食品行业实际进行入情、入理的讲授，避免简单的道德说教和居高临下的姿态，要让受教育者感受到亲和力和说服力，使讲授内容令人信服，使人受益。对食品生产经营者进行道德理论讲授的同时，还要结合道德生活实践开展教育，到广阔的道德实践场域中去寻找科学、生动、鲜活的素材，善于利用丰富多彩的实践活动开展"接地气"的道德教育活动。比如，组织食品生产经营者去优秀的食品企业参观学习，或者是实践锻炼，通过短期或者长期的学习，让他们置身于良好的道德环境中，切实感受到道德生产经营给企业带来的现实利益，感悟到道德可以从无形的力量转化为有形的资本并产生出效益，从而使他们乐于接受道德教育且为自我道德行为注入思想动力。

二、文以化人：构筑食品安全道德治理良好环境

马克思主义认为，人是处于社会环境之中的，人所生存的环境决定着人的发展，决定着人的思想道德观念。"人们自觉或不自觉地，归根到底总是从他们的阶级地位所依据的实际关系中——从他们进行生产和交换的经济关系中，吸取自己的道德观念。"①"环境塑造人"，人们的思想道德观念与他们所处的社会环境相联系，受社会环境所影响。当今时代，人们正处于媒体的包围之下，互联网、电视、广播、报纸、杂志等媒体，特别是微媒体时代的到来，让媒体的渗透力和影响力空前。人们的看法和行为选择，时时刻刻都受到媒体的影响和左右。在食品安全道德治理中，媒体传播营造的道德舆论氛围，对食品利益相关者产生着深刻的影响，具有极强的教育价值。

（一）媒体传播引领道德风向

媒体是食品安全信息传播的重要载体，在传播的过程中，必然蕴含着媒体的道德价值选择，食品安全信息传递的过程，实际上也是食品安全道德舆论形成和传播的过程，是对食品生产经营者进行感染与教育的过程。食品安全信息传播与普通的社会新闻传播相比，有自身的特殊性，食品安全信息的受众具有最大的广泛性，食品需要是人类生存的基本需要，每一个关心自身安全的个体无不关心着食品安全信息，食品安全一旦出现风吹草动，都会牵动广大人民群众的心弦，都

① 《马克思恩格斯选集》第四卷，人民出版社 1995 年版，第 248 页。

可能会引起轩然大波。这就要求媒体在食品安全信息传递时必须做到准确及时、公正客观、科学严谨、恪守自律，遵循正确的价值取向，形成明确的价值导向，既要让公众了解食品安全的真相和动向，更要化解公众的疑虑和恐慌，让败德者受到谴责，让尚德者得到褒扬，引领食品安全领域的道德风向，为食品安全创设良好的道德舆论环境，实现环境育人的目的。

信息准确是媒体传播引领道德风向的坚实基础。准确性是食品安全信息传播的生命，食品安全信息传播必须坚持实事求是。《国际新闻道德信条》第一条开宗明义："报业及其所有其他新闻媒介的工作人员，应尽一切努力，确保公众接受的信息绝对正确。他们应当尽可能查证所有消息内容，不应该任意曲解事实，也不故意删除任何重要事实。"[1]在食品安全事件新闻报道中，新闻中出现的时间、地点、人物、事件的原因、经过和结果必须是真实的，是经得起检验的，不得对未经调查的事件主观臆测，更不得为了吸引公众眼球或者受食品生产经营者利益诱导故意篡改事实、捏造事实或者隐瞒事实。在食品广告中，媒体要确保广告的内容真实可信，不得为了广告收益和商家沆瀣一气，纯粹地刺激消费者的购买欲和消费欲，更不得在知情的情况下有意播放虚假广告欺骗消费者。媒体播放食品广告要做到经济效益与社会效益的统一，不能片面追求经济效益，要播放一定数量的食品公益广告，用尊重与诚信营造出健康的广告舆论空间，既传导安全的食品广告信息，又传播生态的食品消费文化。

科学严谨是媒体传播引领道德风向的基本要求。当前我国媒体传

---

[1] 童兵:《比较新闻传播学》，中国人民大学出版社 2002 年版，第 93 页。

播中食品安全知识普及类节目非常匮乏，现有的食品类节目主要集中在食品与养生、厨艺展示、旅游美食介绍等方面，这些节目的重点放在食品节目的商业价值上，而对于食品安全知识普及、正确消费观的引导却忽视了。媒体是公众了解食品安全知识的重要窗口，因此，媒体应该担当起社会责任，联合学术界一起，主办一些食品安全知识普及类的节目，以增强公众鉴别不安全食品，抵御食品安全风险的能力。在食品安全知识普及中，媒体要坚持正确的价值导向，以增进公众食品安全知识，树立正确消费观为导向。在食品安全信息传播的过程中，媒体要时刻秉承科学严谨的精神。食品安全问题是非常复杂的，触及的学科较多，食品科学、化学、生物学、临床医学、毒理学等学科都会涉及到，而对于媒体而言，一定要在报道前吃透弄懂专业术语和科学话语，并且尽量转化为通俗易懂的语言向公众进行传播，以便于公众的理解和认知。绝不能在自己对专业术语理解尚处于懵懵懂懂的状态，就迫不及待地向外传播信息，这样会造成公众对食品安全信息的误读和误解，也会降低媒体的公信力。

舆论褒贬是媒体传播引领道德风向的重要手段。道德生成离不开社会舆论的维系，食品安全道德治理，对食品生产经营者进行道德教育需要媒体营造的舆论空间。媒体享有"无冕之王"的美誉，可见媒体能量的强大。媒体作为社会公器，营造的舆论氛围，表明的褒贬态度是引领道德风向，实施道德教育的重要手段。媒体对食品安全领域败德现象的披露和批驳，对食品安全领域良善现象的褒扬和宣传，实际上是在维护公正的食品市场秩序。媒体以特有的方式，通过舆论褒贬对食品生产经营者施加道德影响和道德教育，促使食品生产经营者规范自身的行为，按照道德的要求行事。媒体舆论虽然不及法律和行政力量强硬，但是媒体舆论往往能够以柔克刚，充当食品安全道德治理的先锋，担当食品安全败德现象揭发的先行者。在我国，食品安全败德现象从被发现到败德者被惩处，媒体当仁不让，发挥了关键作用，媒体监督促进了相关部门的监管。媒体率先曝光食品安全败德现象，促进了相关部门对事件的查处，媒体跟踪事件进展，提高了相关部门对事件的处理效率，媒体密切关注事件结果，能够引起相关部门的高度重视，让败德者难以逍遥法外。

媒体自律是媒体传播引领道德风向的根本保证。在食品安全道德治理的过程中，媒体通过准确信息的传递、科学严谨的表述，形成舆论空间产生出的道德教育结果，让媒体承担着教育者的角色。作为教育者的媒体，其自身道德水平的高低，公信力的强弱都会对教育效果产生影响。媒体道德和媒体公信力是媒体的可贵品质和重要资源，不仅本身具有价值，关乎媒体自身的生存与发展，还会产生出附加价值，关乎媒体受众的多少及其在受众中产生影响力的大小，这直接决定了受教育对象的广度及其对媒体道德教育的信任度。当今时代，微媒体的蓬勃发展给媒体的道德教育功能带来了很大的挑战。微信朋友圈、微信群、微博、微评论等微媒体信息传播杂乱丛生，扩散的食品不安全信息很多都是无从考据，成为谣言四起的滋生地，导致道德传播的正能量不够，价值导向模糊化，让受众真假难辨、善恶难分。中国农业大学食品科学与营养工程学院教授罗云波指出，通过舆情监测分析发现，微媒体关于食品安全问题的报道将近一半是谣言或谣传。[1] 这就要求国家完善相关法律法规，追究微媒体谣言制造者和传播者的法律

---

① 李晨赫：《中国农科院专家：社交媒体上说的食品安全问题近一半是谣传》，《中国青年报》2016 年 6 月 15 日。

责任，促进微媒体的道德自律。同时，主流媒体要积极作为，发出社会主义核心价值观传播的时代强音和主流声音，主动迎接挑战，担当媒体道德的守护者，成为媒体舆论的营造者，发出权威声音，充分利用微媒体向外界扩散传播。在传播的过程中，主流媒体要适应微媒体受教育者多元性、交互性和个性化的需求，注意食品安全信息传递的准确性和科学性，增强受众的食品安全辨识力和道德鉴别力，最大限度地发挥媒体的道德教育功能。

（二）食品文化涵育道德精神

食品文化是附属于食品之上的文化意义，食品文化是以食品为基础和纽带所创造出来的人类精神文明的总和，是人类文明发展进步的重要标志。在人类生活中，由于饮食的重要性和特殊性，所以，食品文化往往居于文化的核心地位。[①] 作为四大文明古国之一的中国，我们的祖先不仅创造了辉煌灿烂的文化，而且开启了农耕饮食文明的先河，神农尝百草无畏牺牲寻找食物，使食品彰显了特有的道德意蕴。人类对食品文化的理解呈现出一种递进的态势。伴随着人类文明的日益推进，人类获取食物的能力日益增强，食品的种类日益增多，人类对基于食品而形成的文化越来越看重，食品文化的内涵也随之日益丰富。从大的方面来看，食品文化至少包括饮食文化和食品企业文化两部分，涉及食品的取材烹调和消费食用以及生产销售等诸项内容。饮食文化和食品企业文化构成食品行业外部和内部道德环境。通过食品文化建设，以食品文化涵育道德精神，能够增强食品安全道德治理的效果。

传承优秀传统饮食文化，给食品生产经营者以道德启迪。中国被

---

① 徐兴海等：《食品文化概论》，东南大学出版社 2008 年版，第 2 页。

誉为"烹饪王国",在当今世界,有"吃在中国"之说。①中国优秀传统饮食文化从历史深处走来,能够绵延久远,传承至今,并且在世界各国饮食文化中形成独特的风格与气派,最重要的一点就是保证了食品的安全性、营养性与丰富性,在食品中处处体现着以"和"为美的道德气息。首先,在食材选取和食品制作过程中,强调食材的多样性,多种食材相互搭配,和谐统一,保证了营养的丰富,避免了单一食材造成的营养片面性;其次,食品烹饪重视五味调和,"甘、酸、苦、辛、咸"与食材本身的味道糅和在一起,使食品味道匠心独具,让中华饮食焕发出特有的魅力;再次,食品摆放追求"色、香、味、形、器"的融合一体,让人在观感上赏心悦目,无疑激发了人的食欲;又次,在食品营养的汲取方面,注重粮食、肉类、蔬菜与水果等主食与副食的合理摄入,膳食平衡方有利于健康;最后,食用者围坐在一起的合餐制,营造了其乐融融的饮食氛围。"酒食者,所以合欢也。"②以饮食为纽带,人际间在餐桌上表现出的谦恭有礼,互相尊重,有利于增进人际间的信任,促进人际关系的融洽与和谐。与此同时,中国优秀传统饮食文化在"天人合一"东方哲学理念的影响下,在食品消费方面重视人与自然的和谐共生,告诫人类千万不可采取竭泽而渔式的食品消费方式,"不违农时,谷不可胜食也;数罟不入洿池,鱼鳖不可胜食也。"③在当今中国食品安全道德状况不尽如人意的情况下,通过弘扬中国优秀传统饮食文化,不仅能够提振消费者的食品安全信心,增强文化认同、文化自信和文化自豪感,而且能够对食品生产经营者形

---

① 吴澎等:《中国饮食文化》,化学工业出版社2011年版,第1页。

② 《礼记·乐记》。

③ 《孟子·梁惠王上》。

成道德影响，增强他们传承饮食文化的责任感和使命感，保证食品的安全、健康与营养。近年来，持续热播的《舌尖上的中国》堪称传播优秀传统饮食文化的典范，该纪录片主要讲述食品制作与饮食文化的故事，2012年、2014年和2018年已经连续播出三季，让人津津乐道，好评如潮，不仅向中国人民，而且向世界人民展示了中国优秀传统饮食文化的魅力。实施食品安全道德治理，加强食品安全道德教育，需要优秀传统饮食文化的滋养，在对优秀传统饮食文化传播与传承的过程中，食品生产经营者的道德觉悟自然会得到浸润和提升。

创新食品企业文化，给食品生产经营者以道德熏陶。食品行业道德是食品企业文化的内核，食品企业文化状况决定着食品行业道德水平，优秀的食品企业文化能够对食品生产经营者施以道德熏陶，为食品安全道德治理提供支持和保障。食品企业文化的产生得益于食品产业的发展，伴随着食品工业化进程的推进，新型食品生产机器不断运用，食品工艺不断得到升级，食品产业化水平不断提高，犹如雨后春笋般的食品企业迅速产生和发展，让食品企业间的竞争变得非常激烈。食品企业间的竞争是一个大浪淘沙的过程，他们之间的竞争不仅仅是食品产品之间的竞争，同时也是企业文化的角逐，有着良好口碑的食品背后必然蕴藏着深厚的文化底蕴。食品企业文化是食品生产经营者在生产经营食品的过程中，经过长期实践，累积形成的物质文化、制度文化和精神文化的总和。创新食品企业文化，就是食品生产经营者秉承安全、健康与营养理念，在物质、制度和精神三个层面凝练和升华企业文化。在物质层面，包括企业名称、厂容厂貌、建筑风格、工作场所、产品特征等物质形态集合；在制度层面，包括管理制度、厂规厂纪、操作流程、道德规范等制度形态集合；在精神层面，包括企业宗旨、经营理念、企业精神、道德观念等精神形态集合。食品企业文化三个组成部分是浑然一体的有机构成，三者相互影响、相互促进，物质文化是制度文化和精神文化的物质依托，精神文化是物质文化和制度文化的精神指导，制度文化是物质文化和精神文化的制度规约。通过物质文化建设，食品生产经营者长期置身于工作环境中的耳濡目染，会让其受到潜移默化的影响，企业宗旨等观念会通过物质观感不自觉地灌输到食品生产经营者的思想中；通过制度文化建设，食品生产经营者会在制度"硬"规则的要求下，把按道德要求进行生产经营内化为职业行为习惯；通过精神文化建设，对食品生产经营者的教育和引导，会在食品生产经营者内心播撒下道德的种子，形成尚德守法的共识，提升尚德守法的意识。

食品生产经营者是食品安全的第一责任人，是食品文化建设的主要承担者、接受食品安全道德教育的主要对象。在食品文化建设与食品安全道德治理的过程中，食品生产经营者要充分发挥主观能动性和积极性，促进食品文化建设与食品安全道德治理的有机互动，以食品文化建设推进食品安全道德治理，以食品安全道德治理提升食品文化品质。在双向互动中，促进食品生产经营者化被动地接受食品安全道德治理为主动地进行食品安全道德行为实践，最终达到"身日进于仁义而不自知"的道德境界，以此保障食品安全、增进民生福祉。

参考文献

一、论著

1. 常亚平、阎俊：《企业道德守则》，中国经济出版社 2005 年版。

2. 陈小云：《泛广告时代的幻想》，复旦大学出版社 2006 年版。

3. 程景民：《食品安全行政性规制研究》，光明日报出版社 2015 年版。

4. 邓小平：《邓小平文选》第一卷、第二卷，人民出版社 1994 年版。

5. 邓小平：《邓小平文选》第三卷，人民出版社 1993 年版。

6. 樊浩：《道德形而上学体系的精神哲学基础》，中国社会科学出版社 2006 年版。

7. 甘绍平：《应用伦理学前沿问题研究》，江西人民出版社 2002 年版。

8. 高国希：《走出伦理困境——麦金太尔道德哲学与马克思主义伦理学研究》，上海社会科学院出版社 1996 年版。

9. 高兆明、李萍：《现代化进程中的伦理秩序研究》，人民出版社 2007 年版。

10. 何怀宏：《伦理学是什么》，北京大学出版社 2002 年版。

11. 何怀宏：《中国的忧伤》，法律出版社 2011 年版。

12. 何小青：《消费伦理研究》，上海三联书店 2007 年版。

13. 何顺果：《美国史通论》，学林出版社 2001 年版。

14. 黄虚峰：《美国南方转型时期社会生活研究》，上海人民出版社 2007 年版。

15. 李龙等：《西方法学名著提要》，江西人民出版社 1999 年版。

16. 李萍：《伦理学基础》，首都经济贸易大学出版社 2004 年版。

17. 李佑新：《走出现代性道德困境》，人民出版社 2006 年版。

18. 廖卫东：《食品公共安全规制：制度与政策研究》，经济管理出版社 2011 年版。

19. 刘静玲：《食品安全与生态风险》，化学工业出版社 2003 年版。

20. 刘可风等：《应用哲学与应用伦理学引论》，中国财政经济出版社 2005 年版。

21. 刘燕：《食品安全负面信息中的消费者风险认知》，辽宁人民出版社 2015 年版。

22. 卢玮：《美国食品安全法制与伦理耦合研究（1906—1938 年）》，法律出版社 2015 年版。

23. 陆晓禾：《伦理与卓越》，上海译文出版社 2006 年版。

24. 罗丞：《消费者安全食品购买意愿研究》，社会科学文献出版社 2013 年版。

25. 罗国杰：《罗国杰自选集》，学习出版社 2003 年版。

26. 罗国杰：《社会主义道德体系研究》，中国人民大学出版社 2018 年版。

27. 罗国杰：《思想道德建设论稿》，中国人民大学出版社 2018 年版。

28. 马骏、刘亚平：《美国进步时代的政府改革及其对中国的启示》，格致出版社 2010 年版。

29. 马振清：《法治社会中道德治理问题研究》，中国书籍出版社

2011 年版。

30. 毛新志:《转基因食品的伦理问题与公共政策》,湖北人民出版社 2010 年版。

31. 毛新志:《转基因食品的伦理审视》,湖北人民出版社 2005 年版。

32. 毛泽东:《毛泽东选集》,人民出版社 1991 年版。

33. 倪愫襄:《制度伦理研究》,人民出版社 2008 年版。

34. 钱建亚、熊强:《食品安全概论》,东南大学出版社 2006 年版。

35. 邱建新:《信任文化的断裂》,社会科学文献出版社 2005 年版。

36. 邱仁宗:《生命伦理学》,中国人民大学出版社 2010 年版。

37. 任筑山、陈君石主编:《中国的食品安全:过去、现在与未来》,中国科学技术出版社 2016 年版。

38. 佘硕:《新媒体环境下的食品安全风险交流:理论探讨与实践研究》,武汉大学出版社 2017 年版。

39. 沈岿:《食品安全、风险治理与行政法》,北京大学出版社 2018 年版。

40. 宋华琳:《规制研究食品与药品安全的政府监管》,上海人民出版社 2009 年版。

41. 孙雯波:《生命之殇:食源性疾病的伦理审视》,湖南师范大学出版社 2017 年版。

42. 唐凯麟:《伦理学》,高等教育出版社 2001 年版。

43. 唐凯麟、王泽应:《中国现当代伦理思潮》,安徽文艺出版社 2017 年版。

44. 唐凯麟:《中华民族道德生活史研究》,金城出版社 2008 年版。

45. 万俊人:《道德之维:现代经济伦理导论》,广东人民出版社

2011 年版。

46. 万俊人:《现代西方伦理学史》上、下卷,中国人民大学出版社 2011 年版。

47. 汪荣有:《初次分配公正论》,人民出版社 2017 年版。

48. 汪荣有:《经济活动公正论》,人民出版社 2014 年版。

49. 王二朋:《消费者食品安全风险感知与应对行为研究:以三聚氰胺事件的冲击为例》,经济管理出版社 2013 年版。

50. 王淑芹:《信用伦理研究》,中央编译出版社 2005 年版。

51. 王淑芹、曹义孙:《德性与制度:迈向诚信社会》,人民出版社 2016 年版。

52. 王小锡:《道德资本研究》,译林出版社 2014 年版。

53. 王小锡:《德与美》,上海三联书店 2017 年版。

54. 王艳林:《食品安全法概论》,中国计量出版社 2005 年版。

55. 王泽应:《20 世纪中国马克思主义伦理思想研究》,人民出版社 2008 年版。

56. 王泽应、向玉乔:《中国道德状况报告(2016)》,中国社会科学出版社 2016 年版。

57. 魏东平主编:《食品安全消费》,中国标准出版社 2010 年版。

58. 魏晓燕:《高技术社会消费伦理研究》,人民日报出版社 2014 年版。

59. 魏益民:《食品安全学导论》,科学出版社 2009 年版。

60. 吴潜涛:《论公共伦理和公德》,湖北人民出版社 2008 年版。

61. 习近平:《习近平谈治国理政》,外文出版社 2014 年版。

62. 习近平:《习近平谈治国理政》第二卷,外文出版社 2017 年版。

63. 习近平:《在哲学社会科学工作座谈会上的讲话》,人民出版社

2016 年版。

64. 夏伟东:《道德本质论》,中国人民大学出版社 1991 年版。

65. 夏伟东:《中国共产党思想道德建设史略》,山东人民出版社 2006 年版。

66. 肖华锋:《舆论监督与社会进步:美国黑幕揭发运动研究》,上海三联书店 2007 年版。

67. 向玉乔:《生态经济伦理研究》,湖南师范大学出版社 2004 年版。

68. 徐海滨:《食品安全性评价》,中国林业出版社 2008 年版。

69. 徐新:《"上帝的尊严":食品消费安全伦理》,湖南师范大学出版社 2017 年版。

70. 徐新:《现代社会的消费伦理》,人民出版社 2009 年版。

71. 徐越如:《马克思技术批判和技术伦理思想与食品安全的研究》,天津社会科学院出版社 2015 年版。

72. 许文涛、黄昆仑:《转基因食品社会文化伦理透视》,中国物资出版社 2010 年版。

73. 旭日干、庞国芳:《中国食品安全现状、问题及对策战略研究》,科学出版社 2015 年版。

74. 姚秀丽:《食品安全与消费管理》,科学出版社 2011 年版。

75. 颜海娜:《食品安全监管部门间关系研究》,中国社会科学出版社 2010 年版。

76. 余涌:《道德权利研究》,中央编译出版社 2001 年版。

77. 俞可平主编:《治理与善治》,社会科学文献出版社 2000 年版。

78. 喻文德:《餐桌上的民生:食品安全伦理责任》,湖南师范大学出版社 2017 年版。

79. 张婷婷:《中国食品安全规则改革研究》,中国财富出版社 2010 年版。

80. 赵士辉等:《食品行业伦理与道德建设》,中国政法大学出版社 2012 年版。

81.《中华人民共和国食品安全法》,人民出版社 2015 年版。

82.《中华人民共和国食品安全法典》,中国法制出版社 2012 年版。

83. 周德翼、吕志轩:《食品安全的逻辑》,科学出版社 2008 年版。

84. 周中之:《经济伦理学》,华东师范大学出版社 2016 年版。

85. 朱步楼:《食品安全伦理建构》,江苏凤凰科学技术出版社 2016 年版。

86. 朱俊林:《十字路口的困惑:转基因食品安全的伦理问题》,湖南师范大学出版社 2017 年版。

87. 朱明春:《食品安全治理探究》,机械工业出版社 2016 年版。

88. 朱贻庭主编:《伦理学大辞典》,上海辞书出版社 2002 年版。

89. 曾鹰:《舌尖上的文化:道德文化视阈下的中国食品安全》,湖南师范大学出版社 2017 年版。

90. [美] 艾里克·施洛瑟:《快餐国家:发迹史、黑幕和暴富之路》,何韵、戴燕译,社会科学文献出版社 2006 年版。

91. [美] 保罗·罗伯茨:《食品恐慌》,胡晓姣、崔希芸、刘翔译,中信出版社 2008 年版。

92. [日] 芳川充:《食品的迷信:"危险"、"安全"信息背后隐藏的真相》,边红彪译,中国计量出版社 2008 年版。

93. [美] 菲利普·费尔南德斯·阿莫斯图:《食物的历史》,何舒平译,中信出版社 2005 年版。

94. ［美］菲利普·希尔茨：《保护公众健康：美国食品药品百年监管史》，姚明威译，水利水电出版社 2006 年版。

95. ［德］费希特：《论学者的使命》，梁志学、沈真译，商务印书馆 2009 年版。

96. ［美］弗兰克·梯利：《伦理学概论》，何意译，中国人民大学出版社 1987 年版。

97. ［美］弗兰克·扬纳斯：《食品安全文化》，岳进、刘墨楠、刘娇月译，上海交通大学出版社 2014 年版。

98. ［英］哈特：《法律的概念》，张文显等译，中国大百科全书出版社 1996 年版。

99. ［美］霍尔姆斯·罗尔斯顿：《环境伦理学》，杨通进译，中国社会科学出版社 2000 年版。

100. ［英］卡罗琳·斯蒂尔：《食物越多越饥饿》，刘小敏、赵永刚译，中国人民大学出版社 2010 年版。

101. ［美］蕾切尔·卡逊：《寂静的春天》，许亮译，北京理工大学出版社 2015 年版。

102. ［美］罗斯科·庞德：《法律与道德》，陈琳琳译，中国政法大学出版社 2003 年版。

103. ［美］玛丽恩·内斯特尔：《食品政治——影响我们健康的食品行业》，刘文俊等译，社会科学文献出版社 2004 年版。

104. ［德］马克思、恩格斯：《马克思恩格斯文集》，人民出版社 2009 年版。

105. ［德］马克思、恩格斯：《马克思恩格斯选集》，人民出版社 1995 年版。

106. 〔美〕P. 普拉利:《商业伦理》,洪成文、洪亮、忤冠译,中信出版社 1999 年版。

107. 〔美〕帕特里克·E. 墨菲、吉恩·R. 兰兹尼柯、诺曼·E. 鲍维:《市场伦理学》,江才、叶小兰译,北京大学出版社 2009 年版。

108. 〔澳〕皮特·凯恩:《法律与道德中的责任》,罗李华译,商务印书馆 2008 年版。

109. 〔美〕乔治·恩德勒等:《经济伦理学大辞典》,李兆雄、陈泽环译,上海人民出版社 2001 年版。

110. 〔英〕乔治·迈尔逊:《哈拉维与基因改良食品》,李建会、苏湛译,北京大学出版社 2005 年版。

111. 〔美〕斯蒂文·S. 库格林等:《公共健康伦理学案例研究》,肖巍译,人民出版社 2008 年版。

112. 〔英〕威尔逊:《美味欺诈:食品造假与打假的历史》,周继岚译,三联书店 2010 年版。

113. 〔德〕伊曼纽尔·康德:《道德形而上学原理》,苗力田译,上海人民出版社 2002 年版。

114. 〔美〕约纳斯:《技术、医学与伦理学——责任原理的实践》,张荣译,上海译文出版社 2008 年版。

二、论文

1. 曹军:《行政伦理视角下食品安全行政问责制探析》,《广西教育学院学报》2012 年第 5 期。

2. 曹裕、余振宇、万光羽:《新媒体环境下政府与企业在食品掺假中的演化博弈研究》,《中国管理科学》2017 年第 6 期。

3. 陈卫康、骆乐：《发达国家食品安全监管研究及其启示》，《广东农业科学》2009 年第 8 期。

4. 陈勇：《论市场经济条件下中国食品企业道德价值的重构》，《前沿》2010 年第 10 期。

5. 邓刚宏：《构建食品安全社会共治模式的法治逻辑与路径》，《南京社会科学》2015 年第 2 期。

6. 方湖柳、李圣军：《大数据时代食品安全智能化监管机制》，《杭州师范大学学报（社会科学版）》2014 年第 6 期。

7. 冯国峰：《道德治理的内涵及其相关概念比较》，《理论界》2016 年第 7 期。

8. 冯强、石义彬：《媒体传播对食品安全风险感知影响的定量研究》，《武汉大学学报（人文科学版）》2017 年第 2 期。

9. 公克迪：《互联网视阈下食品安全危机事件的传播——基于"僵尸肉事件"的受众研究》，《青年记者》2016 年第 3 期。

10. 顾莉萍：《"时代叠加"中的大国食品安全困局与解决方法探析》，《世界农业》2015 年第 9 期。

11. 何光源、何勇刚：《转基因作物安全评价及其伦理学慎思》，《华中科技大学学报（社会科学版）》2005 年第 1 期。

12. 何昕：《论食品伦理的基本原则》，《华中科技大学学报（社会科学版）》2015 年第 2 期。

13. 何艳、赵闪闪：《食品安全公益代言传播现状及建议》，《青年记者》2016 年第 35 期。

14. 何勇：《"道德血液"不应缺失》，《人民日报》2008 年 10 月 23 日。

15. 何昀、尹佳梅：《食品安全软环境建设问题探讨》，《消费经济》

2010 年第 6 期。

16. 贺汉魂、许银英：《马克思食品安全伦理思想及其现代启示研究》,《华侨大学学报（哲学社会科学版）》2016 年第 1 期。

17. 胡汝为、刘恒：《行政伦理视角下的食品安全管制问题初探》,《社会科学家》2008 年第 8 期。

18. 胡颖廉：《发达国家食品安全治理经验》,《学习时报》2016 年 3 月 10 日。

19. 胡颖廉：《国外食品安全治理如何倡导尚德守法》,《经济日报》2014 年 6 月 12 日。

20. 洪巍、吴林海：《食品安全网络舆情网民参与行为调查》,《华南农业大学学报（社会科学版）》2014 年第 2 期。

21. 李娜：《中国食品安全教育机制的构建》,《食品与机械》2015 年第 4 期。

22. 刘飞、孙中伟：《食品安全社会共治：何以可能与何以可为》,《江海学刊》2015 年第 3 期。

23. 刘广明、尤晓娜：《论食品安全治理的消费者参与及其机制构建》,《消费经济》2011 年第 3 期。

24. 刘海龙：《食品安全与道德风险规避》,《武汉理工大学学报（社会科学版）》2009 年第 8 期。

25. 刘海龙：《食品伦理建设探析》,《理论导刊》2011 年第 2 期。

26. 刘亚平：《美国食品监管改革及其对中国的启示》,《中山大学学报（社会科学版）》2008 年第 4 期。

27. 柳新元：《国家的治理方式、治理成本与治理绩效》,《江海学刊》2000 年第 4 期。

28. 龙静云：《道德治理：国家治理的重要维度》，《华中师范大学学报（人文社会科学版）》2015 年第 3 期。

29. 龙静云：《道德治理：核心价值观价值实现的重要路径》，《光明日报》2013 年 8 月 10 日。

30. 卢玮：《法律伦理学视域下我国食品安全法的构建与完善》，《理论与改革》2015 年第 3 期。

31. 鲁烨、金林南：《泛道德化批判之思：道德治理与共同价值观会通及其路径》，《北方论丛》2015 年第 4 期。

32. 吕军书：《食品安全与企业社会责任的法律思考——兼论三鹿毒奶粉事件》，《前沿》2009 年第 9 期。

33. 吕亚荣：《基于食品链的食品安全、企业自制与政府管制》，《商业时代》2007 年第 3 期。

34. 罗国杰：《法治与德治：相辅相成　相互促进》，《人民日报》2001 年 2 月 22 日。

35. 毛新志：《转基因食品的伦理问题研究综述》，《哲学动态》2004 年第 8 期。

36. 毛新志：《转基因食品生态安全的伦理探析》，《华中科技大学学报（社会科学版）》2005 年第 1 期。

37. 苗杰：《食品安全管理中的行政问责制研究》，《今日南国》2009 年第 3 期。

38. 钱广荣：《道德治理的学理辨析》，《红旗文稿》2013 年第 13 期。

39. 邱仁宗：《农业伦理学的兴起》，《伦理学研究》2015 年第 1 期。

40. 秋石：《正视道德问题　加强道德建设》，《求是》2012 年第 7 期。

41. 任丑：《食品伦理的冲突与和解》，《哲学动态》2016 年第 4 期。

42. 任丑：《食品伦理学的演进》，《理论学刊》2016 年第 6 期。

43. 任理轩：《坚持共享发展——"五大发展理念"解读之五》，《人民日报》2015 年 12 月 24 日。

44. 尚文静：《新媒体时代食品安全事件的网络舆论引导》，《新闻界》2012 年第 23 期。

45. 施春华：《食品安全问题引发的伦理学思考》，《山东社会科学》2016 年第 6 期。

46. 苏金乐：《农业转基因研究和应用过程中预防原则及其伦理学解读》，《道德与文明》2005 年第 6 期。

47. 孙越：《网络舆情的伦理秩序建构——基于食品安全问题的分析》，《江西师范大学学报（哲学社会科学版）》2017 年第 6 期。

48. 唐凯麟：《食品安全伦理引论：现状、范围、任务与意义》，《伦理学研究》2012 年第 2 期。

49. 涂永前：《食品安全社会共治法治化：一个框架性系统研究》，《江海学刊》2016 年第 6 期。

50. 万俊人：《道德的力量》，《光明日报》2013 年 12 月 19 日。

51. 万俊人：《论道德目的论和伦理道义论》，《学术月刊》2003 年第 1 期。

52. 汪堂家：《食品安全：核心问题与关键对策》，《探索与争鸣》2011 年第 4 期。

53. 王芳等：《食品安全政府规制理论分析》，《食品研究与开发》2008 年第 12 期。

54. 王雯、刘蓉：《食品安全网络舆情危机治理的公共政策研究》，《理论与改革》2014 年第 3 期。

55. 王曦、胡苑：《美国的污染治理超级基金制度》，《环境保护》2007 年第 10 期。

56. 王小锡：《"道德资本"何以可能》，《中国社会科学报》2013 年 11 月 6 日。

57. 王一多：《道德建设的基本途径》，《哲学研究》1997 年第 1 期。

58. 危琼：《食品安全事故报道的趋势透视——理性色彩和多元化关照的回归》，《新闻世界》2010 年第 2 期。

59. 卫建国：《道德治理问题论略》，《光明日报》2012 年 11 月 17 日。

60. 温春峰、陆树程：《生命伦理学维度的"食品安全"及其困境》，《中共成都市委党校学报》2010 年第 1 期。

61. 温锦清：《食品安全报道和舆论监督》，《新闻战线》2010 年第 4 期。

62. 吴松江、杨一帆：《大数据时代食品监管模式创新性研究》，《现代食品》2016 年第 18 期。

63. 吴元元：《信息基础、声誉机制与执法优化——食品安全治理的新视野》，《中国社会科学》2012 年第 6 期。

64. 吴幸泽等：《当代中国公众对转基因玉米的技术伦理问题认知》，《自然辩证法通讯》2012 年第 5 期。

65. 习近平：《坚持依法治国和以德治国相结合 推进国家治理体系和治理能力现代化》，《人民日报》2016 年 12 月 11 日。

66. 夏澍耘：《中国古代诚信源流考》，《光明日报》2002 年 4 月 9 日。

67. 徐华娟：《美国进步时代的国家治理》，《学习时报》2014 年 9 月 29 日。

68. 徐越如：《论食品安全文化和道德建设的理论与实践》，《中国轻工教育》2012 年第 3 期。

　　69. 许缘：《日本怎样炼成食品安全神话》,《新华每日电讯》2014 年 6 月 27 日。

　　70. 杨通进：《转基因技术的伦理问题》,《工程研究》2010 年第 2 期。

　　71. 杨通进：《转基因技术的伦理争论：困境与出路》,《中国人民大学学报》2006 年第 5 期。

　　72. 杨晓培：《从身份到契约：食品安全共治主体协同之进阶》,《江西社会科学》2017 年第 7 期。

　　73. 杨义芹：《当前中国社会道德治理论析》,《齐鲁学刊》2012 年第 5 期。

　　74. 杨义芹：《略论道德治理能力现代化的主要特征》,《理论与现代化》2014 年第 5 期。

　　75. 叶芳：《正确发挥媒体的舆论监督作用——兼谈食品安全报道》,《青年记者》2009 年第 2 期。

　　76. 应飞虎：《我国食品消费者教育制度的构建》,《现代法学》2016 年第 4 期。

　　77. 余聪：《社会共治食品安全的理论基础及实践指导》,《中国国情国力》2016 年第 7 期。

　　78. 曾理、叶慧珏：《尴尬的食品安全报道》,《新闻记者》2008 年第 1 期。

　　79. 曾天雄、曾鹰、曾丹东：《食品安全问题的道德反思》,《湘潭大学学报（哲学社会科学版）》2016 年第 3 期。

　　80. 曾鹰、唐凯麟：《食品安全监管的伦理失范与构序》,《广西社会科学》2013 年第 11 期。

81. 张维迎:《法律制度的信誉基础》,《经济研究》2002 年第 1 期。

82. 张文康:《食品卫生:从农田到餐桌全程管理》,《法制日报》2002 年 5 月 30 日。

83.《中共中央关于全面推进依法治国若干重大问题的决定》,《人民日报》2014 年 10 月 29 日。

三、外文文献

1.Agnes Heller, *General Ethics*, Basil Blackwell, 1988.

2.Antle J. M., *Choice and Efficiency in Food Safety Policy*, American Enterprise Institute,1995.

3.Aysen Bakir, Scott J. Vitell, "The Ethics of Food Advertising Targeted toward Children: Parental Viewpoint", *Journal of Business Ethics*, 2010.

4.CarrollArchie B., "The Pyramid of Corporate Social Responsibility: To Ware the Moral Management of Organizational Stakeholders",*Business Horizons*, 1991.

5.Christian Coff, David Barling, Michiel Korthals, Thorkild Nielsen, *Ethical Traceability and Communicating Food*, Springer, 2008.

6.Dan E.Beauchamped, *New Ethics for the Public Health*,Oxford University Press, 1999.

7.David Fraser, *Animal Welfare and the Intensification of Animal Production: An Alternative Interpretation*, FAO, 2005.

8.Jacques Diouf, *Ethical Issues in Food and Agriculture*, FAO, 2001.

9.Jacques Diouf, *Genetically Modified Organisms,Consumers, Food Safety and the Environment*, FAO, 2001.

10.Marion Nestle, *Food Politics: How the Food Industry Influences Nutrition and Health*, University of California Press, 2007.

11.Marion Nestle, *What to Eat*, North Point Press, 2007.

12.Michael Boylan（Eds.）, *Public Health Policy and Ethics*, Kluwer Academic Publishers,2004.

13.Michiel Korthals, *Before Dinner: Philosophy and Ethics of Food*, Springer, 2004.

14.Nuffield Council on Bioethics, *Genetically Modified Crops:The Ethical and Social Issue*, London, 1999.

15.Pamela C. Ronald, Raoul W. Adamchak, *Tomorrow's Table:Organic Farming, Genetics and the Future of Food*, Oxford University Press, 2008.

16.Paul Pojman, *Food Ethics*, Wadsworth Publishing, 2011.

17.Peter Singer, Jim Mason, *The Ethics of what We Eat*, The Text Publishing Company, 2006.

18.Robert Paarlberg, *Food Politics: What Everyone Needs to Know*, Oxford University Press, 2013.

19.Timothy Evans etc., *Challenging Inequities in Health: From Ethics to Action*, Oxford University Press, 2001.

20.Upton Sinclair, *The Jungle*, Urbana and Chicago: University of Illinois Press, 1988.

后 记

"民以食为天，食以安为先"，食品安全需要是人民的最基础需要。党的十八大以来，以习近平同志为核心的党中央坚持以人民为中心的发展思想，高度重视食品安全问题。加强食品安全工作，关系我国13亿多人的身体健康和生命安全，必须抓得紧而又紧，并要求要用最严谨的标准、最严格的监管、最严厉的处罚、最严肃的问责，确保广大人民群众"舌尖上的安全"。近年来，我国食品安全领域的道德状况得到明显改善，食品安全处于历史最好时期。但是由于食品本身的特殊性，让人们对食品安全问题的关注度持续不减。由中共中央《求是》杂志社创办的中央级大型政经类月刊《小康》杂志联合清华大学媒介调查实验室连续多年进行了"中国全面小康进程中最受关注的十大焦点问题"评选，在2012年至2016年的五年里，食品安全问题已经连续五年蝉联十大焦点问题榜首。食品安全可以说是当代中国公众最为关注的社会焦点问题之一。

中国食品安全道德治理研究既是时代的呼唤，也是伦理学实践性品格的具体彰显。食品安全道德治理是化解当代中国食品安全风险的重要维度，也是实现国家治理体系和治理能力现代化需要具备的伦理情怀。食品安全道德治理研究，根本目的在于从道德视角，探寻新时代解决我国食品安全问题的有效路径，为保证食品安全提供伦理保障。食品安全道德治理，是指我国食品安全监管机构联合食品生产经营者、消费者、媒体和学术界等食品利益相关者，通过多种手段和方式化解和消除当前我国食品安全领域突出道德问题，以实现食品安全伦理秩序重构的动态过程。食品安全道德治理需要全体食品利益相关者的共同努力，从完善食品安全道德制度，健全食品安全道德治理科技与法律支撑体系，加强食品安全道德教育三个方面，竭力打造共建共治共享的食品安全治理格局，协力构筑良好的食品安全生态，全力促进美好生活的实现。

本书作为从伦理学视角探讨食品安全治理的尝试，参考了大量的相关文献，汲取了学界同仁的智慧成果，不管是否在书中注明，对他们均表示衷心的感谢！

在书稿写作的过程中，得到了我的导师汪荣有教授的悉心指导，我的同学刘志飞博士的热情帮助，我的爱人蒲丽娟女士的大力支持，对他们表示特别的感谢！书稿付梓之际，非常感谢人民出版社吴焰东同志在编辑过程中所付出的辛勤劳动及对本书修改提出的中肯意见！

本书对食品安全道德治理的研究只是初步的，由于本人的功底不足，水平有限，不完善之处欢迎读者提出意见和批评。

王　伟

2019 年 3 月 9 日于南昌